华中科技大学材料学科研究生高水平系列教材

金属液态成形新技术及应用

主　编　刘鑫旺　董选普　吴树森

主　审　李远才

华中科技大学出版社

中国·武汉

内 容 简 介

本书是一本重点介绍液态成形新技术的教材。全书分 7 章:第 1 章是绪论;第 2 章介绍单晶成形技术;第 3 章介绍液态金属短流程成形技术,包括型(芯)无模成形技术、易溶芯设计与制备和高能束微区熔凝增材制造技术;第 4 章介绍消失模铸造技术;第 5 章介绍真空密封铸造技术;第 6 章介绍高真空一体化压铸技术;第 7 章介绍半固态压铸成形和半固态挤压成形技术。

本书既可作为液态成形、铸造工艺、增材制造和凝固加工相关课程的研究生教材,也可作为高等院校大学生了解液态成形新技术的参考书。

图书在版编目(CIP)数据

金属液态成形新技术及应用/刘鑫旺,董选普,吴树森主编. —武汉:华中科技大学出版社,2024.4
ISBN 978-7-5772-0389-8

Ⅰ.①金… Ⅱ.①刘… ②董… ③吴… Ⅲ.①液态金属充型 Ⅳ.①TG21

中国国家版本馆 CIP 数据核字(2024)第 074508 号

金属液态成形新技术及应用
Jinshu Yetai Chengxing Xinjishu ji Yingyong

刘鑫旺　董选普　吴树森　主编

策划编辑:张少奇
责任编辑:戢凤平
封面设计:原色设计
责任监印:朱　玢
出版发行:华中科技大学出版社(中国·武汉)　　电话:(027)81321913
　　　　　武汉市东湖新技术开发区华工科技园　　邮编:430223
录　　排:武汉市洪山区佳年华文印部
印　　刷:武汉科源印刷设计有限公司
开　　本:787mm×1092mm　1/16
印　　张:17.75
字　　数:421 千字
版　　次:2024 年 4 月第 1 版第 1 次印刷
定　　价:58.00 元

序

金属液态成形技术已有五千多年历史,在推动人类文明进步发展中发挥着不可替代的作用。近百年来,人类开发了数以万计的金属牌号,钢铁、高温合金、钛合金、铝合金、镁合金等,其应用之广、功能之多、发展之迅捷历史罕见。伴随着合金种类的增多,液态成形技术也得到了新的发展。近年来,深空探测、大飞机、航母、新能源汽车等先进工业的蓬勃发展,对液态成形技术也提出了新的要求,陆续发展出了多种新技术。

金属液态成形技术是一门知识面很广的专业课,与熔化热力学、凝固行为、相变原理均有较强的相关性。《金属液态成形新技术及应用》是基于时代的发展和新时代大学生的需求而编写的,以介绍液态成形新技术为目的。该书主要介绍了单晶成形技术、液态金属短流程成形技术、消失模铸造技术、真空密封铸造技术、高真空一体化压铸技术、半固态压铸成形和半固态挤压成形技术等新技术。另外,本书不仅阐述了新技术的原理,还介绍了其典型应用,用理论与应用相结合的方式促进知识的掌握。在实际教学过程中,针对行业需求和学生培养要求,对课程进行教学改革,除理论教学外,开设实践环节,着重培养学生的创新意识和实践能力。傅恒志院士曾说:"自古学者两事,道德、文章。对知识分子来说,既要业务上精益求精,又要有先天下之忧而忧,后天下之乐而乐的情操,既应是业务上的专家,又应该做无产阶级的革命战士。"第四次工业革命已来临,要顺应时代发展,就要让大学生了解更多的新知识,如此才能培养出行业领军人才。

机缘巧合,很高兴看到这本书恰逢其时地给学生讲解这些前沿技术。

郭景杰

于哈尔滨工业大学

前　　言

金属液态成形技术在人类的发展历程中，为推动人类文明和社会进步发挥了巨大的作用，同时也是现代先进制造技术的重要组成部分，是航空航天发动机、燃气轮机、汽车发动机核心部件的主要成形技术，具有举足轻重的地位。

虽然已有大量关于液态成形技术的书籍，但大部分的书籍主要偏重于基础知识，或阐述与之相关的凝固行为，或介绍工艺原理。近几十年来，随着航空航天、新能源交通等现代工业的快速发展，液态成形技术向绿色化、智能化和数字化方向快速发展，涌现出多种新技术，如航空发动机中的单晶叶片成形、新能源汽车中的一体化压铸等。为此，编者整理大量相关资料编成本书，重点介绍几种常见的液态成形新技术。

本书的主要特点是：重点介绍了六种常见的液态成形新技术，而没有过多关注砂型铸造、造型材料等基础知识；每种新技术的阐述既包含基本原理和工艺流程，又包括典型应用，保持了每一部分的独立性。

全书共 7 章，系统介绍了单晶成形技术、液态金属短流程成形技术、消失模铸造技术、真空密封铸造技术、高真空一体化压铸技术、半固态压铸成形和半固态挤压成形技术。

本书由华中科技大学刘鑫旺、董选普和吴树森担任主编，具体编写分工为：刘鑫旺编写第 1 章、第 2 章和第 3 章，董选普编写第 4 章和第 5 章，吴树森编写第 6 章和第 7 章。本书由华中科技大学李远才教授担任主审。

在本书编写过程中，我们参考了大量的相关资料，在此，感谢液态成形技术的同行和协助整理的研究生（姚俊卿、王亚松、施洋、尹正豪、吴伟峰、蓝晟宁、高妞、杨墨等）。鉴于作者水平所限，书中难免存在纰漏，恳请读者批评指正。

编　者

2023 年 10 月

目　　录

第1章 绪 论

古代铸造技术的出现拉开了人类进入青铜器时代的序幕,也是液态成形技术的开端。自金属液态成形技术(以下简称液态成形技术)诞生以来,一直在人类文明的发展中扮演着重要的角色。历史上,液态成形技术的发展一定程度上反映了各国和地区的经济发展水平和实力。例如,被誉为世界上最早文明之一的苏美尔文明,在公元前 3500 年左右,苏美尔人就掌握了液态成形技术,早早进入青铜器时代,青铜矛、棍棒、鱼叉的相继出现大大加快了苏美尔人发展农业的步伐。当时世界上的其他地区仍然处在新石器时代,而苏美尔人由于掌握了青铜工具的制造方法,已经过上了自给自足的生活。除此之外,液态成形技术的出现细化了苏美尔人在手工业和农业上的分工,加快了苏美尔人的农业发展和城市建设的进程。

液态成形技术在很长一段时间被称为铸造。"铸"在古籍《说文解字注》中的注解为:"铸,销金也。从金寿声。"意为:把金属熔化后倒在模子里制成器物。然而,近年来,科研工作者认识到,传统意义上的"铸造"已不能很好地反映其科学和技术本质,因此提出了多种定义。从其液态特性,尤其是低黏度易于流动充型,定义为液态成形技术;从其凝固相变特性,有利于调控组织和取向,定义为凝固加工技术。无论何种定义,液态成形技术在整个人类发展历程中,占据了举足轻重的地位。进入现代,科技快速发展,液态成形技术也与时俱进,诸多液态成形新技术不断涌现,在航空航天、汽车工业、机械制造、电子等领域发挥着巨大的作用。例如,现代工业皇冠上的明珠——涡轮叶片得益于单晶成形技术的发展,单晶涡轮叶片取代等轴晶涡轮叶片,使其使用温度大幅提升;一体化压铸成形技术在汽车领域的应用,在实现复杂零部件整体成形的基础之上,大幅度减轻了重量。蔚来 ET5 车身后底板采用一体化压铸工艺,减重 30%;特斯拉汽车使用一体化压铸工艺成形整个下车体,实现汽车总重量降低 10%,续航里程增加 14%。

1.1 传统的液态成形技术

传统的液态成形,是指将熔融金属(合金)在重力场或其他外力场(压力、离心力、电磁力等)作用下浇入铸型,凝固后获得具有型腔形状制品的成形方法。液态成形技术由于利用了熔体低黏度的特性,因而具有很多优点,如:① 适应性强,液态成形几乎不受零件大小、厚薄以及复杂程度的限制,壁厚从零点几毫米到数米、长度从几毫米到十几米、质量从几克到几百吨、形状从简单到复杂的构件都可以通过液态成形工艺制造出来;② 材料范围广,不仅金属材料,其他工程材料,如高分子材料、复合材料等都可采用液态成形技术;③ 成本低,液态金属成形件的形状及尺寸与零件非常接近,因此可减少材料消耗和后续加工量,可以大量利用废、旧金属材料和再生资源,易于实现机械化和智能化,生产效率较高。

液态成形的主要工艺特征是充型和凝固,它们分别决定了构件的控形和控性过程。充型是金属液的流动与传热过程,在这个过程中液态金属形成所需的几何形状,同时,金属液的流动和传热状态将会影响最终成形件的冷隔、氧化夹渣等缺陷,因此充型过程是液态成形的重要内容,涉及流体力学、传热学以及金属液态结构、分子物理学、表面物理等。凝固则是金属实现液固转变的传热与传质过程,以获得材料的性能,如控制组织和晶体取向。凝固决定着成形件的凝固组织(晶粒大小与形状)和缺陷(如缩孔、缩松、热裂、偏析等)的形成,因而也决定了成形件的内在质量和力学性能。

1.2 液态成形技术的新发展

传统液态成形技术日趋成熟,液态成形件的性能也接近其极限。进入近代以来,人们发现传统的液态成形技术,即熔化—浇注—自由凝固,已不能满足科技发展需求。科技工作者推陈出新,一个个奇思妙想催化出多种液态成形新技术。例如,在航空发动机中,工作温度最高、所受应力最复杂、所处环境最恶劣的涡轮叶片被称为第一关键件。20世纪50年代的发动机燃烧室温度较低,普通高温合金800 ℃的使用温度已经能达到航空发动机涡轮叶片的要求,然而更高、更快、性能更好的航空器的需求逐渐超越高温合金的使用极限。20世纪60年代,真空液态金属成形技术的应用大大降低了杂质含量,提高了高温合金的使用温度。之后,为了解决高温合金中的"塑性低谷"问题,科学家们发明出定向凝固合金技术,使合金的结晶方向平行于叶片的主应力轴方向,基本消除了垂直于应力轴的横向晶界,显著提高了合金的高温性能,使其使用温度达到了1000 ℃。20世纪70年代,结合选晶技术和定向凝固技术合金的晶界被完全消除,即实现了单晶成形,单晶合金涡轮叶片制造技术由此诞生,使得涡轮叶片的承温能力进一步提高到1050 ℃。

20世纪70年代末,美国首先提出了高能束微区熔凝制造技术,即后来的增材制造(3D打印)技术。该技术以计算机三维设计模型为蓝本,通过软件将其离散分解成若干层平面切片,由数控成型系统利用激光束、电子束、电弧等,沿着计算机三维数模路径,将金属粉末或丝材进行微区重熔和凝固,最终成形为与三维数模形状相同的构件。该技术同样利用了液态金属特性,并通过调控凝固过程获得理想的组织结构,因此也可认为是一种新型的液态成形技术。其独特的制造工艺,省却了造型、制芯等繁杂过程,使得制造一个构件,尤其是小批量的大型复杂构件,比传统的液态成形技术效率更高,是一种非常有前景的新技术。随着装备的多样化和低成本化,该技术将给传统的液态成形技术带来越来越大的挑战,将在越来越多的领域得以更新替代。

本书中将传统铸造、高能束微区熔凝增材制造技术等利用了液态金属特性和凝固特征的成形技术都统称为液态成形技术。液态成形技术的新发展主要体现在以下几个方面:

(1)凝固技术的发展。所谓凝固技术就是控制液态金属的凝固过程,使其按照预定的时空方向进行,它是开发新材料和提高液态金属成形件质量的关键。凝固技术发展的典型例子是定向凝固技术、快速凝固技术和半固态液态成形技术。定向凝固技术的最新发展是制造单晶液态金属成形件,最突出的应用就是单晶涡轮叶片。单晶涡轮叶片比一般定向凝固的柱状晶叶片具有更高的工作温度、抗热疲劳强度、抗蠕变强度和抗热腐蚀性能。快速凝固技术采用的冷却速度常高达 $10^4 \sim 10^9 \,℃/s$,这样的冷却条件可使材料具有很细小的晶粒($< 0.1 \,\mu m$ 甚至达到纳米级),避免了偏析,并可形成高分散度的超细析出相,从而表现出高强度和高韧性。自生复合材料是用控制凝固过程的方法而获得的一种共晶合金或偏晶合金,其中的增强相与基体相均匀相间、定向排列,因而具有许多重要特性,如高强度、良好的高温性能和抗疲劳性能等。用这种方法人们已经制取了 Nb-NbC、Ta-TaC 共晶体自生复合材料,它们的强度高于 Nb 合金和 Ta 合金,抗蠕变性能更好。半固态液态成形技术是在液态金属的凝固过程中进行强烈的搅拌,使普通液态成形过程中易于形成的树枝晶网络骨架被打碎而形成分散的颗粒状组织形态,从而制成半固态金属液,然后将其压铸成坯料或液态金属成形件。采用半固态液态成形技术制造汽车转向节、泵体、转向器壳体、阀体、一些悬挂支架件和轮毂等高强度、高致密度、高可靠性要求的构件,可以实现产品的低成本、高产出及高质量。凝固技术的发展依赖于凝固理论的发展。凝固过程是液态成形过程的核心,它决定着凝固组织和成形件缺陷的形成,也决定了构件的性能和质量。经典凝固理论认为成核是金属凝固的第一步,随后是凝固核心的长大。Chalmers 等人首先提出"成分过冷"理论,并提出了可操作性的成分过冷判据,被认为是凝固理论发展的里程碑;Flemings 等人提出了局部溶质再分配方程等理论模型,推动了凝固科学的发展;Chvorinov 通过对大量凝固冷却曲线的分析,引入了凝固模数的概念,建立了求解液态金属成形件凝固层厚度和液态金属成形件凝固时间的数学方程,即著名的平方根定律($S = K\sqrt{\tau}$);大野笃美在总结前人经验的基础上,做了大量的试验研究,提出了晶粒游离和晶粒增殖的理论,使人们从以前用静止的观点发展到用动态的观点来研究和分析凝固过程。凝固理论的发展不仅使人们对凝固现象有了更深入的认识,而且促进了人们通过控制凝固获得更加理想的组织结构和综合性能。

(2)短流程液态成形技术的发展。短流程液态成形,是基于满足构件性能的前提,通过显著缩短甚至消除传统成形技术的工艺环节而实现的。针对传统液态成形最为耗时的工序环节,先后发展了可溶芯技术和免除模具的型芯增材制造技术,显著缩短了液态成形的制造周期。型芯增材制造技术是一种无模成形技术,即不再沿用先制模后造型(芯)的传统工艺程序,通过利用数字化加工设备直接成形铸型(芯),包括用于砂型铸造的砂型和砂芯,及用于精密铸造的蜡模、陶瓷芯、型壳等。型芯增材制造技术省略了模具设计和制造过程,显著提高了液态成形技术的柔性和效率,降低了成本,更加符合复杂铸件短流程制造需求,尤其适合小批量、定制化产品。短流程铸造技术的另一个重要发展体现在一体化压铸技术,受限于机械结构的零部件多,传统汽车的制造需要经过包括冲压、焊装、涂装、总装在内的四大工艺。而一体化压铸技术突破了上述工艺壁垒,将冲压和焊装两大工艺打包合并,对传统汽车中需要组装的诸多独立零件进行再设计,随后一次压铸成形。一体化压铸技术的使用显著提高了汽车生产的效率,相关数据显示,每台一体化压铸机的单次压铸成形时间少于两分钟,其产量能达到 1000 件/天;相比之下,冲压加焊装 70 个零件组装一个部件,至少需要两个小时。

（3）高能束微区熔凝增材制造技术的发展。高能束微区熔凝增材制造技术经历了微区熔化和凝固的过程,虽然与传统的液态成形过程的整体熔化和凝固有一定的区别,但通过微区熔化和凝固,同样可利用凝固过程调控构件微观组织,因此也可认为是一类新型的液态成形技术。由于采用的热源是高能束,且液态成形发生于微区,并具备增材制造的特点,因此称之为高能束微区熔凝增材制造技术。高能束热源的差异导致高能束微区熔凝增材制造技术在成形精度、效率以及对复杂构件敏感程度等方面存在差别,但均呈现出微区熔化-凝固堆积成形的特点。电弧增材制造沉积效率高,受工作空间限制少,适合超大规格结构的低成本制造;电子束熔丝增材制造沉积效率高、成形件冶金质量和力学性能好,适合大规格金属承力结构制坯;激光直接沉积工艺效率较高、成形件力学性能较好,但制造精度不高,适合制造飞机框梁等重要承力结构;激光选区熔化工艺热输入小、成形尺寸精度高,适合制造航空发动机喷嘴、涡流器等复杂结构零件,以及拓扑点阵等新型结构;电子束选区熔化容易实现高温预热,特别适合用于裂纹倾向大的钛铝金属间化合物叶片的制造。

（4）计算机技术的应用。计算机技术在液态成形工艺中的应用,大幅提高了工艺效率、成形精度和产品质量,降低了劳动强度,促进了液态成形工艺向智能化、绿色化和自动化快速发展。计算机技术的应用主要体现在以下几个方面:一是凝固过程数值模拟技术,目前已经可以模拟液态金属充型过程的流动场、温度场、应力场、缺陷形成甚至组织结构,显著提高了铸造工艺设计效率;二是成形过程和设备的自动化控制,如熔炼浇注生产过程的自动化管理系统,可实现生产准备、配料、加料、熔炼、成分检测调整、过热、浇注等环节的全流程控制。利用计算机控制的机器人可以用于造型、制芯、型芯组合、浇注、清理、机加工等大部分环节,压铸机器人通过喷雾—舀汤—取件三步走实现自动化生产。使用机器人不仅可以使工人摆脱繁重而单调的体力劳动,节省劳力,而且可以显著提高产品的生产效率。目前,液态成形已开发了多种计算机系统,如 CAE、ERP、FCS,并形成了金属液态成形相关的热物性参数数据库,广泛地应用于液态成形生产中。通过计算机技术的应用,可定量描述液态金属的凝固过程,对凝固过程和凝固缺陷进行预测,可以更加合理地控制凝固过程,优化工艺过程,大幅度节约材料和能源。如大型电站水轮机主轴、转子等液态金属成形件,要求高、重量大,若报废,将带来重大损失;采用计算机辅助设计的方法能非常精准地预测成形和凝固过程,设计出最优的工艺方案,保证了极高的成品率。

1.3 液态成形技术与中国制造 2025

1.3.1 液态成形技术的现状

仅从铸造角度分析,据报道,作为世界第一铸造大国,中国的铸造产业有 4000 亿元左右的市场规模,全球占比达 45%;有 24000 多家铸造厂,2022 年铸件总产量为 5170 万吨,保持着稳健的增长。但同时也存在产能过剩、高能耗、高污染、不强、不精的问题,节能减排压力大,技术工人短缺,自主创新能力弱,同质化竞争严重。据统计,全国铸件年产量万吨以上的铸造企业超过 1000 家,5 万吨以上的企业近 200 家。头部 2000 多家的铸件产量占全国总产能的 55％以上。高能束微区熔凝增材制造产品的产量目前没有详细数据,但其增长势头迅猛,近年来每年的增长率都在 20％以上。

随着我国液态成形产业的迅猛发展,技术水平也取得了显著的进步:液态成形件质量及成品率大大提高,高压成形、挤压成形、快速成形、半固态成形等工艺技术取得较大突破。企业正在向智能化、自动化方向升级,一些企业在规模和技术上都已经达到国际一流水平,地方政府也依托当地资源、能源和产业优势建设了一批特色鲜明的产业集群。液态成形产品种类及应用市场日益扩展和完善,产品质量稳步提升,国际竞争力也明显提高。

随着我国制造业的快速发展,液态成形装备制造水平也有了显著提升。中频感应炉、3D 打印砂型机、自动化造型线、工业机器人、自动浇注机、大型压铸机等得到更广泛的应用,带动了相关领域智能化工程的建设发展。液态成形原辅材料的专业化水平大幅度提高。"绿色液态成形"发展理念成为普遍共识,节能降耗及资源再生利用等新技术在液态成形行业得到大力推广和应用,年废砂再生量已经超过 400 万吨,环保型黏结剂等绿色辅材的研制与应用也在加快发展。

"十三五"期间,液态成形智能化已形成共识,呈现出快速发展的态势。不同企业处于智能制造的不同发展阶段,多数规模以上企业逐步更新自动化程度高、生产效率高、质量好、能耗低、排放少、设备信息接口通用化、集成化、具备一定程度智能特性的液态成形智能设备;自主开发了一批适用于不同液态成形工艺的工业软件;建设了将物联网、增材制造、工业机器人、人工智能等先进技术与液态成形行业深度融合的数字化车间、智能工厂;通过标准化的带动和引领作用,形成了系列化的面向行业不同细分领域的智能化液态成形方案。

1.3.2　"中国制造 2025"中的液态成形技术

规模化、专业化、智能化和绿色化是世界液态成形行业的发展趋势,而以优质、高效、绿色为核心的模式则成了液态成形技术发展的目标,以机械化、自动化、智能化、数字化及在线化的生产流程为方式方法,以最终获得高质量、高成品率、高性能、高精度的液态成形件为目标。2023 年,工业和信息化部、国家发展改革委、生态环境部三部门联合印发了《关于推动铸造和锻压行业高质量发展的指导意见》,提出到 2025 年,铸造和锻压行业总体水平进一步提高,保障装备制造业产业链供应链安全稳定的能力明显增强。产业结构更趋合理,产业布局与生产要素更加协同。重点领域高端铸件、锻件产品取得突破,掌握一批具有自主知识产权的核心技术,一体化压铸成形、无模铸造、砂型 3D 打印等先进工艺技术实现产业化应用。建成 10 个以上具有示范效应的产业集群,初步形成大中小企业、产业链上中下游协同发展的良好生态。智能化改造效应凸显,打造 30 家以上智能制造示范工厂。培育 100 家以上绿色工厂,铸造行业颗粒物污染排放量较 2020 年减少 30％以上,年铸造废砂再生循环利用达到 800 万吨以上,吨锻件能源消耗较 2020 年减少 5％。到 2035 年,行业总体水平进入国际先行行列,形成完备的产业技术体系和持续创新能力,产业链供应链韧性显著增强,绿色发展水平大幅提高,培育发展一批世界级优质企业集团,培育形成有国际竞争力的先进制造业集群。结合我国实现伟大"中国梦"的具体要求,"中国制造 2025"期间我国液态成形行业的发展趋势主要表现在以下几个方面：

（1）液态成形件的产量持续平稳增长。国民经济保持平稳增长的势头是"中国制造2025"期间的主要基调，液态成形件将保持稳定增长的需求，尤其是新能源汽车、航空航天、工程机械、能源、轨道交通及机床相关领域的快速发展给液态成形行业提供了更多机遇。

（2）液态成形件的材质和结构得到优化调整。在液态成形件产量保持持续平稳增长的基础上，我国液态成形件的材质和结构将不断调整优化，以适应国内和国际市场需求。例如，高性能的球墨铸铁件占比稳步上升，同时，有色铸件在汽车轻量化、通信基站等领域将越来越多地替代黑色铸件，其中铝、镁、钛合金铸件逐年增加。高温合金叶片、单晶叶片、舰船用超大型大功率中低速柴油机关键部位、核废料存储罐等关键液态成形件制造能力提升，完成相当的"卡脖子"构件的自主化研发和制造。

（3）液态成形产业在智能化和绿色化相互融合的前提下，加速完成产业转型和升级。在未来相当一段时间内，行业发展、结构调整的主线将围绕"绿色制造"开展。高科技含量、低能耗、低污染是绿色制造的基调；互联互通、机器自学、提质降本增效则是智能制造的关键。因此对液态成形行业来说，同样应加速推进智能化和绿色化，淘汰低水平技术，积极完成产业转型和升级。

（4）液态成形产业的技术水平大幅提升。一直以来，我国的液态成形技术较之国外仍有相当大的差距，很多关键构件一直依赖进口。然而，这一差距正在逐步缩小。"中国制造2025"期间，在国家的布局下，相关的企业和科研院所等单位将更加深入广泛地进行合作，在基础研究、技术研发、生产工艺等环节取长补短，协同攻关，从整体上提升我国液态成形技术的竞争力。

（5）液态成形产业的环保治理水平显著提升。高温、高能耗、高污染是传统液态成形的突出特点，尽管新型技术的发展在环保层面取得了较大进展，但其技术属性决定了仍然不同程度地存在环保问题。近年来，国家对污染治理日益重视，液态成形行业的环境保护治理水平得到提升，但是，距离国家提倡的环保要求依旧还有一定差距。"中国制造2025"期间，我国液态成形行业在节能降耗、降低排放、再生利用等相关方面都将加大力度，努力实现"绿色液态成形"这一发展战略。

（6）液态成形产业结构的调整力度逐步加大。"中国制造2025"期间我国经济转型将制造业的智能化、数字化转型升级作为一个重要方向。结合绿色化、智能化等方面的发展趋势，部分液态成形企业低品质、低效率、高能耗、高污染的生产方式必须做出改变；同时，通过行业整合淘汰落后企业，提高企业整体水平，促进更大更强的特色产业集群的形成。

1.4　本教材的主要内容

液态成形新技术及应用课程是材料加工工程专业的重要课程，本课程紧随"中国制造2025"的步伐，主要讲授液态成形领域的最新发展，以及未来发展方向，紧跟本领域的发展前沿。本书基于已学习的基本铸造技术、凝固理论、材料成形计算机模拟、增材制造等相关课程,着重介绍液态成形新技术及其典型应用。学生通过本书的学习,可对液态成形新技术有更广泛、深入的理解,为进一步研究新型液态成形技术奠定理论基础和应用知识。

由于液态成形的工艺方法有许多种,不同的材料适用于不同的成形方法,即使用同样的材料制造不同的产品也会采用不同的方法。本书不仅总结了近年来的液态成形新技术和新发展,还介绍了这些新技术的典型应用。本书以液态金属的成形原理和凝固理论为主线,涉及热量传输、动量传输、质量传输以及物理冶金、化学冶金等基础理论和专门知识。在材料的成形过程中往往会发生多种物理化学现象,涉及物质和能量的转移和变化,本书内容首先阐述这些现象的本质,揭示变化的规律,在此基础之上介绍液态成形新技术的实现方法和典型应用。全书共 7 章,系统介绍了单晶成形技术、液态金属短流程成形技术、消失模铸造技术、真空密封铸造技术、高真空一体化压铸技术、半固态压铸成形和半固态挤压成形技术。

练习与思考题

1. 谈谈日常生活中哪些制品是采用液态成形技术生产的。

2. 对于液态成形新技术未来的发展,谈谈你的理解。

3. 新技术的出现与发展,都有其潜在的科学背景,请简述单晶成形技术、短流程成形技术、消失模铸造技术、真空密封铸造技术、高真空一体化压铸技术、半固态成形技术等液态成形新技术是在什么样的科学背景下提出的。

4. 液态成形新技术的出现解决了传统液态成形技术存在的诸多问题,请简述新技术的出现是否意味着传统技术被淘汰。

5. 请以实例为对象,简述液态成形新技术存在哪些问题。

第2章 单晶成形技术

单晶是指具有相同排列和方向的晶体,如水晶、金刚石和宝石等。因其具有高度对称性和无缺陷结构,在材料科学、半导体、光学器件、化学分析等领域得到广泛应用。单晶不仅是人们认识固体的基础,对单晶的研究也使人们发现了许多新的性质,比如铁、钛、铬都是软金属,但它们的晶须强度比同物质的多晶体高出许多倍。实际上,研究晶体结构、各向异性、超导性、核磁共振等都需要用到完整的单晶体。

航空发动机和燃气轮机中的涡轮叶片的制造工艺是典型的高科技、高附加值技术。涡轮叶片由于处在温度最高、应力最复杂、环境最恶劣的部位,被列为第一关键件,其性能水平是发动机先进程度的重要标志,目前最先进的涡轮叶片即为单晶。单晶作为晶体的一种形态,可以看作由一个晶体"种子"生长而成,其中热力学条件起到关键作用。基于定向凝固理论,金属单晶的成形工艺得到了长足发展,已成为航空航天和船舶工业等领域核心构件的关键成形技术。本章主要介绍金属单晶形成的理论基础、成形技术及典型应用。

2.1 单晶的基本特点

在固态物理学和晶体制造中,单晶是指完全具有相同排列和方向的晶体。单晶是由结构基元在三维空间内按长程有序排列而成的固态物质,或者说是由结构基元在三维空间内呈周期性排列而成的固态物质。其基本性质如下:

(1) 均匀性。同一单晶不同部位的宏观性质相同。

(2) 各向异性。在单晶的不同方向上一般有不同的物理性质。

(3) 自限性。单晶有自发地形成一定规则几何多面体的趋向。

(4) 对称性。单晶在某些特定方向上其外形及物理性质是相同的。

(5) 最小内能和最大稳定性。物质的非晶态一般能够自发地向晶态转变。

为了方便分析研究,人们选取能够反映晶体周期性的重复单元作为研究对象,称为晶胞。在晶体生长中,还常用到晶面和晶向的概念。晶体的原子可以看成是分列在平行等距的平面系上,这样的平面称为晶面。通常选取正方体晶胞上的一个顶点作为原点,过原点的三条棱线分别作为 X、Y、Z 坐标轴,以晶胞的棱长为一个单位长度建立坐标系。任意一个晶面,在 X、Y、Z 轴上都会有截距,取截距的倒数,若倒数为分数,则乘以它们的最小公倍数,都可以转换成 $\{h,k,l\}$ 的形式,它代表由对称性相联系的若干组等效晶面的总和。一切具有同一晶面特性的晶面称为晶面簇。为了标出晶向,作一直线平行于晶面的法线方向,并使其通过坐标原点,在这条直线上任取一点,求其原子坐标,并将坐标化为最简整数比,即为晶向指数。考虑晶体的对称性,有若干个晶向常常是等同的,它们构成一个晶向族。如图 2-1 所示,晶体相关理论体系的建立为单晶研究奠定了基础。

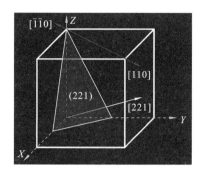

图 2-1　晶胞中的晶面与晶向表示方法

2.2　单晶形成的理论基础

就生长块状单晶而言,通常首先将结晶物质通过熔化或溶解的方式转变成熔体或溶液,然后控制其热力学条件使晶相生成并长大。对于熔点较高的金属材料,单晶制备过程中存在各种因素的干扰,形成的单晶很容易出现杂晶、雀斑、成分偏析、一次枝晶间距大等多种缺陷。而所有这些缺陷的形成,除了材料本身的性能以外,都与单晶的形成过程具有直接联系。因此,单晶的形成原理是实现金属单晶制备成功率和性能同时提高的核心与关键。

单晶的形成条件主要包括以下三条:

(1)在金属熔体中只能形成一个晶核。可以引入籽晶或自发形核,尽量减少杂质的含量,避免非均质形核。

(2)固液界面前沿的熔体应处于过热状态,结晶过程的潜热只能通过生长着的晶体导出,即确保单向凝固方式。

(3)固液界面前沿不允许有热过冷和成分过冷,以避免固液界面不稳定而长出胞状晶或柱状晶。

为满足以上条件,定向凝固工艺成为当前制备金属单晶最主要的方法。最初,人们发现铸造高温合金叶片在受力时晶界是最薄弱的地方,起裂源主要集中在横向晶界(与受力的方向垂直),如果采用特定的结晶方式使晶粒的生长平行于受力方向,则可改变裂纹扩展路径,使材料性能得到明显提高。除了制备单晶之外,定向凝固也是制备柱状晶的主要手段。由于排除了其他因素的干扰,可定量改变温度梯度和凝固速率等参数,因此定向凝固还是研究凝固理论和金属凝固规律的重要手段。为更好地理解单晶成形工艺,有必要了解定向凝固基本原理。

2.2.1　定向凝固的基本原理

定向凝固是指在凝固过程中,强制在凝固金属和未凝固熔体中建立起特定方向的温度

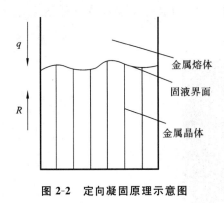

图 2-2　定向凝固原理示意图

梯度,从而使熔体沿着与热流相反的方向凝固,获得具有所需固定取向单晶或柱状晶的技术,其原理如图 2-2 所示。该技术可以较好地控制约束凝固组织的晶体取向,消除晶界,极大提高了材料的纵向力学性能。

定向凝固技术是丰富和研究凝固理论的重要部分,最初被提出和完善于开发高温合金的过程中。通过对定向凝固过程中温度场、流场及溶质场的动态控制,可使定向凝固组织达到最优。定向凝固过程中单向热流的获得、保持和及时导出是确保凝固组织定向特征的重要步骤。定向凝固技术的应用基础研究,主要涉及定向凝固过程的温度场、流场及溶质场的动态分析,定向组织及其控制,以及组织与性能的关系等。

在凝固过程中,固液界面前沿液相中的温度梯度为 G_L,固液界面向前推进的速度为 R,这两个重要的凝固参数可以独立变化,也可以共同对凝固过程产生影响。通过改变固液界面前沿液相的温度梯度 G_L 可起到控制合金凝固组织的作用。G_L 和 R 具有不同的指数形式,如式(2-1)和式(2-2)所示:

$$\lambda_1 \propto G_L^{-1/2} R^{1/4} \tag{2-1}$$

$$\lambda_1 \propto (G_L R)^{-1/3} \tag{2-2}$$

G_L 和 R 不同指数函数的乘积,决定了合金具有不同的凝固组织。例如:通过调整两项乘积的数值,定向凝固合金可获得不同尺寸的一次及二次枝晶间距。进一步分析可知,G_L 与 R 的比值决定了凝固界面前沿过冷度的大小,当 G_L 与 R 的比值大于某一临界值时,固液界面将垂直生长,从而可以消除水平晶界,得到与应力轴平行的竖直晶界。此外,通过调节 G_L 与 R 的数值可以控制凝固区间,以促进凝固后期的补缩,减少合金中凝固析出的斑点和缺陷。因此,在定向凝固过程中必须严格控制 G_L 和 R 的数值,以便获得理想的凝固组织及优良的力学性能。

当前,定向凝固科学的理论基础研究主要涉及定向凝固中固液界面形态及其稳定性,固液界面处相变热力学、动力学,定向凝固过程中晶体生长行为以及微观组织的演化等,其中包括了成分过冷理论、界面稳定动力学理论(MS 理论)、线性扰动理论、非线性扰动理论等。从 Chalmers 等人提出的成分过冷理论发展到 Mullins 等人提出的界面稳定动力学理论,人们对凝固理论有了更加深刻的认识,也直接推动了凝固技术制备单晶和定向柱状晶的发展与应用。

2.2.2　凝固过程中溶质的分布规律

为了便于进一步了解定向凝固过程的基础理论以及对单晶形成的影响,下面以单相合金为例,介绍凝固过程中的溶质分布特征。

1. 平衡凝固条件下的溶质再分布

设长度为 l 的一维体自左至右定向单相凝固,并且冷却速度缓慢,溶质在固相和液相中都充分均匀扩散,液相中的温度梯度 G_L 保持以固液界面为平面生长,此时完全按平衡相图凝固,溶质再分布的物理模型如图 2-3 所示。图 2-3a 为平衡相图,设液态合金原始溶质含量为 w_c,当温度达到 T_L 时开始凝固,固相分数为 $\mathrm{d}f_S$,溶质含量为 kC_0;液相中溶质含量几乎不变,近似为 C_0(图 2-3b)。当温度继续下降至 T^* 时,此时固相和液相中溶质分数分别为 C_S^* 和 C_L^*(图 2-3c),并且 $\dfrac{C_S^*}{C_L^*}=k$,固相分数和液相分数分别为 f_S 和 f_L,由杠杆定律得

$$C_S f_S + C_L f_L = C_0 \tag{2-3}$$

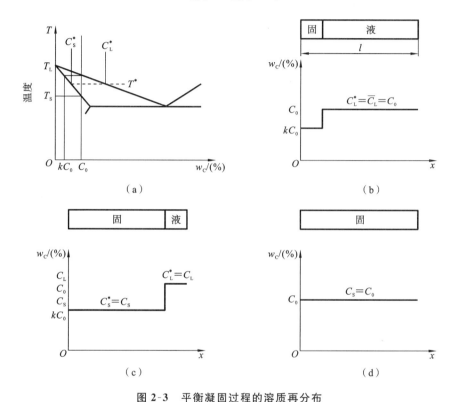

图 2-3　平衡凝固过程的溶质再分布

(a) 相图;(b) 凝固初始;(c) 凝固过程中;(d) 凝固终了

将 $C_L=\dfrac{C_S}{k}$,$f_L=1-f_S$ 代入式(2-3)得

$$C_S = \frac{C_0 k}{1-f_S(1-k)} \tag{2-4}$$

同理

$$C_L = \frac{C_0}{k+f_L(1-k)} \tag{2-5}$$

式(2-4)、式(2-5)即为平衡凝固时溶质再分布的数学模型。代入初始条件,开始凝固时,$f_S\approx0$,$f_L\approx1$,则 $C_S=kC_0$,$C_L=C_0$;凝固将结束时,$f_S\approx1$,$f_L\approx0$,则 $C_S=C_0$,$C_L=\dfrac{C_0}{k}$。可见平衡凝固时溶质的再分布仅取决于热力学参数 k,而与动力学无关。即此时此刻的动力学条件是充分的。凝固进行虽然存在溶质的再分布,但最终凝固结束时,固相的成分为液态合

金原始成分 C_0（图 2-3d）。

2. 液相均匀混合的溶质再分布

通常溶质在固相中的扩散系数 D 比在液相中的扩散系数小几个数量级，故认为溶质在固相中无扩散是比较接近实际情况的。溶质在液相中充分扩散不易得到，但经扩散、对流，特别是外力的强烈搅拌可以达到均匀混合。这种凝固条件下的溶质再分布的物理模型如图 2-4 所示，凝固开始时，同平衡态凝固相同，固相中溶质含量为 kC_0，液相中溶质含量为 C_0。当温度下降至 T^* 时，所析出的固相成分为 C_S^*，液相成分为 C_L^*。但固相中无扩散，各温度下析出固相的成分是不相同的，如图 2-4c 所示，整个固相的平均成分为 $\bar{C}_S$，与平衡相图上的固相线不符。凝固将结束时，固相中溶质含量为 C_{Sm}，即相图中的溶质最大含量；而液相中的溶质为共晶成分 C_E，如图 2-4d 所示。

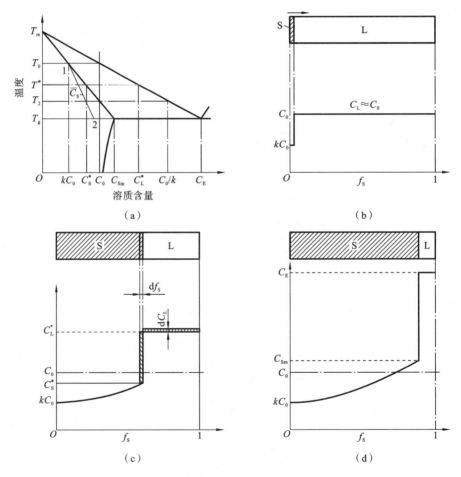

图 2-4　固相无扩散、液相充分扩散条件下凝固时的溶质再分布

（a）相图；（b）凝固初始；（c）凝固过程中；（d）凝固末期

在物理模型的基础上建立固相中溶质再分布的数学模型。如图 2-4c 所示，在温度 T^* 时固液界面向前推进一微小量，固相量增加的百分数为 $\mathrm{d}f_S$，其排出的溶质量为 $(C_L^* - C_S^*)\mathrm{d}f_S$。这部分溶质将均匀地扩散至整个液相中，使液相中的溶质含量增加 $\mathrm{d}C_L^*$，则

$$(C_{\mathrm{L}}^{*} - C_{\mathrm{S}}^{*})\mathrm{d}f_{\mathrm{S}} = (1 - f_{\mathrm{S}})\mathrm{d}C_{\mathrm{L}}^{*} \tag{2-6}$$

将 $C_{\mathrm{L}}^{*} = \dfrac{C_{\mathrm{S}}^{*}}{k}$ 代入式(2-6)并整理得

$$\frac{\mathrm{d}C_{\mathrm{S}}^{*}}{C_{\mathrm{S}}^{*}} = \frac{(1-k)\mathrm{d}f_{\mathrm{S}}}{1 - f_{\mathrm{S}}} \tag{2-7}$$

积分得

$$\ln C_{\mathrm{S}}^{*} = (k-1)\ln(1 - f_{\mathrm{S}}) + \ln C$$

因 $f_{\mathrm{S}} = 0$ 时,$C_{\mathrm{S}}^{*} = kC_0$,代入上式得积分常数 $C = kC_0$。

故

$$C_{\mathrm{S}}^{*} = kC_0(1 - f_{\mathrm{S}})^{k-1} \tag{2-8}$$

同理

$$C_{\mathrm{L}}^{*} = C_0 f_{\mathrm{L}}^{k-1} \tag{2-9}$$

式(2-8)、式(2-9)称为夏尔(Scheil)公式,也称为非平衡杠杆定律或近平衡杠杆定律。由于数学推导时采用了假设条件,故其表达式是近似的。特别在接近凝固结束时此定律是无效的。因为还没有到达凝固结束时,液相中溶质含量就达到共晶成分而进行共晶凝固。这就超出了单相凝固的条件。可见单相凝固合金固相中的最高溶质含量为平衡相图中标出的溶质饱和度。同时不管液态合金中的溶质含量如何低,其中总有部分液体最后进行共晶凝固而获得共晶组织。

3. 液相中只有扩散的溶质再分布

固相中溶质不扩散,液相不对流,溶质在液相中只有有限扩散,此条件下的溶质再分布物理模型如图 2-5 所示,刚开始凝固时与平衡凝固一样,即固相中溶质含量为 kC_0,液相中溶质含量为 C_0。

(1) 起始瞬态。凝固开始后,固相成分沿固相线变化,液相成分沿液相线变化,在固液界面处两相局部平衡,即 $C_{\mathrm{S}}^{*} / C_{\mathrm{L}}^{*} = k$。远离界面的液相成分保持 C_0。当 $C_{\mathrm{S}}^{*} = C_0$ 时,$C_{\mathrm{L}}^{*} = C_0/k$,起始瞬态结束,进入稳态凝固阶段,如图 2-5c 所示。对于起始瞬态固相中溶质分布数学模型,Smith 等人曾做过严格的计算,但推导烦琐。张承甫找出了一个简练的推导方法得出,当 k 较小时,溶质浓度的分布可利用下面的简式描述。

$$C_{\mathrm{S}} = C_0\left[1 - (1-k)\exp\left(-\frac{kR}{D_{\mathrm{L}}}x'\right)\right] \tag{2-10}$$

式中:R——凝固速度(界面生长速度);

　　　D_{L}——溶质在液相中的扩散系数。

此处 x' 的原点为试棒的左端点。可见达到稳态时需要的距离 x' 值取决于 R/D_{L} 和 k。从式(2-10)可看出,当 k 值较小时,适应于初始瞬态区,其长度的特征距离为 D_{L}/Rk,在此距离处形成的固相成分上升到最大值的 $(1 - 1/e)$,也就是稳态时数值的 63%。

(2) 稳态阶段。当 $C_{\mathrm{L}}^{*} = \dfrac{C_0}{k}$ 时,固相成分 $C_{\mathrm{S}}^{*} = C_0$,并在较长时间内保持不变。此时由固相中排出的溶质量与界面处向液相中扩散的溶质量相等。界面处二相成分不变,达到稳态凝固,如图 2-5d 所示。

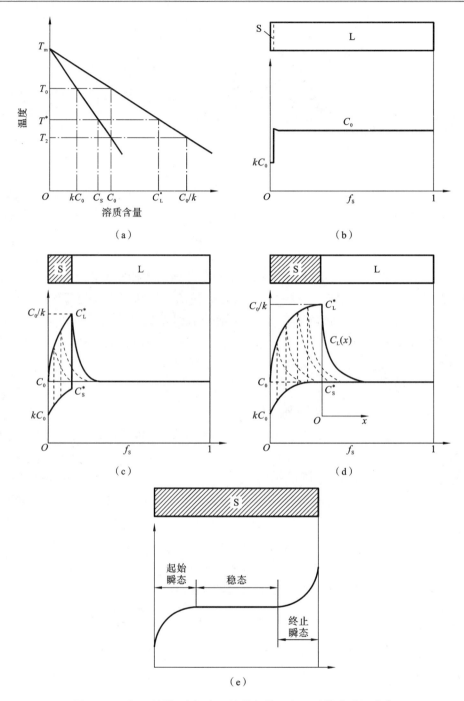

图 2-5　固相无扩散、液相有限扩散条件下凝固时的溶质再分布

（a）相图；（b）凝固初始；（c）起始瞬态；（d）稳态阶段；（e）终止瞬态

现在由物理模型求解稳态凝固阶段固液界面液相侧溶质分布的数学模型。将坐标原点设在界面处，由图 2-5d 知，$C_L(x) = f(x)$，x 的原点为固液界面。$C_L(x)$ 取决于两个因素的综合作用：

① 扩散引起浓度随时间而变化,由扩散第二定律 $\dfrac{\mathrm{d}C_L(x)}{\mathrm{d}t}=-D_L\dfrac{\mathrm{d}^2C_L(x)}{\mathrm{d}x^2}$ 决定。

② 因凝固速度或界面向前推进的速度 R 而排出溶质所引起的浓度变化为 $R\dfrac{\mathrm{d}C_L(x)}{\mathrm{d}x}$。

稳态下二者相等,即

$$R\frac{\mathrm{d}C_L(x)}{\mathrm{d}x}=-D_L\frac{\mathrm{d}C_L^2(x)}{\mathrm{d}x^2} \tag{2-11}$$

所以

$$D_L\frac{\mathrm{d}C_L^2(x)}{\mathrm{d}x^2}+R\frac{\mathrm{d}C_L(x)}{\mathrm{d}x}=0 \tag{2-12}$$

此微分方程的通解为

$$C_L(x)=A+Be^{-\frac{Rx}{D_L}} \tag{2-13}$$

根据边界条件:

$$x=0,\quad C_L(0)=C_0/k$$
$$x=\infty,\quad C_L(\infty)=C_0$$

得

$$A=C_0,\quad B=\frac{1-k}{k}C_0$$

故

$$C_L(x)=C_0\left[1+\frac{1-k}{k}\exp\left(-\frac{R}{D_L}x\right)\right] \tag{2-14}$$

式(2-14)称为 Tiller 公式,它表示一条指数衰减曲线。$C_L(x)$ 随着 x 的增加迅速地下降至 C_0。当 $x=\dfrac{D_L}{R}$ 时,$C_L=C_0\left[\dfrac{ke+1-k}{ke}\right]$,故称 D_L/R 为特性距离。

(3) 终止瞬态。凝固最后,当液相内溶质富集层的厚度大约等于剩余液相区的长度时,溶质扩散受到单元体末端边界的阻碍,溶质无法扩散。此时固液界面处 C_S^* 和 C_L^* 同时升高,进入凝固终止瞬态阶段,如图 2-5e 所示。但终止瞬态区很窄,整个液相区内溶质分布可认为是均匀的。因此其数学模型可近似地用夏尔公式即式(2-8)和式(2-9)表示。初始瞬态和终止瞬态也称为初始过渡区和最终过渡区。实际上,总是希望扩大稳态区而缩小两个过渡区,以获得无偏析的材质或成形产品,讨论分析凝固过程中溶质再分布的规律的意义也就在这里。

2.2.3　固液界面的形态

人们经过长期的研究发现,晶体生长时的固液界面随着其界面稳定性的下降,其生长形态呈现从平界面、胞状晶到枝状晶的变化,从而导致生成的晶体的形态有多种。不同的界面生长成的晶体内的杂质分布情况截然不同,其中平界面生长的单晶体,杂质最少而且均匀,其质量和性能最优。因此,为了得到最优性能的晶体,要求固液界面稳定性越高越好,以平界面生长最佳。

而根据凝固理论,定向凝固过程中固液界面前沿的温度梯度 G_L 和固液界面向前推进的速度(即晶体生长速率)R 的比值(G_L/R 值)是控制晶体生长形态的重要判据。而且 G_L/R 值越大,生长界面的稳定性就越好。因此,目前有关单晶液态成形制备工艺的研究也主要集中于如何通过调整两个主要工艺参数,尤其是固液界面前沿液相温度梯度,来获得满足晶体取向要求的单晶。

在定向凝固过程中,随着凝固速度的增加,固液界面的形态由低速生长的平面晶→胞晶→枝晶→细胞晶→高速生长的平面晶变化,如图 2-6 所示,要形成单晶首先需要熔体中产生单向结晶。实际上,无论是哪种固液界面形态,保持固液界面的稳定性对材料的制备和力学性能都非常重要。因此,固液界面稳定性是凝固过程中一个十分重要的科学问题。低速生长的平面晶固液界面稳定性可以用成分过冷理论来判定,高速生长的平面晶固液界面稳定性可以用绝对稳定性理论来判定。只有当界面处于稳定的条件下,晶体的生长速率才是可以控制的,也只有平坦而稳定的界面才可能长出质量合格的晶体。但到目前为止,关于胞晶、枝晶固液界面稳定性问题,尚没有成熟的相应判定理论体系。

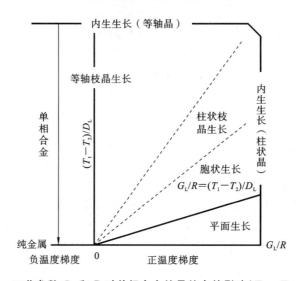

图 2-6　工艺参数 G_L 和 R 对单相合金结晶特点的影响($T_1-T_2\approx50$ K)

1. 成分过冷理论

成分过冷理论能成功地判定低速生长条件下无偏析特征的平面凝固,避免胞晶或枝晶的生长。20 世纪 50 年代 Chalmers、Tiller 等人首次提出单相二元合金成分过冷理论。固液界面液相区内形成成分过冷的条件主要有两个方面。一是由于溶质在固相和液相中的固溶度不同,一般来说溶质原子在液相中固溶度大,在固相中固溶度小,当单相合金冷却凝固时,溶质原子被排挤到液相中去,在固液界面液相一侧堆积着溶质原子,形成溶质原子的富集层。随着离开固液界面距离的增大,溶质浓度逐渐降低,这时固液界面前沿液相中的溶质分布如图 2-7b 所示。二是在凝固过程中,由于外界冷却作用,在固液界面液相一侧不同位置上实际温度不同,外界冷却能力强,实际温度低;相反,实际温度则高。如果在固液界面液相一侧,溶液中的实际温度低于平衡时液相线温度,则出现过冷现象。这种由成分变化引起的过冷称为成分过冷。在无成分过冷条件下,溶液中的实际温度 T_a 和平衡时液相线温度 T_L

分布如图 2-7c 所示。为了与单纯由温度引起的热过冷相区别,从图 2-7d 可以看出,在溶液中实际温度低于平衡时液相线温度的区间称为成分过冷区。此时在固液界面上由于成分过冷的作用,可能形成凸起并不断长大,从而破坏固液平界面的凝固。

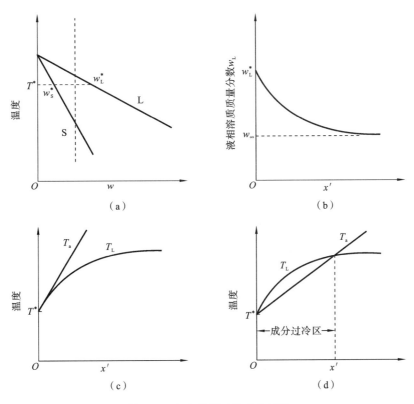

图 2-7　合金凝固时的成分过冷

(a) 相图;(b) 生长界面前沿液相中的溶质分布;(c) 相应的平衡液相线温度;(d) 有成分过冷条件下的温度分布情况

注:w_S^*、w_L^* 分别为温度 T^* 下的平衡固相和液相的溶质质量分数。

在无对流条件下,稳态时平界面液相一侧中的溶质质量分数为

$$w_L = w_0 \left(1 + \frac{1-k_0}{k_0} e^{-\frac{v}{D_L}x} \right) \tag{2-15}$$

则液相一侧中的浓度梯度为

$$\left(\frac{dw_L}{dx} \right)_{x=0} = -\frac{v}{D_L} \times \frac{w_0(1-k_0)}{k_0} \tag{2-16}$$

式中:v——固液界面的生长速率;

　　　w_L——液相溶质质量分数;

　　　w_0——平衡溶质质量分数;

　　　D_L——溶质在液相中的扩散系数;

　　　k_0——溶质平衡分配系数。

当固液平界面处于平衡时,

$$\left(\frac{dT_L}{dx} \right)_{x=0} = m_L \left(\frac{dw_L}{dx} \right)_{x=0} \tag{2-17}$$

式中：T_L——单相合金液相线的温度；

m_L——单相合金液相线的斜率。

如果没有成分过冷，固液界面液相一侧的实际温度梯度 G_L 应等于或大于 $\left(\dfrac{dT_L}{dx}\right)_{x=0}$。

即

$$G_L \geqslant \left(\frac{dT_L}{dx}\right)_{x=0} \tag{2-18}$$

或

$$\frac{G_L}{v} \geqslant -\frac{m_L w_0(1-k_0)}{k_0 D_L} \tag{2-19}$$

如果固液界面处存在液体对流，稳态时固液界面处液相一侧有成分过冷的条件为

$$\frac{G_L}{v} \geqslant -\frac{m_L w_L^*(1-k_0)}{D_L} \tag{2-20}$$

式中：w_L^*——固液界面平衡时固液界面处溶质质量分数。

多元系的单相合金凝固和二元单相合金凝固一样，只要温度梯度足够高，凝固速率足够慢，可以得到平界面凝固。在无成分过冷、忽略溶质元素相互作用对各自扩散系数的影响的条件下，推导出多元单相合金平界面凝固稳定性判据：

$$\frac{G_L}{v} \geqslant \sum_{i=1}^{n} -\frac{m_{Li} w_{Li}(1-k_i)}{k_i D_{Li}}$$

式中：w_{Li}——溶质组元 i 在液相中质量分数；

m_{Li}——w_{Li} 固定后的液相面斜率；

D_{Li}——组元 i 的液相扩散系数；

k_i——组元 i 的溶质分布系数。

一般来讲，成分过冷理论对判断平界面稳定性是适用的，但由于这一判据是在一定假设条件基础上推导的，因此存在如下局限：

① 成分过冷理论是以热力学平衡态为基点的理论，不能作为描述动态界面的理论依据；

② 在固液界面上局部的曲率变化将增加系统的自由能，而这一点在成分过冷理论中被忽略了；

③ 成分过冷理论没有说明界面形态改变的机制。

在快速凝固新领域，发现上述理论已不能适用。因为快速凝固时 v 值很大，按成分过冷理论，G_L/v 值愈来愈小，更应该出现树枝晶，但实际情况是快速凝固后，固液界面反而稳定起来，产生无特征无偏析的组织，得到了成分均匀的材料。

2. 绝对稳定性理论

Mullins 和 Sekerka 鉴于成分过冷理论存在不足，提出了一个考虑溶质浓度场和温度场、固液界面能以及界面动力学的新理论。在运算时，假定固液界面处于局域平衡，表面能为各向同性、无对流，在固液平界面上有干扰，其干扰波形是正弦波，如图 2-8 所示。固液界面处温度为

$$T_L^* = T_S^* = T_m + \Delta T = T_m - T_m \Gamma \rho \qquad (2\text{-}21)$$

式中：T_L^*——固液界面处液相温度；

　　　T_S^*——固液界面处固相温度；

　　　T_m——固液界面为平界面时的熔点；

　　　Γ——Gibbs-Thomson 常数；

　　　ρ——曲率，曲面凹向液相时为正。

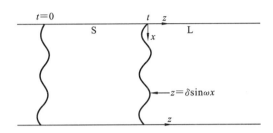

图 2-8　界面干扰的波形

注：ω 表示扰动角频率；δ 表示扰动振幅。

绝对稳定性理论推导出固液界面失稳的条件为

$$\frac{D_L^2 m_L G_C}{v^2 k} \leqslant T_m \Gamma \qquad (2\text{-}22)$$

式中：G_C——溶质质量分数梯度。

如果有两种溶质原子同时存在，则固液界面绝对稳定性条件为

$$\frac{T_m \Gamma v^2}{\dfrac{D_{11}^2 m_{L1} G_{C1}}{k_1} + \dfrac{D_{22}^2 m_{L2} G_{C2}}{k_2}} \geqslant 1 \qquad (2\text{-}23)$$

式中：D_{11}、D_{22}——分别为组元 1 和 2 在液相中的扩散系数；

　　　k_1、k_2——分别为组元 1 和 2 的溶质分配系数；

　　　m_{L1}、m_{L2}——分别为合金液的凝固温度对组元 1 和 2 质量分数的偏导数；

　　　G_{C1}、G_{C2}——分别为组元 1 和 2 的质量分数梯度。

根据绝对稳定性理论，可总结出下列几点：

① 快速凝固时，界面张力总是起到稳定固液界面的作用；

② 快速凝固时，溶质原子总是起到破坏固液界面稳定性的作用；

③ 平衡溶质分配系数愈小，对绝对稳定区的平面凝固条件要比成分过冷区的平面凝固条件愈苛刻；

④ 快速凝固时，宏观的扩散边界层变得很小，大约只有几个原子层。固液界面前进的速率超过溶质原子在液相中的扩散速率，使固液界面的局部平衡不起作用，就会发生完全的溶质截留。

绝对稳定性理论虽然已能应付快速凝固时的平界面凝固条件，但尚在不断完善中。如这个理论只适合稀溶液，即低溶质质量分数的情况，并且忽略了凝固速率对溶质分配系数的影响。Trived 和 Kurz 对溶质质量分数高的合金和接近金属间化合物成分的合金进行了初

步理论分析。对于稀溶液,溶质分配系数 k 和成分无关;对溶质质量分数高的合金和接近金属间化合物成分的合金,这种处理不够严格,应用区域化分配系数 k^* 代替常数 k_0。k^* 的计算公式可以表示为

$$k^* = \frac{\mathrm{d}w_\mathrm{S}}{\mathrm{d}w_\mathrm{L}} \tag{2-24}$$

因为 w_S 和 w_L 只是温度的函数,k^* 可写为

$$k^* = \frac{m_\mathrm{L}}{m_\mathrm{S}} \tag{2-25}$$

在绝对稳定性理论中一般把凝固速率视作常数,但在快速凝固时,高过冷会影响凝固速率,从而改变温度场,即在温度梯度 G 足够高时,会造成凝固速率的变化,从而对界面稳定失去作用。主要原因是溶质的不稳定扩散作用低于温度梯度产生的稳定化效应,因此也被称为高梯度绝对稳态现象。上述理论是单晶成形技术的基础,也有助于理解单晶成形过程中生长速率和温度梯度等参数的含义。

2.3　单晶成形技术

目前,单晶的成形技术有很多,但通常可以分为熔体生长、液体生长和气相生长等。对金属材料而言,其单晶的成形因结合了自身的特点而有所不同。在介绍金属单晶的成形技术之前,需先了解常规单晶材料的生长方法。

2.3.1　单晶生长方法

1. 从熔体中生长单晶体

从熔体中生长晶体的方法是最早的研究方法,也是广泛应用的合成方法。从熔体中生长单晶体的最大优点是生长速率大多快于在溶液中的生长速率。二者速率的差异在 $10\sim1000$ 倍。从熔体中生长晶体的方法主要有焰熔法、提拉法、冷坩埚法和区域熔炼法。

(1) 焰熔法。焰熔法是最早的一种从熔体中生长单晶体的方法,其原料的粉末在通过高温的氢氧焰后熔化,熔滴在下落过程中冷却并在籽晶上生长形成晶体。焰熔法装置示意图如图 2-9 所示,振动器使粉料以一定的速率自上而下通过氢氧焰产生的高温区,粉体熔化后落在籽晶上形成液层,籽晶向下移动而使液层结晶。此方法主要用于制备宝石等晶体。

(2) 提拉法。提拉法是从熔体中提拉生长高质量单晶的方法,又进一步发展为一种更为先进的定型晶体生长方法——熔体导模法,即直接从熔体中拉制出具有各种截面形状晶体的生长技术。它不仅免除了工业生产中对人造晶体所带来的繁重的机械加工,还有效节约了原料,降低了生产成本。提拉法的原理是将构成晶体的原料加热熔化,在熔体表面接籽晶提拉熔体,在受控条件下,使籽晶和熔体的交界面上不断进行原子或分子的重新排列,随着降温逐渐凝固而生长出单晶体。如图 2-10 所示,过程中首先将待生长的晶体原料放在耐

高温的坩埚中加热熔化,调整炉内温度场,使熔体上部处于过冷状态;然后在籽晶杆上安放一粒籽晶,使籽晶接触熔体表面,待籽晶表面稍熔后,提拉并转动籽晶杆,使熔体处于过冷状态而结晶于籽晶上,在不断提拉和旋转过程中,生长出圆柱状晶体。该方法应用较广,适用于 Si、Ge 及大部分激光晶体。

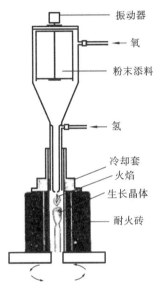

图 2-9　焰熔法装置示意图

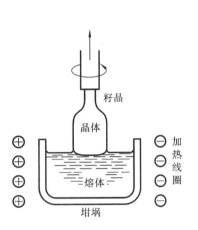

图 2-10　提拉法装置示意图

（3）区域熔炼法。该方法显著的特点是不用坩埚盛装熔融态材料,而是在高频电磁场作用下依靠材料的表面张力和电磁力支撑局部熔化的液体,因此区域熔炼法又称为悬浮区熔法,是金属单晶目前最主流的生长方法之一。如图 2-11 所示,其原理是在区域熔炼过程中,物质的固相和液相在密度差的驱动下,会发生物质输运。因此,通过区域熔炼可以控制或重新分配存在于原料中的可溶性杂质或相。比如:利用一个或数个熔区在同一方向上重复通过原料以除去有害杂质;利用区域熔炼过程有效地消除分凝效应,也可将所期望的杂质均匀地掺入到晶体中去,并在一定程度上控制和消除位错、包裹体等结构缺陷。该方法具有熔化体积小、热梯度界线分明、热效率高、提纯效果好等优点,但由于该方法仅能在真空中进行,所以受到很大的限制。目前感应加热在悬浮区熔法合成晶体中应用最多,它既可在真空中应用,也可在惰性氧化或还原气氛中进行。

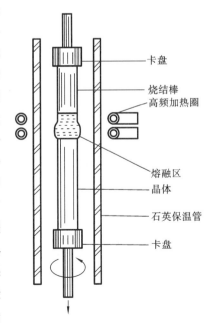

图 2-11　区域熔炼法装置示意图

2. 从液体中生长单晶体

（1）溶胶-凝胶法。所使用的起始原料（前驱物）一般为金属醇盐，其主要反应步骤是前驱物溶于溶剂中形成均匀的溶液，溶质与溶剂产生水解或醇解反应，反应生成物聚集成 1 nm 左右的粒子并组成溶胶，溶胶经蒸发干燥转变为凝胶。溶胶-凝胶法的工艺过程主要分为溶胶的制备、凝胶化和凝胶的干燥。溶胶的制备是将金属醇盐或无机盐经过水解、缩合反应形成溶胶，或经过解凝形成溶胶；凝胶化是使具有流动性的溶胶通过进一步缩聚反应形成不能流动的凝胶；凝胶的干燥可分为一般干燥和热处理干燥，主要目的是使凝胶致密化。

（2）水热法。该方法主要采用温差水热结晶，依靠容器内的溶液维持温差对流形成过饱和状态，通过缓冲器和加热来调整温差。但该方法易使晶体引入杂质，还存在生长周期长、危险性高的缺点。需要控制好溶液浓度、溶解区和生长区的温度差、生长区的预饱和、合理的元素掺杂、升温程序、籽晶的腐蚀和营养料的尺寸等工艺。

3. 从气相中生长单晶体

气相生长可分为单组分体系和多组分体系生长两种。单组分气相生长要求气相具备足够高的蒸气压，利用在高温区汽化升华、在低温区凝结生长的原理进行生长。这种方法应用不广，所生长的晶体大多为针状、片状的单晶体。多组分气相生长一般多用于外延薄膜生长，外延生长是一种晶体浮生在另一种晶体上，主要用于电子仪器、磁性记忆装置和集成光学等领域元件的生产上。

除了以上介绍的几种方法外，还有很多方法可以成形单晶，但其原理与上述方法有很多相似之处。随着军工、航空航天、装备、材料等各领域的快速发展，对单晶的需求量也相应快速增加，单晶成形方法正在向智能化、低成本化、绿色化等方向升级。

2.3.2 金属单晶成形技术

金属单晶具有非常优异的物理化学性能和力学性能，被广泛应用于航空、航天、核能、军工等高科技领域。尤其伴随着装备和智能控制水平的飞速发展，金属单晶成形技术得到了快速且长足的进步。基于上述单晶生长的原理，开发了多种适用于金属材料的单晶成形技术。

1. 化学气相沉积技术

化学气相沉积（CVD）是利用化学气体或蒸气在基质表面反应形成固态沉积物的一种方法。该方法具有制备温度远低于材料的熔点、制备纯度高、制膜厚度可控、成本低的特点，成为成形单晶金属材料的重要手段，如图 2-12 所示。

美国 Ultramet 公司于 20 世纪 80 年代最早开始利用 CVD 法制备高温金属，获得了一系列成果。例如，其在 1200℃下通过氢气还原 $NbCl_5$，在喷管端部沉积得到铌环后再进行焊接，能获得较高的室温抗拉强度和剪切强度，且仅发生塑性变形而未断裂；金属 Ir/Re 涂层已成功应用于卫星姿态/轨道控制发动机燃烧室；生产出直径为 330 mm 的特大型无缝钨坩埚用作熔融反应堆燃料容器等。我国也提出了一种籽晶生长技术，实现了对高折射率单晶铜箔的可控成形。通过对多晶铜箔进行预氧化处理，在其晶粒内部储存应变能和表面能，随

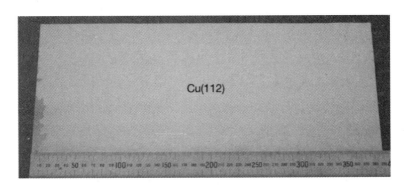

图 2-12 化学气相沉积技术成形的单晶铜箔

后放入 CVD 系统中加热并在还原气氛中退火使其内部应变能释放,产生不同面指数方向生长的籽晶粒,最终形成高折射率大尺寸单晶铜箔。

目前,CVD 法制备传统半导体单晶材料的技术已经日益成熟,可实现工业化生产。但由于成形过程中普遍存在晶体生长速度慢,难以有效抑制生长过程中可能产生的过渡相,因此对于金属单晶的成形仍以纯金属单晶为主,多元合金单晶的成形仍在发展阶段。

2. 悬浮熔炼成形技术

悬浮熔炼技术是为了解决高纯材料长时熔炼过程与坩埚反应导致杂质含量升高的难题而研发的。该技术通过形成某种力场与金属重力平衡,有效避免了坩埚材料的污染且不受坩埚熔点的限制,通过多次熔炼可用于合金材料和活泼金属单晶的成形。

1) 电子束悬浮区域熔炼成形技术

该技术于 20 世纪 50 年代由 Pfann 等人首先提出,作为成形难熔及活性材料的重要手段,也被认为是目前熔炼高温合金最有前途的方法之一。其成形原理是在高真空环境下,利用阴极发射出电子,通过聚焦系统聚焦成为电子束,电子束在外加高压电场作用下加速与阳极或试样碰撞将高能荷电子动能转化为热能,并控制其熔化区域使熔融金属液根据杂质元素的溶质平衡分配,最终使熔区内部杂质重新分布而实现顺序凝固,完成金属的提纯和单晶的生长。电子束悬浮区域熔炼法已广泛应用于高温合金单晶的成形及提纯,但也存在对样品原料纯度要求高、单晶尺寸受原料影响较大的问题。总的来说,在区域熔炼过程中金属提纯和单晶生长主要取决于熔区的温度梯度和液态金属化学成分的均匀性,具体表现为熔炼室真空度、原料纯度、熔炼速度、搅拌速度及籽晶品质等。

目前,俄罗斯、美国、我国西北有色金属研究院等均拥有不同功率的电子束悬浮区域熔炼炉,其中大功率电子束悬浮区域熔炼炉的加热功率可达 50 kW 以上。这些设备的研发与生产能力,代表着当今国际领先水平。以 50 kW 电子束悬浮区域熔炼炉为例,整台设备主要包括电源系统、真空系统、熔炼室、旋转和位移系统及电子枪。电源系统的输出功率为 50 kW,工作时高压为 50 kV,电流为 1 A。真空系统能使熔炼室在区域熔炼过程中真空度处于 $10^{-2} \sim 10^{-6}$ Pa 甚至更高,熔区的电参数可实现反馈调节,从而稳定了高压电源系统,减小了熔区温度梯度,确保了熔区的稳定。旋转和位移系统确保了区域熔炼过程中原料棒的供给和单晶的生长,所生长的单晶尺寸规格可达到 $\phi40$ mm$\times$1000 mm,这同时也与熔区金属的特性有关。电子枪是整台设备的核心部件,其工作寿命对单晶成形非常重要。

该技术的优点在于真空环境、加热效率高、温度梯度易于控制、不受坩埚材料污染,但同时表面张力对活性杂质和温度梯度的高敏感性又使得这一优势成为致命弱点,即所能成形的高纯难熔金属及其单晶材料尺寸规格受到很大限制,并且该技术成形的材料内部位错密度较高。例如,在面对杂质固液分配系数接近于 1 的杂质(如 C 等)时,其去除效果往往不太理想,对于大尺寸单晶的成形还有待进一步研究。

2) 光束悬浮区域熔炼成形技术

作为近年来才发展起来的成形技术,其成形原理类似于电子束悬浮区域熔炼法。目前美国 Ames 国家实验室已开始利用该技术成形金属单晶。其实验设备及熔炼过程实物图如图 2-13 所示,其原理是利用光束加热制取单晶。光束悬浮区域熔炼需先向熔炼室中充入高纯惰性气体,借助等离子弧将金属熔池熔接到籽晶上,再通过球面镜将大功率卤化灯发出的光线聚焦成光束对原料棒和籽晶进行加热,同时旋转籽晶并沿轴向移动供料杆实现单晶的生长。目前实验设备的能力最高可达 6.5 kW,成形的单晶直径未见报道,但从设备的功率预计其所能生长的单晶直径约为 10 mm。

图 2-13　高精度光束悬浮区域熔炼单晶

光束悬浮区域熔炼法的优点在于不必通过高压电源加速电子,直接利用光束聚焦效应实现加热,熔区不会因为液态金属受热过大而蒸发电离使温度梯度产生变化,熔区稳定性较好。但是目前研究较多的是采用该法制备金属氧化物和半导体材料单晶,对于金属单晶的研究正在开展中。

3. 等离子弧熔炼成形技术

该技术最早在 20 世纪 60 年代出现,在美、英、日和苏联都有应用。我国最早于 1969 年由戚墅堰机车车辆工艺研究所对等离子弧炉进行研制,并制备出多种金属材料。1968 年苏联科学院冶金研究所的科学家最早提出采用等离子弧工艺制备难熔金属单晶。目前俄罗斯科学院利用大功率等离子弧熔炼设备已成功制备了世界上最大尺寸的高纯 W、Mo 单晶棒材及其他特定形状的单晶铸件,现已成功应用于 TOPAZ 型、SPACE-R 型空间飞行器中。

其原理是往熔炼室中充入高纯惰性气体,借助等离子弧将金属熔池熔接到籽晶上,通过使籽晶远离加热源而凝固,同时原料和凝固的晶体按照同一方向运动,从而实现金属的提纯或单晶生长。该技术加热源能量密度高,对原料适应性强(棒状、板状、粉末等),成为成形大尺寸难熔金属及其合金单晶的有效方法,可制备多种形式的金属单晶板材、棒材和管材。与其他熔炼法不同,等离子弧熔炼过程中先使原料棒熔化为熔滴进入熔池,从而使熔池内部液态金属的化学成分均匀性得到保证,因此可制备出远大于籽晶尺寸的单晶。例如,成形 30～50 mm 的 W 单晶时,采用 8～10 mm 籽晶即可。但由于熔炼过程中同一轴向处温度梯度高,易产生位错密度高、小角度晶界偏离角度大等问题。图 2-14 所示为等离子弧炉外形照片。

图 2-14 等离子弧炉外形照片

该技术最突出的特点就是熔炼质量大、速度快,且品质不亚于真空熔炼。由于等离子生成的气体中杂质元素 H、O 和原料中的 C 元素反应而生成的 CO_x 被最大限度地去除,因此等离子弧熔炼法较其他方法成形的金属及其合金单晶中杂质元素 C 的含量大幅降低。这主要得益于熔体的高温以及低温等离子体中杂质元素与形成等离子的气体元素之间高的化学反应速率。等离子弧能将小区域范围金属液滴快速加热至高温(8000～12000 ℃),从而实现难熔金属材料的有效提纯。此外熔体中杂质元素还能通过真空蒸发和区域分离效应去除,C、Si 将以氧化物形式去除,H、N、O 则通过脱气形式去除。

以 W 为例,通过等离子弧熔炼实现提纯的过程如下:首先,杂质迁移至 W 熔体表面;然后,在熔体表面 C、Si 和 O 发生反应,熔体表面的高温导致化学反应速率很高;接着,杂质元素及其化合物(SiO、CO 等)从熔体迁移至(熔体表面的)气体中,熔体表面气体中杂质元素的蒸发和迁移速率也大大高于熔体中杂质扩散至熔体表面的扩散速率;最后,某些氧化物分解,(熔体表面的)气体中杂质迁移,部分杂质沉积在工作室炉壁表面。国内采用等离子弧熔炼法进行高温金属特别是难熔金属的提纯和制备方面的研究较多,对于其单晶成形的研究还在进一步探索阶段。

4. 增材制造单晶成形技术

增材制造技术也称 3D 打印技术,是一种利用计算机辅助设计,通过材料逐层累加的方式成形最终产品的手段。相对于传统的对原材料去除、切削、组装的加工模式,3D 打印可实现任意复杂形状零件的快速精确制造,大幅缩短产品设计和加工周期,对于航空航天用结构件具有显著优势。近年来,选区电子束熔化和选区激光熔化,以及激光直接能量沉积等增材制造技术被用来探索单晶高温合金的成形。受限于工艺水平,已报道的增材制造单晶大多形状简单(如棒状或者立方状),尺寸较大的单晶成形性较差且易开裂。增材制造的单晶由于枝晶组织更细、偏析更少,往往表现出比常规铸造合金更优异的拉伸性能、抗蠕变及抗疲劳性能。另外,为优化工艺,一些新方法和计算模拟手段近来也被应用在增材制造单晶合金的研究上。

我国学者采用 3D 打印技术制备出 AM3 镍基单晶高温合金(图 2-15),经过回复热处理,消除了快速凝固过程中材料内部产生的内应力,使结构错乱的 γ' 相重新排列形成一种新的筏排结构,且均匀分布于基体之中,在降低位错密度的同时避免了再结晶形成多晶组织,成功解决了镍基单晶增材制造过程中极易产生的高热应力下材料局部变形、高密度位错以及 γ-γ' 相结构调控的难题。这一发现可用于镍基单晶涡轮叶片成形和修复工作。

图 2-15　3D 打印成形 AM3 镍基单晶高温合金微观组织

3D 打印技术为金属单晶的成形提供了一个全新的方法。目前,已经发展出激光、电子束、聚能光束等多种高能量热源的不同形式,相关配套产业也在蓬勃发展。但也要正视 3D 打印技术在制品尺寸、原料及设备方面的诸多限制。目前研究大多集中在早期涡轮叶片用镍基合金成形及相关镍基单晶叶片的修复工作。未来,进一步开发 3D 打印技术,与现有数字化资源相结合,推动产业向现代化、智能化升级前景广阔。

2.3.3　单晶复杂构件的成形

单晶和定向柱晶的形成必须具备两个条件:一是热流垂直于晶体生长的固液界面单向传输;二是固液界面前方的液体中没有稳定的晶核。Bridgman 法就是一种广泛应用的由高温熔体生长单晶的方法。单晶和定向柱晶凝固过程的唯一差别是单晶必须是由一个晶核长大而成的。获得单一晶核的方法通常有两种,即选晶法和籽晶法,两种方法各有优缺点。由于两种方法成形单晶的机理、取向控制效果及生产效率不同,因此分别适用于不同的场合。但在一些具有特殊要求的场合,可采用"籽晶＋选晶"相结合的方法来成形单晶铸件。

1. 选晶法

选晶法是成形单晶合金的基本方法。垂直的温度梯度被放在铸型底部的冷却板上,并通过加热铸型使温度梯度得到加强。凝固开始于冷却板上的随机形核,晶粒倾向于在面心立方晶系的[001]方向生长。因为在[001]方向生长速度最快,晶粒在[001]方向迅速超过其他取向的晶粒生长,从而导致[001]柱状晶沿着热流方向迅速生长。选晶法是在铸件底部加一个选晶器,用于控制熔体在狭窄及变方向的通道内通过,经过多次变换截面方向,机械阻挡作用使多数晶粒被淘汰,最后只有一个晶粒长入并逐渐充满整个型腔,得到整体只有一个晶粒的单晶铸件。对选晶器结构的研究一直是单晶成形的研究重点之一,图 2-16 所示为常用的不同形状的选晶器,最关键的是选晶段的形状。

目前应用最广泛也最成功的是螺旋选晶器(图 2-16b)。螺旋选晶器以一定的角度在三维空间连续攀旋,不存在任何突变性拐角,因此不会出现因为剧烈的侧向散热而造成的局部低温区,从而基本上消除了异质形核的现象。同时,螺旋选晶器狭窄的螺旋通道对晶粒的生长有很好的约束作用,大大提高了选晶效率。

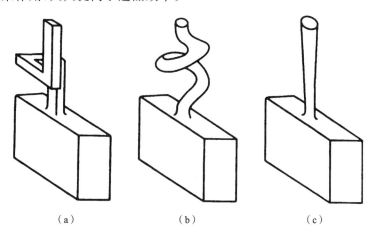

（a） （b） （c）

图 2-16 不同形状的选晶器示意图

(a) 转折型选晶器;(b) 螺旋选晶器;(c) 缩颈选晶器

2. 籽晶法

该方法的典型特点是预先将具有一定取向的单晶棒作为籽晶安放在型壳底部,然后将过热的熔融金属液浇注在籽晶上面,经过一段时间的静置保温,使籽晶部分熔化,晶体则沿着回熔籽晶的取向外延生长,之后通过抽拉并适当控制固液界面前沿的温度梯度实现定向凝固,最终获得与籽晶取向一致的单晶铸件。其原理如图 2-17 所示。

相比于选晶法,籽晶法更容易实现晶体三维取向的准确控制,一般认为只要籽晶择优取向与热流方向一致,就可以抑制非择优方向的晶粒而生成单晶。但该方法仍存在不可预测的籽晶回熔区杂晶问题,这些杂晶常存在于铸件表面形成缺陷,会影响单晶的成品率,制约着籽晶技术的推广。另外,籽晶法需要预先在单晶试棒上准确切取一定三维取向的籽晶,且

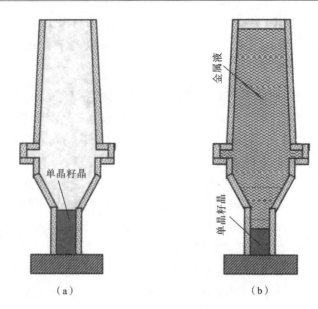

图 2-17　籽晶法成形单晶的基本原理

(a) 型壳预热前；(b) 合金浇注后

籽晶的完整性需要检测,因此耗时长、成形成本高。这些因素限制了籽晶技术在工业生产中的广泛应用。尽管如此,由于籽晶法制备的单晶的取向一致性容易得到保证,目前也有机构采用籽晶法生产单晶涡轮叶片。

3. 籽晶选晶法

籽晶选晶法通过在选晶器底部预置籽晶来实现晶体取向的精确控制,同时利用螺旋选晶段的几何阻挡作用防止回熔区杂晶进入单晶基体。该方法结合了籽晶法和选晶法的优势,可以精准地控制单晶的三维取向,如图 2-18 所示。但是,该方法在工艺方面并不好控制,比如:必须切取三维取向精确的籽晶,需要控制籽晶尺寸及起晶段高度以保证籽晶能够

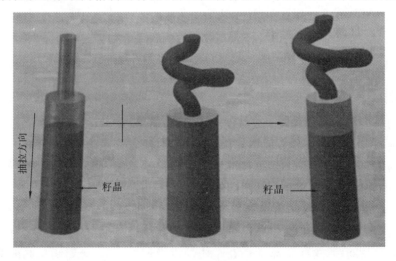

图 2-18　籽晶选晶技术

充分回熔,应该选择合适的抽拉速率以免因拉速过大而导致取向控制的失败等。因此,目前该方法仅适用于一些必须严格保证单晶三维取向的实验研究中。

尽管液态成形单晶金属材料的成形工艺不断进步,但是仍需不断发展多种类、大尺寸单源或外加磁场等方法制备出大尺寸单晶制品,满足材料使用需求。同时,对更高使用温度材料的开发,建立已有单晶材料制备的数据库,探索大尺寸单晶的成形规律、特殊晶面的力学性能、不同成分与组织性能的关系也是未来单晶合金材料的研究热点。此外,大功率、高精度单晶熔炼设备的国产化也是重要的研究方向。

2.4　单晶成形技术的应用

高温合金因具有优异的抗蠕变、抗疲劳、抗氧化和抗热腐蚀等综合性能,在航空航天以及工业燃气轮机中获得了大量的应用,尤其是用作重型燃气轮机热端部件(涡轮叶片、涡轮盘和燃烧室)的关键材料。如图 2-19 所示,在先进航空发动机中,高温合金用量占材料总用量的 40%～60%。随着航空航天器和船舶的更新换代,对高温合金的性能也提出了更高的要求和挑战。单晶叶片与等轴晶、定向柱晶相比,具有良好的持久寿命、低的蠕变速度和更加优异的抗热疲劳、抗氧化和抗热腐蚀等高温性能。下面将分别以航空发动机和工业燃气轮机为例介绍高温合金单晶叶片的成形技术。

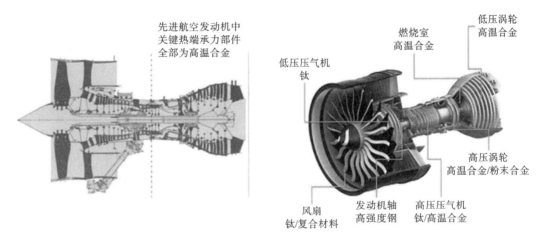

图 2-19　航空发动机各部件使用材料示意图

2.4.1　航空发动机高温合金单晶叶片

航空发动机是飞机的"心脏",它是飞机中最核心的部件。如图 2-20 所示,航空发动机中气流通过的顺序依次为进气道→风扇→压气机→燃烧室→涡轮→尾喷管。这几个部件中最重要的就是压气机、燃烧室和涡轮,而作为其中最为关键且数量最多的零部件——叶片,始终是航空发动机最难加工的部分之一。航空发动机的制造是一项极其复杂的系统工程,而叶片的制造就占据了整个发动机制造30%以上的工作量。航空发动机工作时,不管是风扇叶片、压气机叶片,还是涡轮叶片都要承受十分恶劣的工况,但是又存在一些差异。其中,又以涡轮叶片最为严苛。

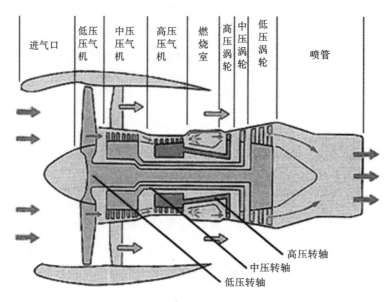

图 2-20　典型航空发动机结构示意图

1. 高温合金叶片及其材料发展

如图 2-21 所示是涡轮叶片及内部气孔结构示意图。作为最重要的核心热端部件,涡轮叶片起着将燃气的燃烧化学能转化为机械能的关键作用。燃机功率的不断提高,是靠提高涡轮进气温度来实现的,需要采用承温能力愈来愈高的叶片。为了给涡轮叶片进行散热,会在叶片内部和表面做出精密且复杂的冷却通道和冷却孔,用来将压气机内部相对低温的空气引入并从叶片表面喷出,形成低温气膜,给叶片进一步降温。除了结构上的复杂性,热端

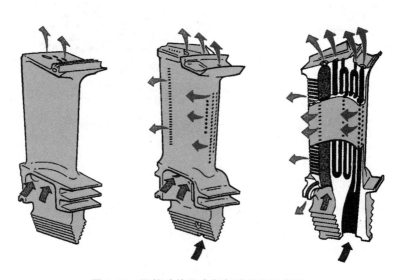

图 2-21　涡轮叶片及内部气孔结构示意图

叶片的工作环境还处在高压、高负荷、高振动、高腐蚀的极端状态,因而要求叶片具有极高的综合性能。这就需要叶片采用特殊的合金材料,利用特殊的制造工艺制成特殊的基体组织,即高温合金单晶,才能最大可能地满足需要。目前,单晶叶片不仅早已应用于先进航空发动机,也越来越多地用在了重型燃气轮机上。

高温合金是能在 600～1200 ℃ 的高温和高应力作用下长期工作的合金材料。其特性不仅强调耐高温,更关键在于使用温度下所具有的高强度、高硬度和高稳定性。按基体元素来分,高温合金分为铁基、镍基、钴基等高温合金。铁基高温合金使用温度一般只能达到 750～780 ℃,对于在更高温度下使用的耐热部件,则采用镍基、钴基和难熔金属为基体的合金。镍基高温合金在整个高温合金领域占有特殊重要的地位,它广泛地用来制造航空喷气发动机、各种工业燃气轮机最热端部件。

高温合金研发最早起源于 20 世纪 20 年代,在 30 年代开始用于涡轮喷气发动机,此后高温合金飞速发展,极大提升了航空发动机的高温性能。航空发动机的动力来自燃料燃烧释放的热能,输入热源温度越高,发动机工作效率越高。从 1960 年至今飞机燃油效率提升了 60%,航空发动机工作温度从 600 ℃ 提升到 1200 ℃,高温合金耐热性能的提升催生出新一代的航空飞机。高温合金主要用于航空发动机的四大热端部件,即燃烧室、导向叶片、涡轮叶片和涡轮盘,此外还用于机匣、环件、加力燃烧室和尾喷口等部件。另外,随着人类对能源领域的不断探索,民用领域如煤电和核电设备中也已开始用高温合金替代不锈钢材料。

国际上,美、英、法等国在 20 世纪 70 年代就分别研制出 PW1480 单晶合金,以及与之性能相当的 René N4、CMSX-2、NASAIR100、SRR99 等合金并投入使用,它们的共同点是:去除 C、B、Zr、Hf 等降低合金初熔点的晶界强化元素,大幅度提高难熔元素 Ta 的含量,以提高合金的初熔温度。这些单晶高温合金比柱状晶高温合金的使用温度提高了 25～50℃,且成分相近,统称为第一代单晶高温合金。进入 20 世纪 80 年代后,出现了承温能力比第一代单晶高温合金提高近 30 ℃ 和 60 ℃ 的第二代和第三代单晶高温合金。第二代单晶高温合金加入了 3% 左右的 Re,如 CMSX-4、PWA1484、René N5 等。第三代单晶高温合金中 Re 的含量更高,达到了 6% 左右,其典型的合金有 CMSX-10、CMSX-11、René N6 等。近年来又发展了 RR3010、MC-NG 等第四代单晶高温合金,其中 Re 的含量相对有所减小,但加入了一定含量的 Ru 元素,使单晶的高温力学性能得到进一步提高,同时,组织稳定性得到了改善。通过继续增加和平衡 Re 和 Ru 的总含量,日本等国相继开发出了第五代单晶高温合金,如 TMS-162 和 TMS-196,以及第六代单晶高温合金,如 TMS-238,合金承温能力亦再次提高。

相对国外,我国对单晶高温合金的自主研发开始较晚。目前国内比较具有代表性的是北京航空材料研究院自 20 世纪 90 年代至今依次研发出的 DD3、DD6 和 DD9 合金,其 Re 含量分别为 0%、2% 和 4.5%,其承温能力分别对应第一代、第二代和第三代单晶高温合金。相应地,它们的难熔元素总含量依次从 9.5% 增加到了约 20% 和 21%,而 Cr 含量从 9.5% 降低到了 4.3% 和 3.5%。此外,中国科学院金属研究所和钢铁研究总院等单位亦开展了大量研究工作,包括第一代单晶高温合金 DD8、第二代单晶高温合金 DD5 和第三代单晶高温合金 DD32 等。随着国内相关产业技术水平的不断提高,单晶叶片的成形工艺也有了很大的提升,快速缩短了与国外的研究和应用水平差距。

2.高温合金单晶叶片成形技术

叶片用高温合金由于要承受极端的服役环境,因此首先采用固溶强化的方法,即在基体金属中加入大量的合金化元素,如镍基高温合金中常用于合金化的元素有 Ti、Ta、Al、Nb、Cr、Mo、Fe、Re、Co、W、Ru。上述合金化元素的加入虽然使合金的性能有了提高,但也使单晶高温合金的熔炼过程变得更为复杂,甚至会降低高温相的稳定性。但是相比于母合金的熔炼,单晶叶片的成形则更具有挑战性。

图 2-22 简示了高温合金叶片不同组织的形成原理。在普通的精密铸造过程中,将合金熔体浇注入型壳后任其自由冷却,热量向各个方向传输,铸件各部位几乎同时进行凝固,这样就会形成晶向各异的多晶,即等轴晶组织(图 2-22a)。若将型壳安装在激冷板上,升入炉中加热区内预热,使壳内温度超过合金熔点,再浇入过热的合金熔体,并将型壳以一定速度抽拉下降,穿过挡热板进入冷却区,就实现了铸件从下至上的定向凝固,形成柱状的多晶组织(图 2-22b),即利用 Bridgman 法。若在定向凝固的起始端之上增加几何选晶结构,如螺旋选晶器(图 2-22c),使柱晶向上生长时经过一段狭窄弯曲的通道,只有一个晶粒能够长出并扩展到铸件的顶部,就会形成单晶组织,这仍属于定向凝固,但是组织由多晶变为只有一个晶粒。一般认为,凝固界面垂直方向上的温度梯度 G_L 是定向和单晶凝固的最重要参数,必须尽量提高,以避免凝固界面前沿的液体中出现热过冷,保证柱晶或单晶以一定的速率顺利向上生长。

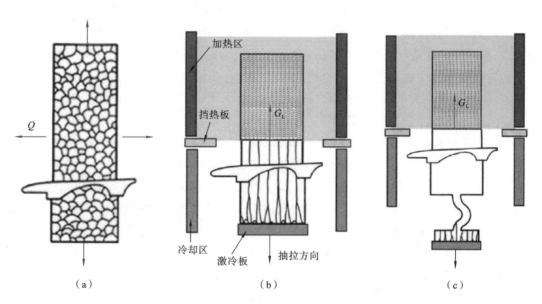

图 2-22　涡轮叶片三种典型晶粒组织的形成原理

目前,定向凝固技术仍是单晶高温合金叶片成形的主要途径,在定向凝固的过程中,工艺参数(温度梯度 G_L、抽拉速率 v、浇注温度、挡热板位置等)、铸件结构和尺寸等对最终单晶的完整性和成品率有着非常重要的影响。科研工作者在 Bridgman 法的基础上,又发展了若干种新的定向凝固技术。

(1)快速凝固(high rate solidification,HRS)法。HRS 法是为了改善功率降低法在加

热器关闭后冷却速度慢的特点,在 Bridgman 晶体生长技术的基础上发展的一种新的定向凝固技术。该方法的特点是由始终保持加热状态的炉子、隔热层和下方的辐射散热的水冷套形成定向热流区,铸件由安放在水冷结晶器上的铸型成形,铸型以一定的速度从炉中移出(或由炉子、隔热层和下方的辐射散热的水冷套形成的定向热流区整体上移)。铸型中的金属液就在该定向热流区中定向凝固,形成柱晶组织,相应装置示意图见图 2-23。这种方法可以通过定向热流区的结构设计,来获得较高的温度梯度和冷却速度。该方法在生产中已获得广泛的应用,特别在成形航空发动机的单晶叶片方面应用得最广。另外,该方法也有利于成形柱晶组织,形成的柱状晶间距较长,组织细密挺直,可使铸件的性能得以提高。

　　(2) 液态金属冷却(liquid metal cooling,LMC)法。HRS 法的定向热流区的冷端是由辐射换热来冷却的,所能获得的温度梯度和冷却速度毕竟有限。为了获得更高的温度梯度和生长速度,在 HRS 法的基础上,将抽拉出的铸件部分浸入具有高导热系数的高沸点、低熔点、热容量大的液态金属中,利用低温的金属液与铸型的接触传导来强化冷却,从而大幅度地提高了定向热流区的温度梯度,形成了一种新的定向凝固技术,即 LMC 法,其装置示意图见图 2-24。这种方法提高了铸件的冷却速度和固液界面前沿的温度梯度,而且在较大的生长速度范围内可使界面前沿的温度梯度保持稳定,定向结晶可在相对稳态下进行,有利于成形单晶组织。目前常用的液态金属冷却液有 Ga-In 和 Ga-In-Sn,但成本高昂,因此该方法更多地用于在实验室条件下研究单晶。

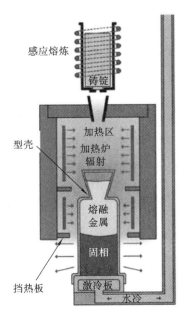

图 2-23　快速凝固法装置示意图

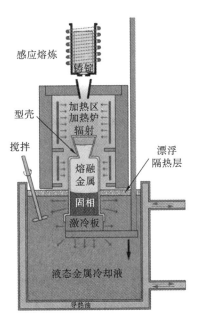

图 2-24　液态金属冷却法装置示意图

　　(3) 流态床冷却(fluidized bed cooling,FBC)法。FBC 法是一种采用固体颗粒和惰性气体两相复合冷却的 Bridgman 定向凝固技术。流态床具有较强的冷却能力,并且可以利用浮力设置一种浮在流态床表面的动态挡板,从而有效阻止热量从热区向冷区传递,因此 FBC 法的温度梯度较高,其装置示意图见图 2-25。与传统 HRS 工艺比较,FBC 工艺获得的单晶

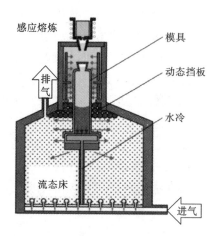

图 2-25　流态床冷却法装置示意图

样品微孔尺寸、体积分数明显降低,可以很好地控制显微疏松。同时,采用流态床冷却不会对铸件造成污染,并且流态床冷却定向凝固设备结构简单、易于维护、成本较低、生产周期较短。因此 FBC 法在成形大尺寸单晶高温合金叶片方面有着良好的应用前景。

总而言之,根据单晶的形成条件可知,定向凝固及其设备需要满足以下几个基本要素:

① 要能够保证在晶体生长过程中不会产生生长方向的变化,因此在设备中要能形成稳定的单向热流区,从而保证金属晶体能够沿着特定的方向进行。这样,在晶体生长过程中,不会由于晶向的变化而形成新的晶粒。

② 要能够保证仅形成一个晶粒,因此,对于定向凝固设备需要对单个晶粒的形成进行人工干预,通过选晶器的设计获得单个晶粒。

③ 在金属凝固过程中不再出现新的形核行为。因此,设备要能够保证固液界面前沿的熔体一直处于过热状态,并且不能出现成分过冷等其他促进形核和界面失温的状态。

另外,由于单晶成形过程所需时间较长,对于成分敏感的材料体系,还要求设备具备高密闭性,避免空气渗入污染合金。

2.4.2　重型燃气轮机高温合金单晶叶片

燃气轮机与航空发动机结构相近,其涡轮盘、涡轮叶片、涡轮机匣等部件常用高温合金来制造。由于结构尺寸和工作环境不同,燃气轮机用高温合金与航空发动机用高温合金各成体系,但也有交叉之处。燃气轮机产业水平已成为一个国家产业先进程度的标志之一,同时在舰船动力、坦克动力和发电方面也具有强烈的市场需求。其中,重型燃气轮机作为热-功转换发电系统中效率最高的商业化发电设备,在世界各国的环境保护、能源安全和能源战略等方面占有重要地位。

由于重型燃气轮机涡轮叶片尺寸大、质量大、工作于复杂燃气环境、运行周期超长,因此其高温合金设计不能照搬航空发动机,需要在保证优异高温持久性能和耐腐蚀性能的前提下,降低贵金属元素的含量,减小合金密度,平衡经济效益。重型燃气轮机循环热效率的关键参数是涡轮初温,涡轮前燃气温度每提高 100 ℃,可提高燃气轮机输出功率 20%～25%,同时节省燃料 6%～7%。因此,具有极高承温能力的涡轮叶片是燃气轮机最为核心的部件,其工作环境恶劣,通常需要长时间在高温高压、交变应力场、振动载荷、高温氧化和混合燃气腐蚀等苛刻环境的耦合作用下服役,同时面临蠕变、低周疲劳以及高温热腐蚀等微观组织和表面涂层损伤的风险,因而涡轮叶片的综合性能优化是提升燃气轮机效率、延长其寿命的关键。

作为典型的高技术密集型设备,1939 年,第一台重型燃气轮机在瑞士诞生。其涡轮叶片也经历了不同阶段的发展,如图 2-26 所示。20 世纪 40 年代开始,涡轮叶片以变形钴基和镍基高温合金为主要材料;50 年代中期,随着真空冶炼技术的商业化,人们开始研究铸造镍基合金;60 年代,精密铸造技术成熟,使得复杂叶片型面及冷却通道设计变为可能,通过添加合金元素改善了材料的组织结构,提高了铸造高温合金的高温强度,使燃气轮机的入口温度大幅度提高;70 年代,定向凝固柱晶高温合金开始用于航空发动机叶片;到了 90 年代后期,定向凝固柱晶和单晶高温合金才逐步应用于重型燃气轮机叶片。可以说,定向凝固技术极大地推动了重型燃气轮机涡轮叶片成形技术的发展。

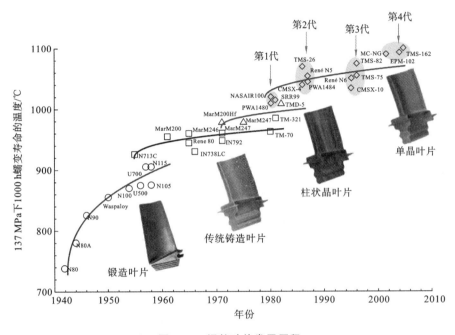

图 2-26　涡轮叶片发展历程

实际上,涡轮叶片制造技术至今实现了 3 次革命性的技术飞跃。首先,20 世纪 40 年代,精密铸造技术的发展打破了变形高温合金的制约,使得铸造复杂内腔结构涡轮叶片成为可能。50 年代,真空冶炼技术取得重要突破,极大地提高了合金纯净化程度,通过对微量元素的精确控制,实现了合金成分的优化和合金铸造性能的改善。60 年代,美国 Pratt & Whitney 公司创造性地开发了高温合金定向凝固技术,该技术促进了涡轮叶片材料由普通铸造高温合金转变为柱状晶高温合金,继而发展到单晶高温合金,沿应力方向排列的晶粒可以大幅度提高蠕变寿命和热疲劳性能,使叶片使用寿命和承温能力达到了新的高度。经过数十年发展,定向凝固技术由最初的发热铸型法、功率降低法发展到现在普遍应用的快速凝固法,以及在此基础上改良的液态金属冷却法、气体冷却法、流动床淬火法、区域熔化液态金属冷却法及薄壳上浮工艺等多种方法。目前,工业上制备重型燃气轮机涡轮叶片应用最多的仍是快速凝固工艺和液态金属冷却工艺。

为了实现重型燃气轮机更高的推重比,急需提升涡轮叶片的承温能力。随着高温合金的不断发展,重型燃气轮机涡轮叶片用单晶高温合金也在不断发展,但现阶段重型燃气轮机涡轮叶片依然以初代单晶高温合金为主,多晶高温合金为辅。第二代单晶高温合金仅少量地应用于涡轮入口的导向叶片当中。定向凝固工艺是燃气轮机涡轮叶片发展的革命性转折点。由最初的等轴晶结构到柱状晶结构再发展到单晶结构,结合不同成分配比的调整,针对涡轮叶片又开发出多代单晶高温合金。目前,重型燃气轮机一、二级叶片及导向叶片通常需承受较高的进气温度,因此采用单晶高温合金以及复杂的冷却结构,后两级叶片仍使用多晶高温合金材料。涡轮叶片的发展需要寻找抗热腐蚀性能、蠕变性能、持久强度及经济效益的平衡点,结合复杂冷却技术和热障涂层技术,优化合金成分,从而提高涡轮叶片的综合高温性能。

如前所述,本章通过理论分析与实践应用相结合的方式,介绍了单晶的含义、成形方法,以及单晶叶片液态金属精密成形的材料选择、技术特点与发展历程。先进单晶高温合金的工作温度已经接近其初熔温度的 90%,科研人员也因此不断探索承温能力更高的"下一代"高温结构材料,例如新型 γ' 相强化钴基高温合金、高温/难熔高熵合金、颗粒/纤维增强高温合金、陶瓷基复合材料等。但到目前为止,上述材料在某些方面仍然存在短板,如塑性低、抗氧化腐蚀性能差、高温组织不稳定等,未来为替代高温合金实现工程应用,仍需开展大量的研发工作。在制造技术方面,随着单晶叶片冷却结构、服役工况越来越复杂,仍需紧扣需求:① 不断凝练、细化和深入理解包括晶体取向选择、定向凝固等在内的工艺过程中的关键科学和技术问题;② 随着工艺装备和制造水平的提升,积极进行新技术(如多模组密排叶片定向凝固、热等静压等)的评估和应用;③ 模拟仿真、数字孪生等技术在优化工艺和过程控制等方面的推广应用,都将显著推动单晶叶片制造水平的提升,提高合格率和生产效率,降低单晶构件的成本。

练习与思考题

1. 单晶与多晶的主要区别是什么?

2. 单晶形成的条件是什么?

3. 定向凝固所需满足的两个条件是什么?

4. 采用定向凝固技术制备的铸件一般具有什么特点?

5. 定向凝固制备单晶的必要条件是什么?

6. 通过改变定向凝固工艺参数,可以调控合金的哪些组织特征?

7. 高熔点金属更适合采用哪种定向凝固技术?

8. 选晶法和籽晶法各自有何优缺点?

9. 航空发动机叶片主要采用哪种定向凝固技术制备,为什么?

10. 重型燃气轮机单晶叶片相较于航空发动机单晶叶片的区别是什么?

第3章 液态金属短流程成形技术

传统的液态成形过程一般包括制模、造型、制芯、浇注、清理、热处理以及机加工等工序，每一道工序难免都会产生能耗、污染、成本、低效等问题。当前，快速发展的航空航天、船舶、军工装备等工业有很多关键构件具有小批量、多品种、短周期等特征，急需短流程液态成形技术。针对这些需要，人们通过简化传统工艺环节来达到短流程的目的。例如，利用增材制造技术直接打印型芯，能够显著缩短造型和制芯周期；采用可溶芯替代传统型芯，能够显著缩短铸件内腔清理周期；高能束微区熔凝增材制造技术颠覆了传统工艺流程，可直接"打印"出金属构件，是一种革命性的超短流程制造技术。发展短流程液态成形技术，无论对于高精尖领域的快速制造，还是实现"双碳"目标，都具有重要意义。

3.1 短流程液态成形的概念

短流程液态成形是在满足制件使用性能的前提下，通过显著缩短甚至消除传统成形技术的工艺环节而实现的。针对传统液态成形最为耗时的工序环节，先后发展了可溶芯技术和免模具的型芯增材制造技术，显著缩短了液态成形的制造周期。而近几十年来快速发展的高能束微区熔凝增材制造技术，利用电弧、激光、电子束等高能束，可实现从原材料到金属构件直接近净成形，是一种革命性的超短流程成形技术。高能束微区熔凝增材制造技术的工艺过程与传统的液态成形技术存在较大的相似性，同样存在熔化和凝固过程，并可利用凝固过程调控构件微观组织，因此亦可认为是一种新的液态成形技术。然而，目前相对传统的液态成形技术仍是应用的主流，主要原因在于其成本低，且构件的可靠性高，更适用于大批量制造。

3.1.1 传统液态成形工艺流程

传统的液态成形技术可简单划分为砂型铸造和特种铸造。特种铸造主要包括熔模铸造、消失模铸造、压力铸造、低压铸造、挤压铸造、离心铸造等。砂型铸造简称砂铸，应用最为广泛，砂铸件占铸件总产量的 $80\% \sim 90\%$。

砂型铸造成本低廉，仍然是目前最受青睐的技术，其工艺流程一般包括：

(1) 配砂与混砂：目的是制备型砂和芯砂，供造型所用，一般用混砂机进行混砂，所需时间一般为几分钟至几十分钟。

(2) 制模：根据零件图样制造模具，一般使用金属模或者木模，根据模具的尺寸和复杂程度,制模时间需要几天至几十天,是砂型铸造主要耗时工序之一。

(3)造型和制芯:造型是用型砂制作砂型,形成铸件外形;制芯是形成铸件内腔,球墨铸铁件造型(制芯)工艺周期一般控制在2天内。对于复杂铸件,也会延长周期。

(4)熔炼和浇注:熔炼和浇注金属液一般在一天内完成,工艺流程非常成熟,已难以简化和缩短。

(5)开箱与清理:金属液凝固并冷却后,开箱取出铸件,清理铸件表面型砂,切掉铸件的冒口,去除型芯。铸件清理一般需要几天,对于复杂型芯甚至需要花费十几天清理,此过程也是砂型铸造主要耗时工序之一。

(6)热处理:根据性能要求进行适当的热处理工艺,较多采用固溶+时效工艺,使其产生固溶强化和沉淀强化。部分铸件也会采用自然时效使其内应力得到释放。热处理环节一般需要几小时至几十小时。

(7)机械加工:对于表面质量要求高的铸件,一般需要进行机械加工,以使铸件或配合面达到要求的表面光洁度。

除此以外,很多铸件还需要无损检测、补焊、涂装等过程。以某核电用铸件为例,其液态成形过程示意图如图3-1所示。

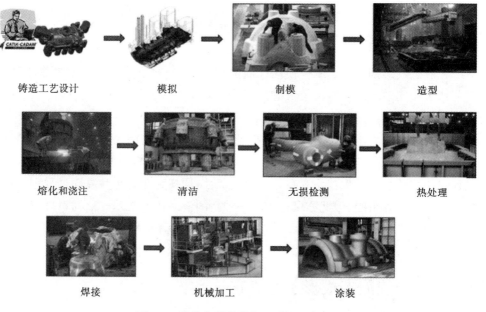

图3-1 某核电用铸件加工过程示意图

熔模铸造常被称为精密铸造,是一种非常典型的特种铸造工艺,虽然其铸件仅占总产量的2%左右,但是精密铸造获得的铸件尺寸更加精准,表面光洁度更高。高端机床零件、飞机机匣以及高温合金叶片等都离不开精密铸造。以涡轮发动机的叶片为例介绍熔模铸造的工艺流程。

(1)压型制造:压型材料常用碳素钢,其特点是耐磨、寿命长,但制造困难,一般需要几天至几十天,是精密铸造主要耗时工序之一。

（2）蜡模压制:模料通常用蜡料、天然树脂和塑料（合成树脂）配制。对于叶片的生产,大多采用把糊状模料压入压型的方法制造蜡模,压制的蜡模一般需要静置 1～2 天后再进行蜡模组装。

（3）蜡模组装:蜡模的组装是把形成铸件的蜡模和形成浇冒口系统的蜡模组合在一起,主要有焊接法和机械组装法。为保证铸件质量,蜡模组装是一个非常精细的工种,一般需要几天时间。

（4）浸涂料、撒砂、硬化及干燥:将蜡模组置于由耐火材料和黏结剂组成的涂料中浸渍,使涂料均匀地覆盖在蜡模组表面;随后,在涂料外层撒砂,使浸渍涂料的蜡模组均匀地黏附一层砂,以迅速增厚型壳。为使耐火材料层结成坚固的型壳,撒砂后需进行一定时间的硬化及干燥。干燥后再进行相似处理,一般逐层采用更粗的砂。由于撒砂一般需要若干次,因此撒砂是与硬化及干燥交替进行的。整个撒砂与干燥工艺需要几天时间,最终形成坚硬的型壳,是精密铸造较为耗时的工序环节之一。

（5）脱蜡:目的是取出蜡模以形成铸型型腔,最简单的方法是将附有型壳的蜡模组浸泡于热水中,使蜡料熔化而脱除。

（6）焙烧:脱蜡后的型壳含有过饱和的水分,一般在常温下放置 30 分钟以上使水分自然蒸发,干燥后须进行焙烧。焙烧使残留蜡料完全燃烧除去,型壳强度升高,获得高强度型壳。焙烧一般需要几小时至几十小时。

（7）制芯:陶瓷芯的制备主要使用高纯度的陶瓷材料,如氧化铝、氧化硅等。将所选的陶瓷材料进行粉碎和混合,以获得均匀的配料。将研磨后的陶瓷材料与有机黏结剂混合,形成可塑性较好的浆料。然后使用注射成形、挤出成形或压制成形等方法,将浆料注入模具中,经过干燥和烧结等工艺,最终得到陶瓷型芯。制备好的陶瓷芯需要进行后处理,包括修整、清洗和干燥等步骤。

（8）熔炼、浇注与凝固:对于叶片,定向凝固是最常用的成形技术,其结晶组织是定向柱晶或单晶,一般需要几十小时甚至更长时间,取决于铸件尺寸。

（9）落砂与清理:冷却后,清除型壳和陶瓷芯。型壳清理相对较为容易,但叶片类精铸件往往包含复杂精细内腔,需要将铸件浸泡在高压釜中流动的高温碱溶液中,一般需要几天甚至十几天时间,是精密铸造最为耗时的工序环节之一。

（10）热处理与后处理:根据铸件性能要求进行适当的热处理,最后进行喷丸或液体喷磨,并进行电解研磨、氧化处理或钝化处理。

图 3-2 为传统熔模铸造生产工艺流程图。

基于以上分析,无论是砂型铸造还是熔模铸造,制模（压型）、造型（型壳）、制芯、铸件清理都是最为费时的工序。对于砂型铸造,依赖制模的造型（芯）和铸件内腔清理是最为耗时的两个工序,占据了整个铸件生产周期的 60％以上。对于熔模铸造,依赖压型的型壳制造、陶瓷芯制备和铸件内腔清理是最为耗时的工序。这些工序导致了传统液态成形技术周期长、效率低。发展短流程液态成形技术,应从简化和消除这几个工序入手。

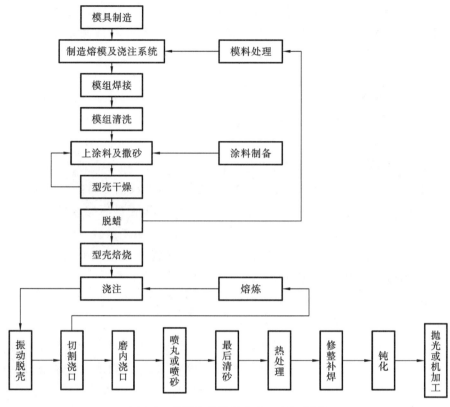

图 3-2　传统熔模铸造生产工艺流程图

3.1.2　液态金属短流程成形技术

近年来,航空航天、船舶和军工装备领域越来越需要短流程液态成形技术,以满足多品种、小批量、高可靠性关键构件的快速制造要求,适应当前和未来发展趋势。例如,据战后统计显示,第二次世界大战期间一架战斗机的平均寿命不到 200 个小时,全球每天损耗的飞机约 110 架,除掉已经战损的飞机,超过 9 成的战斗机在战斗中损坏,需要快速更换零部件;全球每天损耗的坦克约 87 辆,更为重要的是,由于坦克发动机在战斗时必须长时间处在全功率全扭矩输出状态,履带、负重轮又要应对各种极端地形,因此坦克的抢修都是随军进行的。在医疗领域内,精密器械如腔镜类、脑外科和耳鼻喉科的各种电动器械,在收送、清洗、包装以及消毒灭菌过程中易损坏,从而降低其使用寿命。2004 年,某医院因为未能严密观察患者病情,致使病情变化加剧,而在抢救过程中,医院的抢救器材补充不到位,造成医疗事故。这进一步说明满足多品种、小批量、高可靠性关键构件的短流程液态成形技术的重要性。这些装备中大量使用结构复杂的各类构件,为适应行业发展需求,短流程液态成形技术已成为各国研究重点,并已在某些领域发挥重要作用。

根据上述分析,要实现短流程液态成形,需要简化或消除制模、造型、制芯、铸件清理等周期长的环节,从而达到短流程的目的。首先是消除制模或压型制造过程,直接制造铸型、型芯或型壳。型芯增材制造是利用光固化、激光熔覆及选择性激光烧结等增材制造技术直接对氧化硅、氧化铝等原料进行型芯成形。与传统的型芯制备技术相比,增材制造技术对于复杂型芯有更高的设计自由度,可减少装配等复杂工序,同时也更适应小批量生产。

其次,针对型芯清理困难、周期长的难题,发展了可溶芯技术。可溶芯是指将某些水溶性盐作为黏结剂与耐火材料混合到一起,并根据使用要求制成具有一定形状、在使用温度范围内具有一定的力学性能并可保持形状的、在脱模时使用水等溶剂即可溃散而脱模获得产品的一种复合材料型芯,可溶芯的种类如表 3-1 所示。可溶芯由于具有精度高、成本低、效率高、易去除等特点,在液态成形过程中获得了应用。例如,苏州泰尔航空材料有限公司针对复杂内腔结构的汽车及航空发动机等一些精密铸件内部难机加工以及传统型芯难以清理的问题,设计了一种以聚乙二醇为主的水溶性型芯,实现了铸件内易清理、抗弯强度高、线收缩率小、表面光洁度高以及型芯尺寸精度高的目标。另外,由于盐类的熔点较低,目前可溶芯主要用于低熔点的轻合金铸造中,适用于高熔点合金的可溶芯仍在开发中。

表 3-1　几种常见可溶芯的特征和使用概况

分类	成形方法	组成	优点	溶解介质	典型应用
石膏芯	流态成形法	石膏、硫酸镁	易清除、强度高	水	流态成形
盐芯	流态成型法	食盐、水玻璃等	表面质量好	蒸汽和高压水	流态成形
陶瓷芯	灌浆法	石英粉、硅酸乙酯水解液	表面质量好、尺寸精度高	碱液	碳钢件
尿素芯	流态成形法	尿素等	精度和强度高	水	普通铸件
聚乙二醇芯	热压注法	聚乙二醇等	表面光洁度高、强度高	水	精密铸件

随着科技的快速发展,人们进一步利用高能束热源代替传统熔化手段,采用微区熔凝"堆积"代替整体加热熔化—浇注—凝固的传统过程,提出了革命性的新技术。这种技术颠覆了以往通过去除多余部分成形的等材制造和减材制造,是一种逐层加工的制造方法,该方法通过逐层堆叠材料来实现零件的制造,因此被称为增材制造,也称为 3D 打印。增材制造有多种分类,对于金属材料的成形,既有微区熔凝的选择性激光熔化(SLM)等技术,也有利用半固态烧结的选择性激光烧结等技术,还有黏结剂喷射增材制造(BJAM)等技术。所用的热源除了激光之外,还可以是电弧、等离子弧、电子束。除了金属构件外,也可用于制造陶瓷、高分子和各类复合材料构件。金属增材制造是增材制造技术最重要的一个分支,是以金属粉末/丝材为原料,以高能束(激光/电子束/电弧/等离子束等)作为热源,以计算机三维CAD 数据模型为基础,运用离散-堆积的原理,在软件与数控系统的控制下将材料熔化并逐层堆积,来制造高性能金属构件的新型制造技术。其中,高能束微区熔凝增材制造技术与液态成形技术具有较大的相似性,如需要熔化金属使金属处于液态,随后经历凝固过程,所形成的均为非平衡凝固组织。但与传统液态成形技术不同的是,高能束微区熔凝增材制造发生于微区,采用逐层堆积,而非整体熔凝,因此也存在一点的区别。广义来讲,高能束微区熔凝增材制造技术也可被认为是一种新型的液态成形技术。该技术具有制造周期短、不需要工装和模具等优势。据报道,美国普惠公司应用增材制造技术制造发动机的镍基合金和钛合金部件,不但获得了与传统工艺一致的性能,而且大大缩短了制造周期,提升了复杂几何

结构的制造精度;同时原材料消耗降低了50%,并将发动机的 BTF 比(原材料质量与部件最终质量之比)从传统工艺的 20∶1 降低到 2∶1 以下,显著降低了制造成本。

3.2 型(芯)无模成形技术

传统的液态金属成形技术,例如砂型铸造,关键工序包括砂型和砂芯制造。造型用的模具一般为木模,也可用金属模具。以制作木模为例,即使用雕刻机,制模时间一般也需要 2～10 天不等;对于大型复杂构件,制模难度增大,周期更长。一般来说,造型和制芯是砂型铸造最为耗时的工序之一,因此显著缩短该工序周期,是实现短流程液态成形首先要解决的问题。基于此,人们开发了型(芯)无模成形技术。

型(芯)无模成形技术即不再沿用先制模后造型(芯)的传统工艺程序,通过利用数字化加工设备直接成形铸型(芯),包括用于砂型铸造的砂型和砂芯,及用于精密铸造的蜡模、陶瓷芯、型壳等。型(芯)无模成形技术省去了模具设计和制造周期,显著提高了液态成形技术的柔性和效率,降低了成本,更加符合复杂铸件短流程制造需求,尤其适合小批量、定制化产品。

目前,用于型(芯)无模成形的技术主要包括增材制造技术和数控铣削去除成形技术。增材制造技术,早期称为快速成形制造,也称为 3D 打印,它本质是基于"离散-堆积"原理,根据计算机辅助设计产生的零件模型进行三维数据处理,按高度方向离散化,通过成形设备将铸型(芯)材料一层一层加工并堆积成整个制件。数控铣削去除成形技术是基于去除原理的快速加工制造技术,数控设备在机械 CAD 模型的驱动下直接在型(芯)材料上铣削出指定形状的内腔或外形,具有制造速度快、精度高、成本低等优点,仍属于减材制造范畴。由于增材制造技术更有利于直接制造型(芯),因此本书主要介绍常用的四种铸型(芯)无模成形技术,包括喷射黏结成形技术(3DP)、激光选区烧结技术(SLS)、立体光刻成形技术(SLA)、直写成形技术(DIW)。

3.2.1 喷射黏结成形技术

1. 3DP 技术原理

喷射黏结成形技术的工作原理(见图 3-3)是将粉末材料平铺在打印工作平台上,黏结剂以液滴的形式从打印头喷出,沿指定路径和区域将粉末黏结在一起,打印完一层后工作台下降一个层高,重复上述过程,直至零件三维成形,打印完成后待黏结剂固化建立一定强度即可清粉处理,最后通过后处理获得所需的制件。

2. 3DP 工艺流程

3DP 工艺流程由预处理工艺、加工成形工艺和后处理工艺组成。预处理工艺包括三维实体的建模、文件类型的转换、扫描路径和加工指令的自动生成、粉末和黏结剂打印耗材的筛选和配制;加工成形工艺是通过微滴喷射技术将黏结剂液滴选择性喷射在造型粉末层表面而逐层固化成形;后处理工艺视铸型(芯)的性能要求而采取适当的工艺措施,主要包括低

温焙烧、高温烧结、浸渗和表面处理等。这三段工
艺中，对型芯精度和性能影响较显著的是加工成
形工艺和后处理工艺。

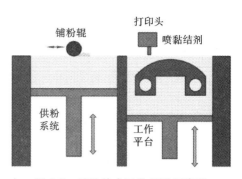

图 3-3　3DP 技术工作原理示意图

3．3DP 技术特点

（1）在喷射黏结过程中，喷射在粉层中的黏
结剂逐渐固化并沿粉层中的孔隙和颗粒表面进行
渗透和润湿铺展，每层的轮廓形貌由喷射在粉层
中的黏结剂铺展和渗透距离构成，因此，黏结剂喷
射量、粉末粒径以及粉层孔隙特征直接影响制件
尺寸精度及表面粗糙度。

（2）制件表面精度及粗糙度主要与分层厚度有关，而分层厚度主要取决于粉末粒径和
黏结剂在粉层中的纵向渗透深度。

（3）铺粉过程中，在推力作用下铺粉器前端粉末对已成形粉层产生的压应力和切应力
容易使已黏结粉体发生移位和开裂，导致成形精度和强度下降。

（4）制件的强度与单位面积的黏结桥数量和单个黏结桥强度成正比，单位面积的黏结
桥数量取决于粉层致密度，粉层致密度主要与粉体的粒径分布和形状以及铺粉速度有关。

（5）对于需经烧结、等静压处理强化的制件，坯体致密度是影响烧结收缩率以及烧结强
度的直接因素之一。

（6）成形速度快，在制备大型零件上具有优势，成形材料价格相对较低，成形过程不需
要支撑结构，特别适合于制作内腔复杂的原型。

（7）初步成形的坯体疏松多孔、强度低、表面粗糙，还需要进一步后处理来提高强度和
精度。

4．3DP 技术应用

如图 3-4 所示，发动机缸盖上的水套型芯为 3DP 技术应用的实例，无须制模就可实现复
杂形状的成形。如今发展较为成熟的 3DP 设备公司主要有美国 ExOne、德国 VoxelJet 等，
国内的有宁夏共享集团股份有限公司、广东峰华卓立科技股份有限公司、武汉易制科技有限

图 3-4　发动机缸盖上的水套型芯

公司等,相关的3DP典型设备参数如表3-2所示。

表 3-2　国内外部分厂家生产的3DP典型设备

公司简称	型号	成形空间(长×宽×高)/mm³	分辨率/DPI	层厚/mm
ExOne	Exerial Platform	2200×1200×600	300×300	0.28～0.5
VoxelJet	VX4000	4000×2000×1000	600×600	0.12～0.3
宁夏共享	AJS 2500A	2600×2000×1000	300×300	0.2～0.5
峰华卓立	PCM1200	1200×1000×600	400×400	0.2～0.5
易制科技	Easy3DP-S2200	2000×1000×600	360	0.1～0.5

　　3DP技术打印速度越快,打印产品的尺寸范围越广,产品的竞争优势越大。广东中立鼎智能科技有限公司开发的3DP砂型打印机,每层打印时间仅需11～15 s,具有短流程制造能力。此外,该企业对黏结剂体系进行改进,可使得浇注时发气量更低,对喷头腐蚀性更小,喷头寿命显著提高,维护成本降低。图3-5所示为该企业打印的液压阀砂型及液压阀铸件模型,材料选用呋喃树脂黏结剂和硅砂,层厚为0.4 mm,每层打印时间小于15 s。

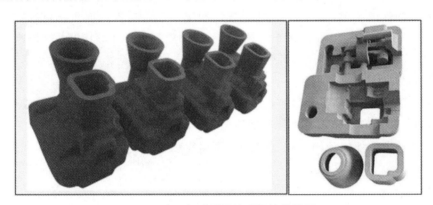

图 3-5　液压阀砂型及液压阀铸件模型

3.2.2　选择性激光烧结成形技术

1. SLS技术原理

　　选择性激光烧结成形(selected laser sintering,SLS)技术的工作原理(见图3-6)是,利用超大功率光源产生激光以一定的扫描速度和能量密度有选择地对材料粉末分层扫描,使颗粒烧结或在黏结剂的作用下产生黏结,完成一层后工作台下降一个层厚,控制激光束再扫描烧结新层,如此循环往复,去掉未烧结粉末,最后得到区域结构不同的三维制件。目前SLS加工设备的激光器在短时间内无法实现砂粒、陶瓷粉体颗粒的熔融黏结,利用SLS成形砂型(芯)、陶瓷型(芯)时,一般是将砂粒、陶瓷粉与聚合物混合后在低温下烧结成形,再将所得坯体进行脱脂、烧结即获得所需的型(芯)。

2. SLS工艺流程

　　以覆膜砂作为烧结材料并用SLS直接成形型(芯)是铸造行业中的典型应用。SLS工艺

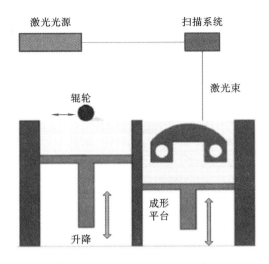

图 3-6　SLS 技术工作原理示意图

流程由预处理工艺、加工成形工艺和后处理工艺组成。预处理工艺与 3DP 类似,包括三维实体的建模、文件类型的转换、扫描路径和加工指令的生成、原砂与黏结剂的混合。加工成形时,电机推送工作缸先下降一个层厚的高度,同时供料缸上升一个层厚的高度,砂粒通过辊筒水平铺满工作缸,铺粉辊筒同时做水平运动和自身的逆向转动,在铺粉的同时将砂粒材料压实、铺平;机罩内加热管把砂粒加热到预定温度后计算机控制激光器以初始设定好的激光功率和扫描速度在砂粒层上进行选择性激光烧结;在被激光扫描过的路径上,砂粒表面树脂受热发生固化反应,进而黏结形成具有一定形状的砂型。成形件全部烧结完成后进行后处理,去掉多余的砂粒,再进行打磨、烘干、加热固化等,获得高质量制件。

3. SLS 技术特点

(1) 成形复杂形状时不需要支撑结构,几乎不受成形制件形状的限制,同时降低了前期三维模型的设计难度。

(2) 材料的利用率高,SLS 成形可得到近净型壳(芯),未烧结区域的材料可重复利用,降低了耗材成本。

(3) SLS 烧结件的抗压强度和表面粗糙度受激光功率与扫描速度的影响大,一般情况下,抗压强度和表面粗糙度随激光功率的增大而增大,随扫描速度的增大而减小。

(4) SLS 成形制件结构疏松、多孔,且有内应力,制件易变形,表面粗糙多孔,并受粉末颗粒大小及激光光斑的限制,设备成本高,维护困难。

(5) 为了改善 SLS 成形制件的强度与精度以满足使用要求,一般需进行后处理,如 SLS 覆膜砂型(芯)应进行后期加热固化与表面涂料处理以提高强度与表面精度,可用于制备铸钢、铸铁、镁合金、钛合金等铸件,铸件尺寸精度一般可达 CT6～8 级,表面粗糙度值一般可达 12.5～3.2 μm。

4. SLS 技术应用

目前国内外 SLS 设备制造商主要有 3D Systems、EOS、北京隆源自动成型系统有限公司、武汉华科三维科技有限公司、湖南华曙高科技股份有限公司等,如表3-3所示。

表3-3　国内外部分厂家生产的SLS典型设备

公司简称	型号	成形空间(长×宽×高)/mm³	激光类型	扫描速度/(m·s⁻¹)
3D Systems	ProX® SLS 6100	381×330×460	CO_2,70 W	12.7
EOS	EOS P810	700×380×380	CO_2,2×70 W	2×6
北京隆源	LaserCore-6000	1050×1050×650	CO_2,120 W	6
华科三维	HK S1400	1400×1400×500	CO_2,2×100 W	2×8
华曙高科	Flight 403P	400×400×450	Fiber Laser,2×300 W	0.1～0.5

目前,中大型SLS打印机成形尺寸可达1000 mm×1000 mm×600 mm。如图3-7所示,采用SLS技术对覆膜砂进行打印,制作了KJ100型气缸盖全套覆膜砂芯,并浇注得到大型缸盖铸件。与传统的制芯方法相比,不仅显著缩短了工艺流程,而且省去了许多工装设备,如制芯机、芯盒、运输设备等,使得复杂、冗长的制芯过程可以在一台设备完成。

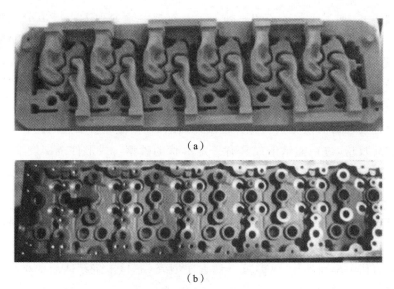

(a)

(b)

图3-7　SLS打印的气缸盖

(a)砂芯组装图;(b)气缸盖铸件图

3.2.3　立体光刻成形技术

1. SLA技术原理

立体光刻成形(stereo lithography apparatus,SLA)技术又称光固化快速成形技术或光固化3D打印技术。如图3-8所示,SLA制造陶瓷型(芯)的原理是将光敏树脂与陶瓷粉末混合制成浆料后,计算机控制紫外光按照实体零件的二维离散信息,在陶瓷浆料表面进行逐点扫描,被扫描的区域中很薄的一层光敏树脂,厚度只有几十或几百微米,发生光聚合反应而产生固化;一层固化完毕后,升降平台上移一个层厚的距离,在原先固化好的固态表面再附上一层新的液态浆料,然后进行下一层的扫描加工,如此重复直至整个制件制造完毕。

2. SLA 工艺流程

SLA 制备陶瓷型(芯)的工艺流程包括浆料的制备、打印成形以及后续的脱脂和烧结。首先,在 CAD、UG 等软件上绘制三维模型,经切片软件分层切片后导出用于打印成形的代码或指令,导入 SLA 成形设备;将陶瓷粉末、分散剂、添加剂和光敏树脂混合均匀制得陶瓷浆料;启动 SLA 设备开始打印,浆料在紫外光下曝光固化成形,层层叠加最终获得具有复杂形状的制件;打印完毕后,制件经低温脱脂、高温烧结等后处理来达到高温用陶瓷型(芯)所需的性能要求。

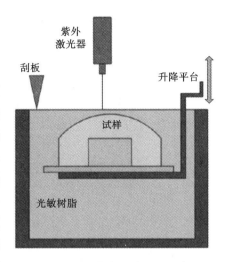

图 3-8　SLA 技术工作原理示意图

3. SLA 技术特点

(1)浆料组分设计是光固化成形技术的关键,不仅需要合理的陶瓷粉成分组成、粒径比例大小,还需要考虑树脂体系组成,比如单体、分散剂、交联剂、光引发剂等的影响,并充分考虑各组分的交互耦合作用。

(2)在光固化成形过程中,浆料中的光敏树脂产生光交联反应,由液态转变成固态,液固相变收缩会产生应力,甚至导致打印坯体的变形及后续脱脂过程层间开裂等问题,因此,曝光功率和曝光时间等打印工艺参数的控制非常重要。

(3)SLA 技术也可以结合熔模铸造间接实现陶瓷型(芯)的精密成形,即先以树脂为材料成形"熔模",再在其表面涂挂耐火材料,经过干燥、脱蜡、焙烧等工序制成陶瓷型(芯),该过程无须进行熔模模具的开发,在小批量生产和少量定制时具有优势。

(4)当使用 SLA 技术制备"熔模"代替传统蜡模时,获得的铸件尺寸精度可达 CT4 级,表面粗糙度 Ra 值可达 6.3 μm 以下,但这属于间接成形方法,仅取代蜡模进行熔模铸造,而直接制备陶瓷壳(芯)时,虽可大幅缩短工艺,成形的陶瓷壳(芯)表面精度较好,但经高温烧结后,尺寸收缩较大、尺寸稳定性较差,易产生变形或开裂,陶瓷壳(芯)精度较难控制。

(5)SLA 设备运行及维护成本较高,且液态树脂具有气味和毒性。

4. SLA 技术应用

上海交通大学采用 SLA 技术,以光固化树脂为黏结剂、Al_2O_3-SiO_2 粉末为基体制备固含量为 45%(体积分数)的悬浮液直接制造叶轮陶瓷型壳坯体,坯体经 1200 ℃烧结后横向断裂强度为 9.98 MPa,线收缩率在 22%以上,表面粗糙度 Ra 值为 4.51~4.82 μm,最后进行浇注获得了不锈钢叶轮铸件,如图 3-9 所示。

如图 3-10 所示,先采用 SLA 技术制得叶轮铸件的原型,然后结合熔模精密铸造最终获得了性能良好的通风机叶轮铸件。相较于传统熔模精密铸造,实际成本仅为传统铸造技术成本的 1/3,耗时仅为传统铸造技术的 1/5。

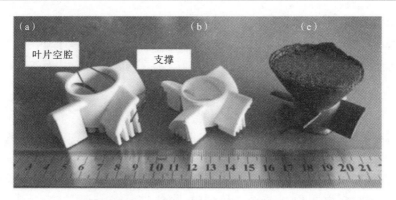

图 3-9　SLA 技术制造叶轮铸件陶瓷型壳

(a) 陶瓷型壳坯体；(b) 烧结后的陶瓷型壳；(c) 叶轮铸件

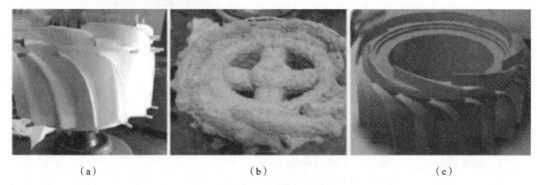

(a)　　　　　　　　(b)　　　　　　　　(c)

图 3-10　SLA 技术结合熔模精密铸造制备的叶轮

(a) 叶轮树脂熔模；(b) 焙烧后的型壳；(c) 叶轮铸件

3.2.4　直写成形技术

1. DIW 技术原理

直写成形(direct ink write,DIW)技术也称为分层挤出成形(layered extrusion forming,LEF)技术,其通过计算机辅助制造进行图形的预先设计,由计算机控制安装在 Z 轴上的浆料输送装置在 X-Y 平台上移动,如图 3-11 所示,陶瓷浆料在压缩空气作用下挤出,在工作台表面堆积形成所需要的图形。第一层成形完毕后,浆料输送装置沿 Z 轴上升到合适的高度,在第一层的基础上堆积成形第二层结构,通过反复的叠加增材制造,最终得到精细的三维立体结构。

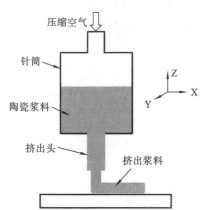

图 3-11　DIW 技术工作原理示意图

2. DIW 工艺流程

DIW 成形陶瓷型(芯)的工艺流程:首先配制合适黏度与浓度的黏结剂溶液,随后将陶瓷粉末加入黏结剂溶液中并经过球磨处理后得到具有合适流变性能的陶瓷浆料;将陶瓷浆料转移至浆料筒中,并在压缩空气或螺杆的驱动下挤出成形;成形后的坯体经过常温干燥、低温脱脂与高温烧结处理得到最终烧结后的制件。常温干燥过程是一个缓慢脱除样品内水分的过程,若干燥温度过高则会造成失水过快,从而导致样品翘曲变形。

3. DIW 技术特点

(1) 配制陶瓷浆料时,陶瓷颗粒应当在溶剂体系中均匀稳定分散,浆料应呈现剪切变稀的流变性质,在施加适度的剪切应力条件下能从挤出头中顺畅地挤出。

(2) 陶瓷浆料的固含量应尽可能高,以避免成形过程中可能发生的坍塌变形以及尽可能减小干燥后的体积收缩,且浆料应在沉积到成形平台后快速固化,并保持最初设计的形状,不出现断裂变形的现象。

(3) 挤出头内径越小,成形精度越高,但是需要的挤出驱动力变大。

(4) 打印速度过快,挤出的陶瓷浆料不连续,打印速度过慢会发生挤出堆积现象。

(5) 相比于其他的增材制造方法,采用 DIW 技术成形型(芯)具有装备成本低、材料来源广、烧结收缩小、污染小等优点。

(6) 由于浆料挤出工艺的特殊性,浆料在驱动力作用下经喷嘴挤出后逐层堆积,成形的试样表面会呈现比较明显的层纹效应,从而导致成形试样的表面精度偏低。

4. DIW 技术应用

华中科技大学采用 DIW 工艺制备铸造用陶瓷型壳(芯),包括氧化钇基、氧化铝基、氧化钙基陶瓷型芯等,系统研究了浆料组成与工艺参数对直写成形陶瓷试样尺寸精度与表面质量的影响,对氧化铝基陶瓷型芯精度影响的优先级为浆料固含量>挤出头直径>层高>成形速率,并研究了通过添加纳米 SiO_2、MgO 等降低氧化铝基陶瓷型芯烧结温度,使氧化铝基陶瓷在较低烧结温度下获得高强度。如图 3-12 所示为采用 DIW 技术制备的陶瓷型壳及浇注铝合金后获得的叶轮铸件。

(a)　　　　　　　　　　　　　　　　(b)

图 3-12　DIW 技术成形的氧化铝基陶瓷型壳(左)及其浇注铸件(右)

为了获得复杂(中空、悬臂等)陶瓷构件,DIW 技术逐渐朝着双头及多头的方向发展,在多材料成形中具有优势。目前国内外研究者已开发出多种可用于复杂构件成形的支撑材料,包括盐基、氧化钙基、石墨基、淀粉基、塑料等并制出了不同复杂程度的制件。

3.3 易溶芯设计与制备技术

在液态金属成形中,对于带有复杂内腔的精密合金零部件,在砂型铸造生产时往往面临着较大的挑战。复杂内腔结构或细、弯、长的孔结构,带来的问题就是铸后内腔和小孔的除芯清砂工作难度大。比如某些镁合金铸件,具有中等程度的复杂结构,其内部砂芯的清理时间需要半个月以上,大大降低了生产效率。因此,铸后易清理的易溶芯成为液态金属短流程成形技术的关键点。

易溶砂芯的最大优点就是可以不采用机械方法清理内腔砂芯或铸型,兼具较高的清理效率。以铸件铸后清理所使用的清理液为分类依据,易溶芯可分为水溶性和非水溶性两类。水溶性可溶芯是指铸件砂芯清理液为水(包括热水),经水浸泡或冲洗即可完成砂芯清理。非水溶性可溶芯是指铸件砂芯清理液为特殊的腐蚀性溶液(常用酸液或碱液),腐蚀溶解后完成砂芯清理。本节主要介绍水溶性可溶芯,可分为四类:水溶性盐芯、水溶性陶瓷芯、水溶性砂芯、有机水溶芯。它们的共同特点是组成材料中含有易溶于水的组分,或是基体材料,或是黏结剂,将二者按照特定的配方混合在一起,并通过一定的成形工艺,即可得到所需的型芯。

3.3.1 水溶性盐芯

水溶性盐芯的材料组成中基体材料为水溶性无机盐,由成形工艺决定是否添加黏结剂。最早的水溶性盐芯报道出现在 1943 年,所使用的水溶性无机盐为碳酸钾,采用熔融浇注法制成。目前,水溶性盐芯已成功应用到工业生产中,例如发动机内的零件、汽车中的零部件,如图 3-13 所示。

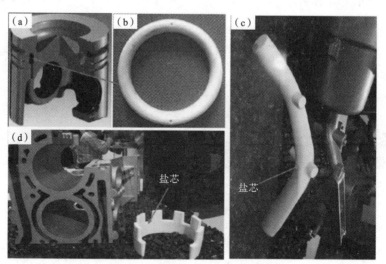

图 3-13 铝合金压铸件和盐芯

(a) 发动机活塞;(b) 发动机活塞内冷油道盐芯;(c) 汽车后视镜支架与盐芯;(d) 缸体及水套盐芯

水溶性盐芯的制备工艺主要有三种：熔融浇注法、压制烧结法、常规黏结法。

1. 熔融浇注法

采用熔融浇注法制备盐芯，基体材料为水溶性无机盐，可以是一种或几种无机盐混合物，先将无机盐加热融化至液态，然后浇注成所需的盐芯形状。目前，水溶性无机盐已推广到卤化物、磷酸盐、碳酸盐、硝酸盐、硫酸盐等种类。制备工艺也由单一的一种水溶性无机盐和黏结剂，发展到几种无机盐混合物以及外加晶须等添加物的制备工艺。由此而得的水溶性盐芯性能更加优良，铸件表面质量也更好。

熔融浇注法的优点在于可制备形状较复杂的水溶性盐芯，通过使用复合盐或是添加剂可获得较好的盐芯。但是由于水溶性无机盐的脆性、收缩性均较大，所得盐芯容易产生缺陷，如缩孔、裂纹。此外，无机盐的导热系数小，盐芯内部凝固慢，导致生产率低。

2. 压制烧结法

采用压制烧结法制备盐芯，基体材料为预处理后的水溶性盐，同时混入添加剂，二者混合均匀后在一定压力下压制成形，有的还需要经过一定温度的烧结工艺，才可获得所需水溶性盐芯。

首次提出的采用压制烧结工艺制备的水溶性盐芯，使用的是氯化钠或氯化钾可溶盐，其粒度小于 1 mm，在 20～50 MPa 压力下压制成形，之后在 500～750 ℃下烧结 1 h 左右。为改善此工艺下所得盐芯的力学性能，提高成形压力或对可溶盐颗粒进行预处理成了主要的技术方法。

相比熔融浇注法，压制烧结法的工艺较复杂，生产周期较长。由于该方法采用压力成形，不适合复杂芯，因此限制了水溶性盐芯的形状和尺寸。此外，此法涉及压力和高温，对设备要求较高，增大了生产成本。

3. 常规黏结法

采用常规黏结法制备盐芯，基体材料为水溶性无机盐颗粒，将之与黏结剂混合均匀，然后成形焙烧。相比于前两种方法，此法工艺比较简单。黏结剂的选用影响盐芯表面质量和发气量，可选择有机黏结剂或无机黏结剂。有机黏结剂有树脂、蔗糖和水玻璃等，无机黏结剂有磷酸盐、硅酸盐等。

常规黏结法制备工艺相对简单，对设备要求不高，可节省成本。但是低压条件往往会造成型芯强度较低，而且在焙烧过程中容易出现裂纹。此外，黏结剂的添加增大了基体材料回收难度。

3.3.2　水溶性陶瓷芯

水溶性陶瓷芯的基体材料通常为易溶于水的耐火陶瓷颗粒，并使用一些有挥发性的添加剂，经高温烧结后获得水溶性陶瓷芯。水溶性陶瓷芯兼有陶瓷芯和水溶芯二者的优点：极好的高温稳定性、高强度、不发气、铸件表面质量好，铸后可以水溶清理。目前，比较常用的水溶性耐火陶瓷材料是氧化钙，氧化钙基耐火陶瓷材料在高温时各种性能优良，且成本低，来源广。

水溶性陶瓷芯的成形过程不易控制,成形工艺较其他水溶性型芯复杂一些,此外,有时对设备的要求也比较高。以氧化钙基陶瓷材料为基体材料,压力成形后经高温烧结,可得到水溶性较好的陶瓷芯。近年来,凝胶注模法成形水溶性陶瓷芯得到较多关注,其所得型芯质量好,工艺容易控制,成本低。

水溶性陶瓷芯产品在航空发动机、航空液压系统、飞机飞行控制系统等部位都有应用。如图 3-14 所示的陶瓷芯及其铸件为典型零件端盖,应用于航空发动机,铸件材料是 A356-T6。

（a）   （b）

图 3-14　水溶性陶瓷芯及其铸件

（a）水溶性陶瓷芯；(b) 铸件

3.3.3　水溶性砂芯

水溶性砂芯的基体材料为原砂,黏结剂为水溶性无机盐,间或使用添加剂改善性能。水溶性砂芯制备工艺简单,性能优良,水溶清理周期短、不损伤铸件。

作为水溶性砂芯基体材料的原砂要求具有较好的耐火性和高温稳定性,在浇注温度下,原砂既不与黏结剂反应也不与合金金属液反应,即便发生些许反应,其产物也不能难溶于水。满足这些条件的原砂,目前应用较广的主要分为氧化硅系和氧化铝系原砂。而其中氧化硅系原砂以硅砂和锆砂常用,氧化铝系原砂以刚玉砂和铝矾土砂常用,如图 3-15 所示。

水溶性砂芯黏结剂往往采用水溶性无机盐的水溶液,有时也会添加一些有机黏结剂,要求具有足够的耐火性,在浇注温度下,黏结剂既不与耐火材料反应也不与金属液反应,或者发生些许反应,反应产物易溶于水。满足这些条件的黏结剂目前应用较广的主要为碳酸盐、磷酸盐、氢氧化钡,此外还有铝酸盐、硅酸盐、硫酸盐。

水溶性砂芯的制备工艺一般可分为砂芯坯体成形阶段和砂芯硬化阶段。水溶性砂芯的成形工艺常用的有捣固成形(手工紧实)、压力成形、流态成形等;砂芯的硬化工艺常用的有固化剂硬化和普通加热硬化,以及微波加热硬化。

(1) 捣固成形。捣固成形又称手工紧实,应用在水溶性砂芯制备中,混合料为耐火材料、水溶性无机盐和水,采用手工紧实成形后在 $200\sim250$ ℃下干燥硬化。此法对烘干设备要求较低,可降低成本,但硬化时间长、效率低。

（a）　　　　　　　　　　　　（b）

图 3-15　砂芯常用耐火原砂

（a）硅砂；（b）刚玉砂

（2）压力成形。压力成形是指砂芯混合料（耐火材料、水溶性无机盐和水）在压力作用下成形。由于压力较大，砂芯可立即脱模然后烘干硬化。此法生产效率高，砂芯强度大，制得的砂芯常用在压力铸造中，但该方法对压力设备和成形模具的要求较高。

（3）流态成形。流态成形指某些无机盐黏结剂（氢氧化钡等）在室温下呈固态，但随着温度升高（70～80 ℃）能溶于自身的结晶水中，此时砂芯混合料呈现流态，注入模具或芯盒中即可成形，然后在 200 ℃左右烘干硬化。

水溶性砂芯的硬化工艺可以按照加热方式分为普通烘干加热硬化和微波加热硬化两种。普通烘干加热硬化工艺目前常采用普通电炉加热或热芯盒加热方式，上文所述的捣固成形、压力成形和流态成形均采用电炉加热进行烘干硬化。烘干加热硬化工艺的优点是对设备要求不高。此类加热方式属于热传导式加热，会带来一些难以避免的缺点：一方面，砂芯由表面至内部逐步受热，表层水分先蒸发、砂芯表面先硬化，导致内部水分难以排出；另一方面，水分由内及外排出、砂芯逐步硬化的过程，容易致使砂芯产生分层现象。

微波加热硬化工艺目前有微波加热硬化和二次微波加热硬化两种，此工艺是应用在铸造领域的新方法。采用微波加热硬化工艺制备的水溶性砂芯性能良好，铸后水溶溃散效果好，但对砂芯成形模具要求较高。二次微波加热硬化工艺是将砂芯和模具先进行一次微波加热，一段时间后取出脱模，再将脱模后的砂芯进行第二次微波加热，最后得到所需砂芯，此法大大降低了对成形模具的要求，砂芯强度高，黏结剂加入量少。

3.3.4　有机水溶芯

有机水溶芯是指采用能够水溶的有机物作为型芯的基体材料或黏结剂材料而制备的一种型芯。有机水溶芯具有表面光洁、水溶性好、成本低等优点，其中研究较多的有黄糊精、尿素、聚乙二醇和淀粉等材料。

有机水溶芯的制备采用共混模压、热压注成形（见图 3-16）等工艺。有机物种类、含量、粒径是影响有机水溶芯强度、稳定性和表面质量的关键因素。当以超细石英粉、空心玻璃微珠作为添加剂混合有机物制备有机水溶芯时，添加剂的含量和颗粒性质也会影响有机水溶芯的力学性能和表面质量。

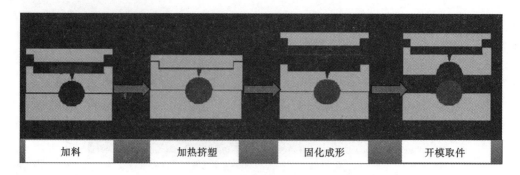

| 加料 | 加热挤塑 | 固化成形 | 开模取件 |

图 3-16　热压注成形流程图

有机水溶芯成形工艺简单,制备成本低,但其在金属液的热作用下容易分解,导致型芯强度迅速降低。另外,有机物分解会产生大量气体,会影响铸件的力学性能和表面质量。

3.4　高能束微区熔凝增材制造技术

高能束微区熔凝成形是利用电弧、激光束以及电子束等高能束热源的能量熔化材料并逐层堆积凝固成形的一种新型液态金属成形技术,是短流程液态金属成形技术的最新发展方向。高能束微区熔凝成形过程虽然与传统液态成形过程的整体熔化和凝固有一定的区别,但同样经历了熔化和凝固的过程,也可利用凝固过程调控材料的微观组织,因此可认为是一类新型的液态成形技术。由于采用的热源是高能束,且液态成形发生于微区,并具备增材制造的特点,因此称之为高能束微区熔凝增材制造技术。增材制造(additive manufacturing,AM)技术又被称为 3D 打印技术,经过近一个世纪的发展,从依据黏结原理开发的叠层成形技术逐渐发展到黏结剂喷射增材制造技术,可用于铸型、型芯和型壳快速制造;目前发展到以电弧、等离子弧、激光以及电子束等高能束为热源的微区熔凝成形技术,实现了金属复杂构件的(超)短流程制造。按照美国材料与试验协会(American Society for Testing and Materials,ASTM)标准 F2792-2012,对金属材料而言,增材制造技术主要分为定向能量沉积(directed energy deposition,DED)和粉末床熔融(powder bed fusion,PBF)两个类别。根据进料系统的不同,增材制造所用成形系统可分为粉末床系统、粉末进料系统和线材进料系统。根据所用高能束热源的不同,增材制造技术则可分为电弧增材制造、激光增材制造以及电子束增材制造技术。金属材料增材制造技术的分类及特点见表 3-4。

高能束热源的差异导致高能束微区熔凝增材制造技术在成形精度、沉积效率以及对复杂零件敏感程度等方面存在差别,但均呈现微区熔化-凝固堆积成形特点。电弧微区熔凝增材制造技术沉积效率高,受工作空间限制少,适合超大规格结构的低成本制造;电子束熔丝微区熔凝增材制造技术沉积效率高、成形件冶金质量和力学性能好,适合大规格金属材料承力结构制坯;激光直接沉积工艺效率较高、力学性能较好,但制造精度不高,适合制造飞机框梁等重要承力结构;激光选区熔化工艺热输入小、成形尺寸精度高,适合制造航空发动机喷嘴、涡流器等复杂结构零件,以及拓扑点阵等新型结构;电子束选区熔化容易实现高温预热,

表 3-4　金属材料增材制造技术的分类及特点

工艺	DED			PBF
原材料	丝材		粉末	
热源	电弧	电子束	激光	激光/电子束
功率/W	1000～3000	500～2000	100～3000	50～1000
速度/(mm/s)	5～15	1～10	5～20	10～1000
供给速率/(g/s)	0.2～2.8	0.1～2	0.1～1	—
最大成形尺寸 /(mm×mm×mm)	5000×3000×1000	2000×1500×750	2000×1500×750	1200×600×1500
制造周期	短	一般	长	长
尺寸精度/mm	差	1.0～1.5	0.5～1	0.04～0.2
表面粗糙度/μm	需要机加工	8～15	4～10	7～20
后处理	机加工	机加工	热等静压/机加工	热等静压/机加工

特别适合用于裂纹倾向大的钛铝金属间化合物叶片的制造。此外,选区激光烧结、黏结剂喷射增材制造等技术虽然也属于增材制造的分类,但由于没有微区熔化和凝固过程,没有利用凝固过程调控组织的特性,因此不属于本章所述的高能束微区熔凝增材制造范畴。下面主要介绍常用的几种技术及其基本特征。

3.4.1　电弧微区熔凝增材制造技术

1. 电弧微区熔凝增材制造技术原理

电弧微区熔凝增材制造技术通常称为电弧熔丝增材制造(wire and arc additive manufacturing,WAAM)技术,由传统焊接技术发展而来,基于逐层熔覆原理,采用熔化极气体保护电弧焊(gas metal arc welding,GMAW)、钨极气体保护电弧焊(gas tungsten arc welding,GTAW)及等离子弧焊(plasma arc welding,PAW)等热源形式,将同步添加的金属丝材熔化并逐层沉积成形,在软件程序控制下根据三维数字模型制造出接近产品形状和尺寸要求的三维金属坯件,再辅以少量机械加工最终达到产品的使用要求,是一种金属材料快速近净成形制造技术。表 3-5 为电弧熔丝增材制造技术的分类及特点,图 3-17 为使用不同热源形式的电弧熔丝增材制造技术的示意图。

表 3-5　电弧熔丝增材制造技术的分类及特点

电弧熔丝增材制造 技术热源形式	技术特点
GMAW	消耗电极;典型沉积速率为 3～4 kg/h;电弧稳定性差,飞溅往复
GTAW	非消耗电极;分离送丝;典型沉积速率为 1～2 kg/h;丝材和火炬旋转
PAW	非消耗电极;独立送丝;典型沉积速率为 2～4 kg/h;丝材和等离子炬旋转

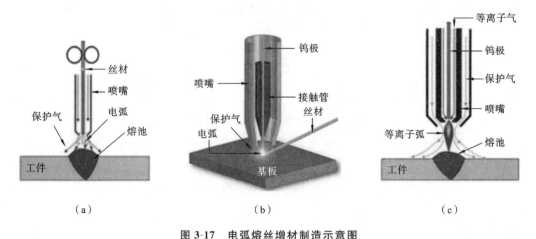

（a）　　　　　　　　　　（b）　　　　　　　　　　（c）

图 3-17　电弧熔丝增材制造示意图

（a）GMAW 工艺；（b）GTAW 工艺；（c）PAW 工艺

2. 电弧微区熔凝增材制造工艺流程

电弧熔丝增材制造是数字化的连续堆焊微区熔凝成形过程。如图 3-18 所示，WAAM 硬件系统一般由电弧热源、自动送丝系统、计算机控制的机器人/数控平台和其他附属机构四部分组成，具体包括焊机及焊枪、送丝机构、机器人数控系统、计算机控制系统、传感器及操作平台等。采用 WAAM 成形系统制造金属零件涉及三个主要工序：路径规划、熔凝沉积过程及后处理。对于给定的 CAD 零件模型，计算机控制系统中的 3D 切片及编程软件通过分析 CAD 零件模型、原材料类型，自动生成熔凝沉积过程所需的工艺参数并规划机器人的运动路径，焊枪随着机器人手臂按照既定的路径逐层堆积形成零件，系统配备的各类传感器同步监测零件制备过程中的焊接参数、熔滴过渡形式、焊缝形貌及层间温度等信息并及时反馈给计算机控制系统进行工艺优化以避免潜在的工艺缺陷，从而获得高质量的金属零件。进一步对获得的零件进行热处理和机加工后便可以投入使用。

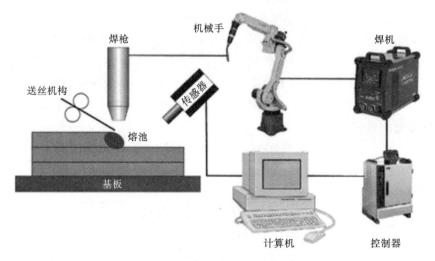

图 3-18　WAAM 硬件系统组成

3. 电弧微区熔凝增材制造技术特点

WAAM 技术采用低成本的电弧作为熔化金属的热源,由于和弧焊技术的兼容性好,弧焊专业人员较容易掌握这项技术。WAAM 技术较传统减材制造和其他增材制造技术更加适合大型金属构件的制造,因此已成为当前大尺寸、高效率、低成本金属 3D 打印技术发展最快的方向,并且正在迅速进入规模化的工业应用。WAAM 技术具有如下主要优点。

(1) 沉积效率高,丝材利用率高,整体制造周期短,能够快速进行金属构件的制造。

(2) 不需要气氛保护箱和真空箱等设备,工件尺寸不受其空间尺寸的限制,大幅减少了设备投资成本,还具有原位复合制造大尺寸零件的能力,使大型化、整体化金属构件的高效、低成本制造成为可能。

(3) 对金属材质不敏感,可成形的材料种类广泛,对激光反射率高的铝合金、铜合金等也适用,且焊丝较金属粉末更容易制备。

(4) 与传统减材制造相比,采用 WAAM 技术成形时间可以缩短 40%～60%,机加工时间可以缩短 10%～20%,原材料成本可降低 78%左右。

然而,WAAM 技术也存在一定的不足,限制了其在大型金属构件制造方面的应用。WAAM 热输入累积较大和快速成形的特点,可能造成生产的零部件成形精度偏差大,零部件出现孔隙、变形和裂纹等缺陷问题。WAAM 成形零件表面粗糙度大、表面质量较差,通常需要配合后续机加工工艺实现零件的精度控制。

4. 电弧微区熔凝增材制造技术发展趋势

增材制造技术可以将区域熔凝的焊接与铸造有机结合,其中 WAAM 技术的优势在生产应用中显而易见,应用前景十分广阔,且依然存在很大的发展空间,其发展趋势具体包括以下几个方面。

(1) 工艺优化。传统 WAAM 能量利用率低,热输入高,需要开发具有集中电弧、提高电弧能量利用率和稳定性效果的新工艺,从而提高电弧增材效率,改善沉积层精度。

(2) 丝材优化。焊接过程中使用的焊丝在电弧熔丝增材制造中不能完全适用,需要进一步研究合金元素在增材过程中对晶粒生长的影响,开发适用于不同电弧熔丝增材制造工艺的丝材,实现通过调节合金元素成分来适应不同的工艺需求,以提高构件性能。

(3) 后处理优化。增材制造过程是反复区域熔凝过程,组织生长方式不同于铸件凝固过程,需要开发适用于 WAAM 的热处理方法,以改善组织不均匀的问题。

(4) 在线监控与反馈控制。在以逐层方式成形预期构件的过程中,如何通过各种传感器来测量焊接信号、沉积焊道几何形状、熔滴过渡和层间温度,实现成形过程的在线监测和性能调控,是当前和未来的重要研究方向。

(5) 复合增材制造技术。复合增材制造是多种增材制造或与等材制造和建材制造复合的制造工艺,比如激光-电弧复合增材制造,采用粉末-丝材同步制造,兼具了激光增材制造表面光洁度较高和电弧增材制造效率高的优点。也可以将增材制造技术与传统的(热)机械加工技术复合,比如华中科技大学发明的铸锻铣磨一体化增材制造技术与装备实现了在一台数控机床上同步完成微区铸造、微锻、铣削和磨削等工序,有效改善了 WAAM 制件的质量和表面光洁度。此外,也可以复合超声波喷丸、激光冲击等方法,对改善增材制造制件性能有明显效果,因此,多工艺复合增材制造技术也是当前和未来的重要发展方向。

3.4.2　激光微区熔凝增材制造技术

激光微区熔凝增材制造技术是一门融合了激光、计算机、材料、机械、控制等多学科的系统性、综合性技术。采用离散化手段逐点或逐层"堆积"成形原理,依据产品三维数字化模型,用激光作为热源进行微区熔凝堆积,快速打印出零件,彻底改变了传统金属零件,特别是高性能、难加工以及结构复杂金属零件的成形模式。激光微区熔凝增材制造技术按其成形原理可分为,以粉床铺粉为技术特征的激光选区熔化技术和以同步送粉为技术特征的激光熔化沉积技术。

3.4.2.1　激光选区熔化技术

1. SLM 技术原理

激光选区熔化(selective laser melting,SLM)技术是以快速原型制造技术为基本原理发展起来的激光增材制造技术。通过专用切片软件对零件的三维数字化模型进行切片分层,获得各截面的轮廓数据后,利用高能激光束根据轮廓数据逐层选择性地熔化金属粉末,通过逐层铺粉、逐层熔化-凝固堆积的方式,实现三维实体金属零件制造。由于所使用的激光光斑和金属粉末粒度小,SLM 技术可以获得具有较高表面尺寸精度和表面质量的零部件,能够实现无余量的制造加工,进而解决复杂金属零部件加工困难、加工周期长和成本高等问题,实现对传统制造方法无法加工的复杂金属零件的制造,如对具有复杂空间曲面的多孔结构、内部含复杂型腔流道结构的模具加工等。因此,SLM 技术在未来的工业应用中具有优势地位。

SLM 技术的工艺原理如图 3-19 所示。首先,通过切片软件对三维模型进行切片分层,把模型离散成二维截面图形,并规划扫描路径,再转化成激光扫描信息。扫描前,刮刀将粉末转移装置中的金属粉末均匀平铺到激光加工区,随后打印软件根据激光扫描信息控制扫描振镜偏转,有选择性地将激光束照射到加工区熔化金属粉末,得到当前二维截面的二维实体,未被激光照射区域的粉末仍呈松散状。然后成形区下降一个切片层厚的高度,重复上述

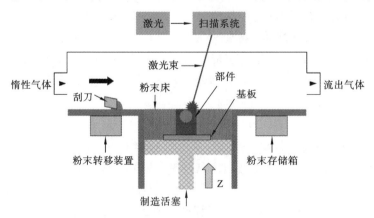

图 3-19　SLM 技术的工艺原理

过程,逐层堆积得到零件。

2. SLM 工艺流程

依据 SLM 的技术原理,SLM 的基本工艺流程如下。

(1) 利用 CAD 等软件设计出需要制造的目标零件的三维模型,然后将该三维模型转化为 3D 打印所需的三维图形文件格式,即 STL 格式文件。

(2) 利用切片软件对该三维模型进行切片分层,得到各截面的二维轮廓数据,将这些数据导入 3D 打印装置中,计算机按照设置的扫描方式类型,将二维轮廓之间的封闭区域填充上一定间隙的线条。

(3) 将由切片 STL 格式文件得到的 G-code 文件传送给 3D 打印机,同时装入 3D 打印粉末材料,调试打印平台,设定打印参数。激光束开始扫描前,先在工作台面装上打印金属零件所需的基板,将基板调整到与工作台面水平的位置,供粉腔室先上升到高于铺粉辊底面一定高度,铺粉辊滚动并将粉末带到工作台面的基板上,形成一个均匀平整的粉末层。随后3D 打印机开始工作,逐层完成打印工作。

(4) 3D 打印机完成打印后,取出零件进行后期处理。例如,零件的悬空结构需要支撑结构才可以打印,后期处理需要去掉这部分多余的支撑结构。有时 3D 打印获得的零件表面比较粗糙,需要后续加工工序。此外,对于性能要求高的零部件,需要做后续的热等静压和热处理才能达到最终所需的性能要求。

3. SLM 技术特点

(1) 可以直接由三维实体模型制成任意高自由度的金属构件,对于复杂金属零件,无须制作模具,不受几何形状限制,从而缩短了产品的开发制造周期。

(2) 任何金属粉末理论上都可以被高能束激光熔化,因此 SLM 技术可成形的材料种类广泛,包括不锈钢、镍基高温合金、钛合金、高强铝合金以及难熔金属等。

(3) 由于激光束光斑直径小、能量密度高,成形路径由计算机系统控制,所以 SLM 成形制件尺寸精度高、表面粗糙度小,表面稍经打磨、喷砂等简单后处理即可达到使用精度要求。

(4) SLM 成形过程中金属粉末被完全熔化并维持液态平衡状态,有利于排除气孔、夹渣等缺陷,快速凝固能够将这一平衡保持到固相,有效提高了金属部件的致密度,因此可以直接成形近乎全致密的金属零件。

(5) SLM 制件的内部组织是在快速熔化-凝固的条件下形成的,显微组织通常具有晶粒尺寸小、组织细化、增强相弥散分布等优点,因此制件具有优良的综合力学性能,通常情况下其大部分力学性能指标都优于同种材质的铸件甚至锻件性能。以 316L 不锈钢材料为例,SLM 制件最高抗拉强度可达到 1000 MPa 左右,远高于 316L 不锈钢锻件的水平。

SLM 技术有利于解决在航空航天中应用广泛的、组织均匀的高温合金复杂零件加工难的问题,还能解决生物医学上组分连续变化的梯度功能材料的加工问题。该技术已经在软硬件设计、材料和工艺研究等方面取得了长足的进步并获得了大量应用,但其仍处于迅速发展阶段,还具有以下局限性。

(1) 打印层厚和激光束光斑直径较小,因此成形效率有限。

(2) 成形零件尺寸受到铺粉工作箱大小的限制,不适合制造大型的整体零件。

(3) SLM 成形过程中存在球化、裂纹等冶金缺陷以及翘曲变形问题,限制了高质量金属零件的成形,需要设备、技术和工艺的进一步发展。

4. SLM 技术发展趋势

SLM 技术具有诸多优点,是增材制造技术的重要分支之一,未来该技术一方面将侧重于技术更新迭代,发展更高质量的粉体制备技术、更高的成形效率和大尺寸整体化的制造能力。另一方面,将以工程应用为目标,开展突破传统制造技术思维模式束缚的配套技术研究,包括设计方式、检测手段、加工装配等研究,以适应不断发展的制造需求。

1) SLM 技术向近无缺陷、高精度、新材料成形方向发展

SLM 技术制造精度高,在制造钛合金、高温合金等高熔点、难加工材料和高性能、高精度复杂薄壁空心构件方面具有突出优势,是近年来国内外研究的热点。然而,实现 SLM 技术的工程化应用仍然面临众多基础性问题,未来需要进一步拓展适用于 SLM 技术的材料种类,深入研究制件内部缺陷形成机理、组织性能与高精度协同调控等科学和技术问题。

2) SLM 成形装备向多光束、大尺寸、高制造效率以及多功能集成方向发展

单光束 SLM 成形设备的适用范围较小,生产效率较低,不能用于大尺寸复杂构件的整体制造。而航空航天等领域对大尺寸复杂构件的需求比较迫切,因此未来 SLM 成形设备将会向多光束、大成形尺寸、高效率方向发展。此外,SLM 设备集成功能化设计模块也是重要发展方向之一。

3) SLM 技术与传统加工技术复合成形

金属粉末在 SLM 成形过程中具有快速熔化和快速凝固循环往复的特征,叠加逐道、逐层的加工方式造成了 SLM 成形件组织、性能、应用的特殊性,其硬度和强度得到大幅度提升的同时延展性和表面质量仍不如传统成形方法。因此,SLM 技术与传统加工技术复合成形将成为未来的又一发展方向,如 SLM 技术与机加工复合制造零件,既可以利用 SLM 成形的独特优势,又可以采用机加工来提高表面质量。

3.4.2.2 激光熔化沉积技术

1. LMD 技术原理

激光熔化沉积(laser melting deposition,LMD)技术是基于叠层累加原理的快速成形技术和激光熔覆技术的有机结合,其以金属粉末或丝材为原材料,以高能激光束作为热源,根据成形零件数字化模型分层切片信息的加工路径,将同步输送的金属粉末或丝材进行逐层熔化、快速凝固、逐层沉积,从而实现整个金属零件的直接制造。LMD 系统主要包括激光器、冷水机、数控工作台、送粉喷嘴、送粉器及其他辅助装置,图 3-20 为 LMD 增材制造示意图。

目前 LMD 技术主要为送粉 LMD 技术(图 3-20a 和图 3-20b),也包括送丝 LMD 技术(图 3-20c)。送丝 LMD 技术主要通过送丝机构将专用金属丝材直接送入激光光斑内,金属丝材逐层熔化并凝固从而实现高效的增材制造过程。送丝 LMD 技术可基本实现熔覆材料无浪费,利用率接近 100%,远高于送粉 LMD 技术(利用率一般低于 80%)。但其缺点在于热影响区过大和无法实现很好的气体保护,导致缺陷多,工艺参数调控难度大。送粉 LMD

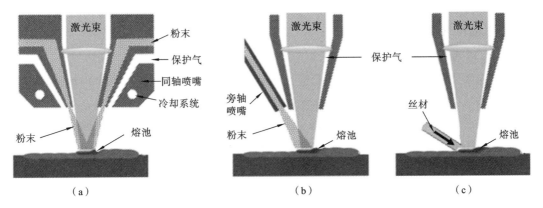

图 3-20　LMD 增材制造示意图

技术主要有两种方式：一种为同轴送粉（图 3-20a），另一种为旁轴送粉（图 3-20b）。与侧向（单侧或者双侧）旁轴送粉相比，同轴送粉可以更好地实现惰性气体保护，使熔覆粉末自身的性能不受空气中氧和氮等元素的影响，从而实现增材制造熔覆层的优异性能。

2. LMD 工艺流程

LMD 增材制造工艺流程包括三个主要工序。首先在计算机中生成所需打印零件的三维 CAD 实体模型，然后将模型按一定的厚度切片分层，即将零件的三维形状信息转换成一系列二维轮廓信息，在此基础上生成加工路径。在惰性气体保护环境中，以高能量密度的激光作为移动热源，在数控系统的控制下按照预定的扫描路径，将同步送进的粉末或丝材逐层熔化堆积，从而实现金属零件的直接制造与修复。进一步对增材制造成形的零件进行后处理，改善其组织、性能、表面质量以及尺寸精度等，以符合工艺要求。

3. LMD 技术特点

LMD 技术集成了快速成形技术和激光熔覆技术的特点，其以成形可直接使用的能够承载力学载荷的金属零件为目标，不仅关注三维成形特性，同时也注重成形件的力学性能。主要具有以下优点：

（1）柔性化程度高，不需要模具，可生产用传统方法难以生产甚至不能生产的复杂形状的零件，通过配合柔性机械臂及转台等机构可以在无支撑或少量支撑下实现悬空结构的增材制造。

（2）成形尺寸不受限制，可实现数米大小工件的一体化成形，后续加工余量小，生产周期短，材料利用率高。

（3）可实现零件的表面修复，修复后表面精度、性能不受影响，甚至更高。还可以较为方便地在原有基体部件上进行新结构的增材制造以实现复合制造。

（4）根据构件不同部位在实际服役过程中特殊的性能需求，采用 LMD 技术可以实现直接制备具有梯度功能的金属构件。

目前这项技术一般还需要进行少量的后续机械加工才能最终完成零件的制造，其制造精度较 SLM 工艺低。此外，该技术制造效率低、制造成本相对较高，以及工件质量的稳定性等问题限制了其大面积的工业应用。

4. LMD技术发展趋势

LMD技术主要有三大发展方向。

（1）对零部件表面进行改性处理。通过在零部件表面熔覆功能材料，实现耐腐蚀、耐磨或耐高温等表面性能，提高产品的使用寿命，降低整体制造成本。

（2）对受损零部件进行激光熔覆修复。将受损区域进行简单机加工处理后，采用相同或相近的材料进行等强匹配修复，实现零部件的再制造，降低报废率。

（3）对零部件或功能结构进行完整增材制造。利用逐层堆积原理并配合路径规划，进行个性化设计和生产，实现从无到有的制造过程。

3.4.3 电子束微区熔凝增材制造技术

电子束微区熔凝增材制造技术是以高能量密度电子束为热源，在真空环境下将金属丝材或粉末等填充材料在微区逐层熔化并凝固，按照预先规划的路径沉积，制造出金属零部件或毛坯。按照所用原材料和成形方式的不同，该技术可分为基于熔化同步送进丝材的电子束熔丝沉积技术和基于预置粉末的电子束选区熔化技术。

3.4.3.1 电子束熔丝沉积(EBF3)增材制造技术

1. EBF3技术原理

电子束熔丝沉积(electron beam freeform fabrication，EBF3)技术是在激光成形技术基础上发展而来的，是一种以高能电子束作为热源，使金属丝材逐层熔凝堆积、自由成形大型复杂金属结构的新型增材制造技术，也可用于零件修复。和激光熔化沉积技术不同，由于需要防止电子散射，EBF3技术须在真空环境中才能进行金属增材制造过程。该技术能避免材料受氧、氢和氮的污染，因此该技术能满足钛合金、钛铝合金等金属增材制造需求。EBF3增材制造示意图如图3-21所示，该技术利用高能量密度的电子束作为加工热源，当高速电子轰击金属丝材时，其动能立即转化成热能，被轰击的金属丝材熔化形成微区熔池。金属丝材通过专门的送丝机构送入熔池中并熔化，熔池按照预先规划的扫描路径运动，金属材料逐层凝固堆积，形成致密的冶金结合，最后制造出所需的金属零部件或毛坯件。

2. EBF3工艺流程

EBF3过程同激光熔化沉积工艺流程类似，主要包括模型切片、逐层沉积以及后处理等工序。首先建立零件的CAD三维模型，然后使用专用切片软件进行切片，规划层厚、扫描路径和速度以及送丝速度等参数。使用电子束发生器作为能量源，在真空环境下通过电子束熔化金属丝材在工件表面形成微区熔池，随着熔池在工件表面的移动，离开热源的熔池快速凝固，达到零件近净形的形态。进一步对零件进行热处理、精加工以及表面抛光等后处理，从而获得最终的产品。

3. EBF3技术特点

电子束与激光均是高能量密度热源，其能量密度为同一数量级，都非常适合金属零件的

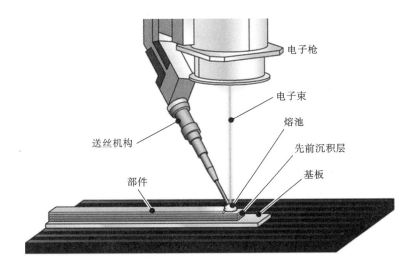

电子枪

电子束

熔池

送丝机构

先前沉积层

基板

部件

图 3-21　EBF3 增材制造示意图

快速成形加工。与激光快速成形相比,EBF3 技术具有一些独特的优点,主要表现在以下几方面。

（1）高沉积速率。电子束可以很容易实现数十千瓦大功率输出,达到很高的沉积速率。EBF3 成形的速度比激光快速成形高出数倍到数十倍,尤其对于大型金属结构件,EBF3 成形效率非常高。

（2）真空条件对零件保护效果好。相比于激光快速成形利用惰性气体保护成形过程,EBF3 增材制造在低于 10^{-2} Pa 的真空环境中进行,能有效防止空气中有害杂质(氧、氮和氢等)在高温状态下进入金属零件,避免工件表面发生氧化,非常适合钛和铝等活性金属的加工,对零件的保护效果较好。

（3）制件内部质量较好。与激光束相比,电子束是"体"热源,微区熔池相对较深,能够充分消除层间未熔合现象。同时利用电子束扫描对熔池进行旋转搅拌,可以明显减少气孔等缺陷。此外,相同质量的丝材比粉末表面积小,其表面氧化及携带杂质的可能性也比粉末更小,产生缺陷的可能性更低。

（4）束流控制高效灵活。电子束输出功率可在较宽的范围内调整,方便对不同种类的材料进行加工;利用电子束的面扫描技术能够实现大面积预热及缓冷;电子束可通过电磁线圈精确控制束流的聚焦以及束斑的运动,减小了对机械运动的依赖,可以实现高频率复杂的扫描运动。

EBF3 技术也存在一些不足之处,由于 EBF3 成形速度快,往往尺寸精度及表面质量不高,成形后还需进行少量的数控加工。EBF3 技术必须依赖于真空室,使工件的尺寸受到一定的限制,真空系统在一定程度上增加了操作的复杂性。

3.4.3.2　电子束选区熔化(SEBM)增材制造技术

1. SEBM 技术原理

电子束选区熔化(selective electron beam melting,SEBM)技术是 20 世纪 90 年代中期

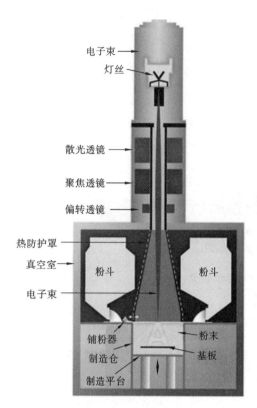

图 3-22　SEBM 增材制造示意图

电子束
灯丝
散光透镜
聚焦透镜
偏转透镜
热防护罩
真空室
电子束
粉斗
粉斗
铺粉器
制造仓
制造平台
粉末
基板

发展起来的一种金属 3D 打印技术,经过深度研发,现已广泛应用于快速原型制作、快速制造、工装和生物医学工程等领域,其与 SLM 系统的差别主要是热源不同,二者的成形原理则基本相似。与以激光为能量源的金属 3D 打印技术相比,SEBM 工艺具有成形速度快、粉末材料的利用率高、电子束无反射和能量转化率高等特点。SEBM 的成形环境为高真空,意味着不需要通入保护气体,所以特别适合钛合金等高活性金属零部件的成形制造。

图 3-22 所示为 SEBM 增材制造示意图,SEBM 的工作原理是电子束在偏转线圈驱动下按预先规划的路径进行扫描,利用高能电子束经偏转聚焦后在焦点所产生的高密度能量使被扫描到的金属粉末层在局部微小区域产生高温,导致微区的金属微粒熔融,电子束连续扫描将使一个个微区金属熔池相互融合并凝固,连接形成线状和面状金属层。当一个面层的扫描结束后,制造仓下降一层的高度,铺粉器重新铺放一层金属粉末,如此反复进行铺粉和扫描的过程,层层堆积,直到制造出所需要的金属零部件。

2. SEBM 工艺流程

SEBM 工艺流程如下:首先,将包含成形零件切片信息的三维实体模型数据导入 SEBM 设备;然后,在沉积过程中,先在铺粉平面上铺展一层粉末,电子束在计算机的控制下按照截面轮廓的信息进行有选择的熔化,金属粉末在电子束的轰击下被熔化在一起,并与下层已成形的部分黏结,层层堆积,直至整个零件全部沉积完成;最后,去除多余的粉末便得到所需的三维产品。上位机的实时扫描信号经数模转换及功率放大后传递给偏转线圈,电子束在对应的偏转电压产生的磁场作用下偏转,达到选择性微区熔化和凝固。

3. SEBM 技术特点

SEBM 技术的特点主要表现在以下几个方面。

(1) 真空工作环境,成形过程不消耗保护气体,完全隔离外界的环境干扰,能避免空气中的杂质混入材料,无须担心金属在高温下的氧化问题,未熔化的金属粉末可循环使用,大幅度降低气孔和氧化夹渣形成的可能性,因此可提高粉末的利用率,降低生产成本。

(2) 和其他电子束增材制造技术对电子束的控制类似,SEBM 技术中电子束扫描主要依靠电磁场调控,机构简单,反应速度快。可利用电子束扫描、束流参数实时调节控制零件表面温度,减少缺陷与变形。在熔化粉末层之前,电子束可以快速扫描、预热粉末床,使粉末床均匀上升至较高温度(大于 700 ℃),从而可减少应力集中,降低成形过程中制件翘曲变形的风险,制件的残余应力小,可以省去后续的热处理工序。

(3) 具有直接加工复杂几何形状的能力,如空腔、网格结构等,基本为近净成形,尺寸精度可达 ± 0.1 mm,表面粗糙度值为 $15\sim50$ μm;成形速度快,可达 $80\sim110$ cm³/h,是 SLM 技术的数倍。

(4) 电子束具有独特性能,当使用电子束作为热源时,金属材料对电子束几乎没有反射,能量吸收率大幅提高,因此 SEBM 技术可用于加工难熔、难加工以及高活性金属构件。

SEBM 技术的不足之处主要表现在以下几个方面。

(1) 受制于电子束无法聚到很细,相关设备的成形精度还有待进一步提高。

(2) 成形前需较长时间抽真空,成形完毕后,由于不能打开真空室,热量只能通过辐射散失,抽真空及降温耗时较长,降低了成形效率。

(3) 由于采用高电压,成形过程会产生较强的 X 射线,需采取适当的防护措施。

3.4.3.3　电子束微区熔凝增材制造技术发展趋势

基于大尺寸结构件对低成本快速制造的需求和高价值零件服役后的修复需求,特别是对于难加工的钛合金和高温合金以及新型梯度材料结构,迫切需要以电子束熔丝沉积增材制造技术为代表的快速、低成本制造技术。对电子束增材制造迫切需求包括材料和设备研发以及组织性能调控等方面的发展,具体包括以下几个方面。

1) 电子束增材制造专用丝材及粉末原材料的成分再设计

电子束增材制造过程中材料在高能量密度的电子束作用下快速熔化并凝固,不同元素的蒸气压不同,使得低熔点元素快速挥发损失,造成增材制件成分与原材料成分差异较大,甚至不能满足材料标准下限要求。例如,钛合金真空电子束熔丝增材制造过程中 Al 元素烧损比例可达 $10\%\sim20\%$,钛铝金属间化合物电子束选区熔化增材同样面临 Al 元素烧损问题。需针对电子束增材制造工艺特点设计专用合金粉末成分,使其抑制缺陷产生的同时保持高的力学性能。

2) 增材制件应力和变形控制

在增材制造过程中零件长期经历电子束的周期性、剧烈、非稳态、循环加热和冷却及其短时非平衡循环相变。在已凝固金属强约束下移动熔池的快速凝固收缩等超常热物理和物理冶金现象,在零件内产生复杂的热应力、相变组织应力和约束应力及其非线性耦合交互作用,从而导致零件的翘曲变形和开裂,因此,电子束增材制造过程的应力和变形控制策略需要进一步深入研究。

3) 增材制件内部缺陷、组织性能均匀性及批次稳定性控制

电子束增材制件内部缺陷主要有气孔、未熔合、裂纹等。缺陷将直接导致增材制件的报废或早期失效,因此控制缺陷是增材制造的关键。增材制造过程中零件各部位温度场不同,组织特征存在微小差别,使其存在力学性能的不均匀性,此外,组织特征的各向异性使其力学性能存在各向异性。因此,如何保证制件组织性能的均匀稳定和优良的力学性能水平是该技术推向广泛工程应用的关键。

4) 高可靠长寿命电子枪

电子枪是发射、形成和会聚电子束的装置,为增材制造提供能量源,是电子束增材制造

设备的核心部件。电子束增材制造过程中电子枪需连续工作数十至数百小时,对阴极寿命要求高。增材制造过程中会产生大量金属蒸气,阳离子进入电子枪的阴极与阳极之间易导致放电现象并造成过程中断。此外,基于电子光学的电子枪聚焦及扫描线圈设计和精确控制是获得优质电子束的重要条件,选区熔化过程中需保证不同位置(不同电子束偏转角度)处电子束焦点位置的一致性和电子束到达位置的准确性。因此,高可靠长寿命的电子枪的发展至关重要。

3.4.4 复合微区熔凝增材制造技术

近些年,金属增材制造技术已日趋成熟,朝着大尺寸、多能束、高效率方向发展,在航空航天、汽车、医疗以及模具等行业已初步形成产业规模。随着所需打印的零件尺寸逐渐增大,在该技术走向批量化的进程中,成形效率、成形精度和综合成本等问题日益凸显,因此急需提高单位时间内的生产效率,同时保证零件的成形质量及服役性能,并寻找解决办法以降低生产制造成本。在此背景下,复合微区熔凝增材制造技术应运而生,其主要包括多能束复合微区熔凝增材制造技术和多工艺复合微区熔凝增材制造技术。

3.4.4.1 多能束复合微区熔凝增材制造技术

通常可以优化增材制造工艺参数,如缩短单层铺粉时间、采用大层厚工艺参数以及优化扫描策略提升打印效率,然而,此时往往会面临打印速度和产品质量的矛盾(如增加层厚加快速度的同时,零件的性能降低)。对于航空航天、医疗和其他复杂应用的零件,质量的要求非常高,因提高速度而导致的产品质量下降,往往得不偿失。能够显著提高打印速度又能保证产品质量的有效手段还包括采用多个热源的方法,即多能束复合微区熔凝增材制造技术。当前,多能束热源的发展重点通常在基于多激光热源的粉末床熔融工艺上,定向能量沉积和光固化等工艺也可以配备多个激光器。此外,基于多电弧以及多电子束热源的增材制造技术也有一定发展。虽然每种技术都使用不同类型的激光器和激光功率,并且需要不同的光斑尺寸,但多激光技术的最终目标是相同的,即提高生产效率并同时降低零件成本。

金属多激光增材制造技术能够使打印效率得到极大提升,通俗来讲,四激光系统代表着可以同时打印四个零件,与单激光系统相比,大大减少了打印前期的多次准备时间,虽然其铺粉的行程长、打印零件多,但四激光同时打印造成的单层花费时间并未延长。多激光系统由于成形空间的增大,意味着一台设备可以一次完成原先多台设备的制造任务,这对于大型制造商来说可以减少设备的购入数量,降低设备成本、人员维护成本以及设备使用空间成本等,从而提升产能效益。

多激光3D打印系统是面向高效率、大尺寸及批量制造的解决方案之一,也是粉末床激光成形工艺发展的趋势。然而,多激光系统不仅意味着可以将零件做大、实现批量制造,还带来了额外的挑战。多激光器可以提高生产效率,但并不是给定多激光器的设置就等同于更高的生产率,更多激光源的尺度并不是线性的,需要解决激光对准以及更复杂的惰性气体流动设计等问题,从而使多激光系统可以达到与单个激光器相同的成形质量。

多激光系统的关键技术以及发展要求具体表现在多激光的一致性、协同性以及高精度控制等方面。

（1）激光的一致性。多激光同时运行意味着可能会出现更多的打印问题，多激光的一致性可为成形过程稳定运行，零件尺寸、精度以及综合性能符合要求提供必要保障。激光的一致性包括光斑形态和尺寸以及激光功率等方面。

（2）激光的校准及稳定性。多激光系统首先需要完成单个的振镜系统校准。扫描振镜用于保证成形精度，是激光选区熔化成形设备的首要核心部件，通过控制振镜进行指令角度的偏转，可以实现激光束在指定位置进行精确扫描。在单个振镜系统校准之后，在多激光的扫描重合区域还需要进行搭接校准，目的是让多个激光器在扫描位于搭接区域的同一位置时能够尽可能地重合。此外，多激光系统的稳定性也需要及时监测及控制。

（3）多激光扫描任务分配。当激光器数量增加之后，扫描任务的分配将变得复杂，除了考虑成形效率之外，还需要考虑多个激光之间的相互影响，尤其是上下风向以及两个激光相互靠近时的影响。因此，需要从风场设计、扫描任务分配等层面开发多激光时序-扫描策略协同控制策略。

3.4.4.2　多工艺复合微区熔凝增材制造技术

兼具增材制造技术和传统技术优点的多工艺复合微区熔凝增材制造新技术近年来得到了快速发展。多工艺复合增材制造涉及多种制造工艺和能量源，既有同步工作，也有循环交替的协同工作，其以增材制造为主体工艺，在零件制造过程中采用一种或多种辅助成形工艺与增材制造工艺协同工作，使零件性能与形状精度及制造效率得到显著提升。据此，多工艺复合微区熔凝增材制造技术可分为基于机械加工、激光辅助、喷丸以及轧制的复合增材制造技术。基于机械加工的复合增材制造技术是增材制造与材料去除工艺的复合，增材工艺完成零件逐层制造，在每完成若干层制造后，辅助工艺则对零件表面或侧面进行机械加工以保证零件尺寸精度，循环交替直至完成零件制造。基于激光辅助的复合增材制造技术利用激光束对沉积材料进行烧蚀、重熔以及辅助等离子弧沉积，以提高零件成形精度、细化晶粒、降低孔隙率。将喷丸工艺与增材制造复合是能够控形控性的复合增材制造技术之一，该技术尚在探索研究。针对增材制造过程中，熔池形状和体积的不稳定、热源反复加热使零件存在成形精度不足和热应力残余等问题，基于轧制的复合增材制造技术在不去除材料的前提下不仅可保证成形零件的尺寸精度，还可以提高零件的力学性能。华中科技大学提出了增等减材复合超短流程制造理念，并发明了金属微铸锻铣复合超短流程智能制造技术，其技术原理如图 3-23 所示。微铸锻铣增材制造技术用激光/等离子弧增材制造耦合轧制以及铣削工艺，在半熔融微区同步复合微型轧辊对高温沉积层进行锻造等材加工与预热及后保温/冷却，实现增材成形过程同步进行等轴细晶化，提高零件强度和韧度，同时可减少成形零件表面的阶梯效应；同步复合铣削减材加工或热处理，以节省温控等待与热处理时间、降低增材成形残余应力。

微铸锻铣复合制造的工艺流程主要包括建模和切片、打印以及后处理工序。具体如下：通过 CAD 建模或三维扫描仪逆向建模获取打印零件的

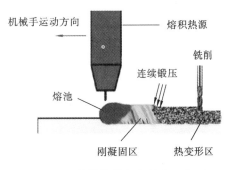

图 3-23　微铸锻铣复合制示意图

CAD 模型;对模型数据进行切片处理,沿某一方向做平面分层离散;通过专有计算机辅助制造系统生成各层面的打印路径,并利用快速成形设备将金属丝材逐层堆积成形;在逐层堆积过程中采用微型轧制锻压机构对热熔覆层进行微区轧制,提高成形件的性能;熔凝后利用微型铣削机构对成形件进行同步铣削加工,获得所需的表面质量。

微铸锻铣复合制造技术属于短流程绿色快速智能制造的范畴。该技术结合自由增量成形、受迫等量成形与控制形变热处理三种工艺的优势,将多能场应用于控制增等减材短流程生产,克服了传统制造工艺中铸锻工序分离导致流程长且产品性能不均、常规增材制造工艺中有铸无锻导致产品性能不及锻件的难题,实现了高均匀致密度、高强韧、形状复杂的金属锻件短流程无模成形,从而全面提高了制件的强度、韧度、疲劳寿命及可靠性。微铸锻铣复合增材制造的技术特点及优势主要包括以下方面。

(1)边铸边锻,可制造出超细等轴晶锻件,改善零件内部各向异性,获得超高强韧度,保证材料的均匀可靠性,从而提高构件的疲劳寿命和可靠性。不仅能制造薄壁金属件,而且能制造出大壁厚差的金属零件。

(2)多物理场复合成形。微区熔凝沉积过程中,可将磁场、超声波场与电场复合施加于微区熔池,既可搅拌熔池、细化晶粒、降低气孔率,又可显著降低残余应力、抑制翘曲变形、防开裂,从而提高制件疲劳性能及可靠性。

(3)铸-锻-铣同步超短流程制造。将微区熔凝沉积、等材锻压以及同步铣削多工序集成于一个制造单元,建立了用一台设备直接制造高端零件的新模式,制造周期与流程缩短 60%以上。

(4)大尺寸成形。基于微铸锻铣复合制造技术研制的微铸锻铣复合制造装备可成形最大尺寸锻件面积为 16 m²,实现了用单台设备紧凑柔性超短流程制造大型复杂锻件。

3.5 液态金属短流程成形技术的典型应用

3.5.1 大型砂型(芯)的增材制造

国内传统大型铸件的铸造生产流程属于非数字化的模拟工艺模式,生产工艺及铸件结果预判高度依赖工程师的个人经验和能力。而其他工业品制造业(汽车、航空航天、造船、机加工等)已经逐步完成设计制造全数字化升级。作为配套的铸造行业在竞争之下急需完成数字化生产过程,并达到配套生产与铸件精度提升的市场要求,同时完成自动化转型来解决人员与效率的问题。在此背景下,大型铸型增材制造成为快速提升传统重力铸造行业水平的利器,传统铸造企业得以运用增材制造设备完成大型铸件铸造工艺升级过程。

国外如德国 ExOne 公司率先开发了专门用于铸造砂型(芯)打印的 3DP 打印机,实现了无模具铸造或数字化铸造,大致的铸件生产工艺可以简化为:据铸造工艺设计砂型(芯)结构(三维建模)→将模型文件(STL 格式)导入打印设备进行处理→准备打印原料,设置打印参数→自动打印成形→吸除未用松砂,取型芯清理→浇注生产。其显著的特点是不需要模具、速度快、流程短、成本低,可制作复杂的砂型(芯),尤其是模具难以成形的型芯,可实现复杂砂型(芯)的一体成形,提高造型精度。德国 ExOne 公司目前开发的用于铸造砂型(芯)打印的工作箱尺寸为 1800 mm×1000 mm×700 mm,采用了激光烧结方式,可打印出产品的最大尺寸不足 500 mm×500 mm×500 mm,打印精度达到 0.3 mm。目前,ExOne 公司的 3D 打印砂型(芯)已应用于航空航天、汽车、泵和液压、科研开发、铸造厂及相关服务业等多个领域。部分典型打印砂型(芯)的应用见图 3-24。

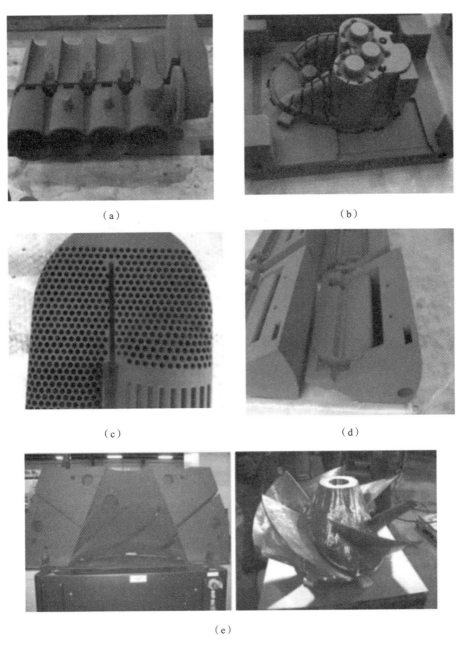

图 3-24　3D 打印大型砂型(芯)的应用

(a)发动机缸体砂芯;(b)变速箱砂型;(c)换热器砂芯;(d)印刷机砂芯;(e)叶轮的打印砂芯及铸件

我国宁夏共享集团与德国 ExOne 公司展开 3D 打印大型砂型（芯）的研究合作,制造出国内第一台也是世界上效率最高的砂型 3D 打印样机,型号为 KOCEL AJS 4000,也被命名I-Dream2518,该大型砂型增材制造设备实物图如图 3-25 所示。某中速柴油机气缸盖铸件在常规工艺下采用木模/金属模、砂型重力铸造,铸件曲面结构复杂,断面差异大,最小壁厚较薄,内部的复杂结构全部由砂芯形成。砂芯需要分成至少 30 个,数量较多,容易出现尺寸不合、呛火、收缩缺陷等,导致气缸盖铸件的废品率通常在 10%～30%。共享集团通过此砂型 3D 打印样机成功制造出中速柴油机气缸盖砂型,产品尺寸为 615 mm×420 mm×290 mm,最小壁厚为 8～10 mm,局部较厚,材质为 RuT300。3D 打印大幅度减少了薄壁复杂件的砂芯数量,使得关键砂芯一体化,可以避免砂芯晃动导致的呛火,同时也减小了尺寸不合发生的概率。如今在共享集团全新的铸件从图样到实物的时间从以前的 40 天左右减少到两周。

图 3-25 大型砂型增材制造设备实物图

3.5.2 复杂陶瓷芯的增材制造

陶瓷芯主要用来形成复杂零件的内腔形状,当代的航空发动机涡轮叶片的制造是陶瓷芯的最重要应用领域。陶瓷芯在金属浇注过程中和叶片凝固过程中的工作状态是十分复杂的。在金属压力作用下陶瓷承受弯曲力的同时在刚性固定的榫头部位会出现切应力,在浇注时陶瓷芯的工作表面会受到金属液流的冲击,因此要求陶瓷芯在高温下具有足够的强度稳定性。目前,通过优化涡轮叶片合金的材料体系对提高空心叶片的承温能力的作用已经微乎其微,因此,涡轮叶片的内部结构由实心优化为空心,改善叶片内部的气冷结构成为提高叶片承温能力的关键。而实现复杂内腔叶片设计的关键是制备出性能优异、形状复杂的陶瓷芯。3D 打印技术将模型设计与三维制造结合为一体,通过计算机软件构造三维模型,逐层打印所选取的金属、陶瓷粉末、塑料等可黏合的原料,以构建出三维实体零件。基于离散-堆积的原理,其以高精度、短流程及精确的复杂形状构建而独具优势,可以实现复杂产品的快速制造,且特别适合用于复杂形状陶瓷芯的制备。

中国东方电气集团有限公司联合西安交通大学研究了 3D 打印陶瓷芯在燃机叶片精密铸造中的应用前景。3D 打印 SZA 陶瓷芯已接近燃机叶片熔模铸造要求,室温强度大于 10 MPa,高温强度大于 20 MPa,高温变形量为 1 mm,常规脱芯工艺下能够完全脱除。相关研究还测量了 3D 打印陶瓷芯在蜡模压制、组装、型壳制备、模壳焙烧过程中的热物性参数,并建立与之匹配的精铸技术路线,最后成功浇注了高温合金叶片,验证了 3D 打印陶瓷芯在等轴晶叶片开发中的可行性。

除此之外,康硕智能制造有限公司也研究了 3D 打印空心叶片用氧化硅陶瓷芯工艺,采用 3DCERAM 陶瓷 3D 打印机,配合专用的氧化硅陶瓷膏料打印出空心叶片用陶瓷芯及试块,通过优化打印、脱脂和烧结工艺,得到满足尺寸精度和性能要求的氧化硅陶瓷芯。烧结后氧化硅陶瓷的致密度达 73%,开口气孔率为 38%;陶瓷芯打印原型的尺寸精度基本控制在 ±0.1 mm,脱脂烧结后尺寸精度达 ±0.2 mm;试块的室温、高温抗弯强度平均值分别为 18 MPa 和 23 MPa;1340 ℃热变形量为 0.23 mm。陶瓷芯的表面质量和力学性能基本可以满足某重型燃机空心叶片熔模铸造要求。图 3-26 所示为增材制造陶瓷芯实物图。

图 3-26　增材制造陶瓷芯实物图

3.5.3　铝合金铸件复杂可溶芯

德国奥迪公司的 V8 TFSI 发动机油底壳上体介质通道采用了可溶芯,图 3-27 所示为铸件、盐芯以及盐芯在铸件中的位置。由于盐芯可以形成空腔结构,而不必考虑采用侧面抽芯所带来的结构设计受限的问题,因此可以赋予设计师更大的设计自由度,并优化铸件的结构。与原有设计的铸件相比,在优化铸件结构的同时,还减少了模具侧面的两个抽芯结构,降低了模具的复杂程度,简化了模具的操作程序,显著缩短了铸件的清理和加工流程,提高了铸造生产效率。

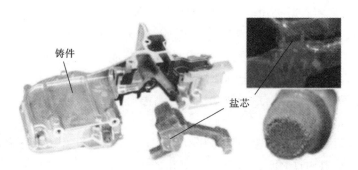

图 3-27   盐芯在油底壳铸件压铸生产中的应用

提高发动机效率是降低排放,应对逐步提高的排放法规要求的有效手段。降低发动机排量、应用涡轮增压系统和缸内直喷技术是目前主要的解决方法。上述技术的应用使得缸内爆燃压力增大,原有采用高压铸造方法生产的开舱结构缸体的振动和噪声都明显增加。为了克服上述不足,奔驰和宝马公司纷纷将下一代铝合金缸体铸件的结构更改为闭舱结构,将铸造方法由高压铸造工艺改为低压铸造工艺。

图 3-28 展示了大众公司在其 3 缸 1.0 L 发动机缸体高压铸造生产中应用盐芯的实例。在产品的生产中,首先采用铸造法生产缸体的水套盐芯,然后将盐芯置于高压铸造模具中,通过高压铸造的方法生产铝合金缸体,采用高压水清理盐芯,最后成功地采用高压铸造方法生产了具有闭舱结构的铝合金缸体,满足高性能发动机对振动和噪声的要求。在生产过程中表现出的不足主要在于盐芯的存储条件比较苛刻,加之缸体结构和流体充填过程比较复杂,要求盐芯具有稳定的性能,其工艺范围较窄。

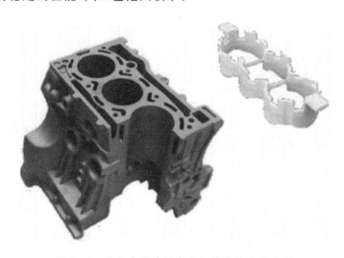

图 3-28   盐芯在压铸铝合金缸体铸件上的应用

鹰普航空零部件有限公司在最近几年陆续开发了多款复杂型腔的铝合金铸件,这些产品应用在航空发动机、航空液压系统、飞机飞行控制系统等部位(图 3-29 和图 3-30)。水溶性陶瓷芯的成功开发,是这些产品成功的关键。该公司开发的水溶性陶瓷芯主要用于熔模铝合金铸造,包括普通重力铸造及低压铸造。

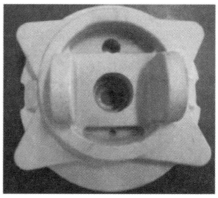

图 3-29　水溶性陶瓷芯及铸件(应用于飞机液压系统,材料是 AMS4218)

　　水溶性陶瓷芯用于铝合金熔模精密铸造,需要满足以下要求:① 具有较高的熔点,浇注铝合金时不能熔化;② 具有较好的化学稳定性和良好的热稳定性,浇注时不分解,不与铝合金发生化学冶金反应;③ 成形性好,成形后表面光洁、尺寸精度高,且有较高的强度,在铸造过程中不至破裂;④ 具有与铝合金相匹配的线膨胀特性;⑤ 原材料来源广泛,价格便宜,无污染;⑥ 良好的溃散性,易于清除,不残留在内腔内;⑦ 在制壳和脱蜡过程中,水溶性陶瓷芯不会被水溶蚀。

图 3-30　水溶性陶瓷芯铸件(应用于航空发动机,材料是 AMS4215)

　　根据这些要求对水溶性陶瓷芯进行设计和制备,其由基体材料、耐火材料和增塑剂组成。其中基体材料是制备水溶性陶瓷芯的关键,要具备高温稳定性及良好的水溶性,一般采用钠盐或磷酸盐;耐火材料主要是保证水溶性陶瓷芯的强度,电熔刚玉能够很好地满足要求;增塑剂主要是为了使陶瓷芯在湿态时具有一定韧度,减少陶瓷芯的断裂,通常采用石蜡。除了上述的配方之外,陶瓷芯在经过烧制之后,还需要在表面涂一层防水层,保证陶瓷芯在脱蜡等环节能够承受 200 ℃水温的侵蚀,保证铸件表面良好。

3.5.4　高能束微区熔凝成形技术的典型应用

　　航空航天发动机制造技术一定程度上代表了一个国家在高端装备制造方面的能力甚至是整体科技实力。航空航天发动机上的零部件结构复杂,制造难度大,且服役环境苛刻,对零件的材料、结构和性能均有非常高的要求。传统的航空航天组件加工从设计到制造完成需要耗费很长的时间,在铣削等减材过程中移除了高达近95%的昂贵材料,且面临着加工难度大、制造周期长、成本高等问题。增材制造技术的出现为航空航天发动机上复杂零部件的制造提供了新的解决方案。该技术能够适应定制化以及小批量生产。由于使用增材制造的部分不产生装置和模具成本,在制作过程中,生产成本仅为零件本身,即使是小批量生产和一次性件也不会造成额外的成本。越来越多航空航天公司已经将增材制造纳入未来的生产规划中。

采用高能束微区熔凝增材制造技术制造航空金属零件可以极大地节约成本并提高生产效率,如对于一些传统加工需要后期组装的部件,利用激光选区熔化可以快速直接成形。在航空领域,目前已经应用激光选区熔化技术制造的航空发动机零部件如图 3-31 所示,主要包括压气机叶片、外涵道叶片、燃烧室、涡轮机匣、涡轮盘以及风扇盘等关键部件。

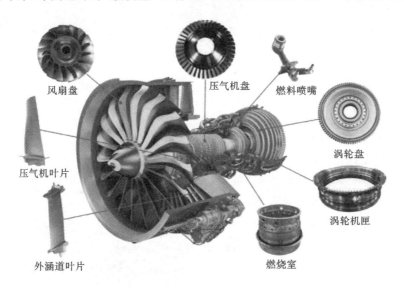

图 3-31　SLM 技术在航空发动机上的应用

在太空应用中尽可能减少重量的重要性不言而喻,增材制造提供了一种在不影响性能的情况下减少现有组件重量的方法。如图 3-32 所示,在航天领域已经应用激光选区熔化技术制造燃烧室、火箭喷嘴、离心轮、泵叶轮等航天发动机零部件。西北工业大学等单位于2016 年联合实现了激光选区熔化技术在航天发动机涡轮泵上的应用,突破了盘轴叶片一体化主动冷却结构设计、转子类零件激光选区熔化增材制造等关键技术,在国内首次将增材制造技术应用于转子类零件。

在医疗方面,国内对增材制造技术的应用始于 20 世纪 80 年代后期,最初主要用于快速制造 3D 医疗模型。近几年,伴随着增材制造技术的发展和精准化、个性化医疗需求的增长,SLM 增材制造技术在医疗行业的应用也持续深入,逐渐用于直接制造骨科植入物、定制化的假体和假肢、个性化定制的口腔正畸托槽和口腔修复体等,部分已得到了临床应用。在植入体方面,SLM 成形的 Ti-6Al-4V 材料制件被用于牙科义齿、骨科膝关节、髋关节、脊椎等关节置换和骨组织修复重建。在器械工具方面,一些导板、接骨板等辅助器械工具分别用于

离心轮 泵叶轮

燃烧室 氧化剂阀体

主喷射器 火箭喷嘴

图 3-32 SLM 技术在航天发动机上的应用

外科手术的术前模拟、术中辅助以帮助制定实施精准的治疗方案。图 3-33 所示为基于 SLM 成形的可摘除义齿以及定制式接骨板应用案例。

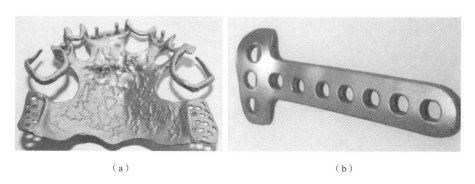

（a） （b）

图 3-33 基于 SLM 成形的医疗器械部件

（a）可摘除义齿；（b）定制式接骨板

随着人们对汽车产品个性化、定制化需求的提高以及部分传统复杂工艺零件周期长、成本高等问题的凸显，金属 3D 打印技术的应用显得日益重要，其不仅为汽车制造带来了许多创新的实施案例，而且也提供了一系列的优势，如更短的制造周期，可以降低生产成本以及提供个性化定制服务。金属 3D 打印技术在汽车领域的应用主要体现在汽车零部件制造、汽车外观设计、汽车内饰制造以及汽车模型打印等方面，随着技术的进一步发展和完善，其应用范围将会越来越广泛。图 3-34 所示为金属 3D 打印技术应用于汽车零件的典型实例。传统的汽车零部件制造通常需要使用模具和机械加工，而这些模具的制造及加工需要大量的时间和成本。采用金属 3D 打印技术可以直接将设计文件转化为实体，并在短时间内生成所需的复杂形状零部件。一些汽车厂商已经开始使用金属 3D 打印技术制造一些小批量的零部件，比如气门盖、喷油嘴、进气口等。这种方式不仅可以大大缩短制造周期，减少生产成本,同时还可以实现个性化定制,满足不同消费者的需求。

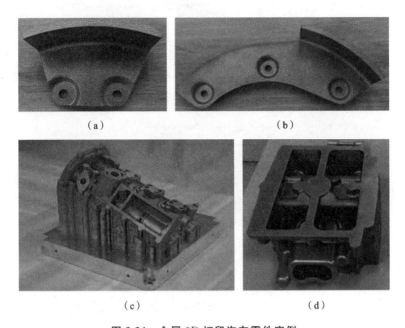

（a）　　　　　　　　　　　（b）

（c）　　　　　　　　　　　（d）

图 3-34　金属 3D 打印汽车零件实例

（a）差速器挡油板 1；（b）差速器挡油板 2；（c）发动机罩盖；（d）发动机缸盖

练习与思考题

1. 3DP 技术成形型（芯）的精度和强度受哪些因素影响,请简要说明。

2. 型（芯）的无模成形技术发展迅速,同时也面临挑战,你认为其未来的重点发展方向有哪些,请简要说明。

3. 可以通过哪些技术制备水溶性盐芯? 请简要说明这些技术的特点。

4. 请简要介绍 3 种复杂水溶性陶瓷芯的材料组成、特点和应用场景。

5. 适合复杂铝合金铸造过程的可溶芯有哪些? 请简要说明一下原因。

6. 试分析增材制造工艺与传统制造工艺之间的关系。

7. 试述当前不同种类金属增材制造工艺工程化应用面临的问题以及未来的发展方向。

8. 提出一项新型复合增材制造工艺方案,说明其可行性、优点及可能面临的主要问题。

9. 你认为未来还可以在哪些方面进一步缩短液态金属成形的流程? 从液态金属成形的工艺特点谈谈你的看法。

10. 你认为未来哪些领域会用到增材制造技术,鉴于它们的特点谈谈你的看法。

第4章 消失模铸造技术

4.1 前　　言

消失模铸造技术是20世纪中期开始在全球兴起的一门铸造新技术,于20世纪80年代开始在我国流行。消失模铸造是将与铸件尺寸形状相同的泡沫模型刷涂耐火涂料并烘干后,埋在干石英砂中振动造型,在负压下成形并浇注,模型在高温液态金属的作用下气化,液体金属随之占据模型位置,凝固冷却后形成铸件的铸造方法。因此,消失模铸造又名泡沫铸造、实型铸造或气化模铸造。为了统一专业词汇,减少这些名词给铸造界带来的困扰,美国铸造学会第11分会(消失模铸造技术委员会)给这种工艺命名为消失模铸造,获得了全球铸造界的认同。

如图4-1所示,1958年,美国的 H. F. Shroyer 发明了用可发性泡沫塑料模样制造金属铸件的专利技术并取得了专利(专利号 USP2830343)。最初所用的模样是采用聚苯乙烯(EPS)板材加工制成的,采用黏土砂造型,用来生产艺术品铸件。该技术今天仍然大量用于生产诸如压模、机器支架和底座一类的铁铸件。后来美国的 T. R. Smith 发现不含黏结剂的干砂可以很好地用作 EPS 模样周围的造型材料,于1964年获得专利。经过多年的实验研

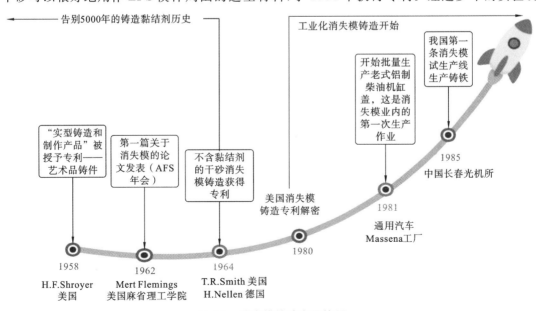

图 4-1　消失模铸造发展简历

发,直到1980年该专利失效,40多年来消失模铸造技术在全世界范围内得到了迅速的发展。

1985年,由中科院长春光机所建成了我国第一条消失模生产线。在20世纪90年代,我国的消失模铸件产量仍然较少。进入21世纪以来,我国的消失模铸造技术发展进入快速发展期。与先进国家相比,我国消失模铸造产品的形状和品种基本类似,但是复杂程度和质量水平差距还是很大。在消失模铸造生产的合金种类上,铸铁件的消失模铸造生产技术在我国已基本成熟,铸钢件(除低碳钢件的渗碳缺陷控制外)的消失模铸造技术我国也基本掌握。但我国铝合金消失模铸件的产量还不到总产量的2.0%,铝合金消失模铸造与黑色金属的消失模铸造相比,在规模、技术、专用设备、自动化等方面都明显滞后。

40多年来,我国铸造企业和科技人员不断在原材料和工艺设备上进行研制开发,使该工艺基本实现国产化,在灰铁、球铁和部分铸钢中推广并应用消失模铸造技术,获得了很大成功。但在铸铝和合金钢等高端铸件上的应用还有待于开发和提高。

4.2 消失模铸造原理

4.2.1 消失模铸造的工艺过程简述

消失模铸造过程可以简单地看作三个步骤:第一步是将塑料珠粒变成直径为0.3～0.45 mm的发泡珠粒,用于铸造模样的制造;第二步是将发泡珠粒制造成泡沫模样;第三步是将泡沫模样变成金属铸件,如图4-2所示。

塑料珠粒　　　　发泡珠粒

泡沫模样　　　　金属铸件

图4-2 消失模铸造的简单三步

实际上消失模铸造过程远不止这么简单,它涉及泡沫模样的制造、模样及浇注系统黏合、涂刷涂料、填砂造型、振动紧实、抽真空及浇注等多个环节,具体如图 4-3 所示。图 4-3 所描述的基本过程涵盖了消失模铸造的主要生产环节,包括模样的制造及组模、浸涂涂料及烘干、填砂造型及浇注、冷却、落砂及清理等。不管铸件的复杂程度、尺寸大小、金属类别如何变化,基本上都可以按照这些过程进行生产。

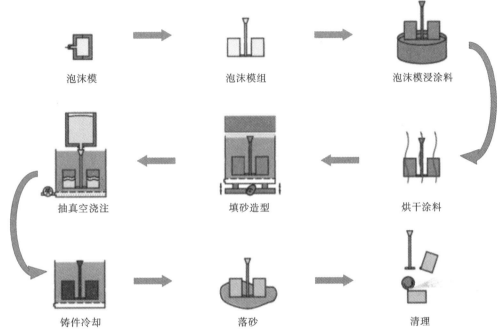

泡沫模　　泡沫模组　　泡沫模浸涂料

抽真空浇注　　填砂造型　　烘干涂料

铸件冷却　　落砂　　清理

图 4-3　消失模铸造工艺过程图示

从以上所述可以发现,消失模铸造过程的特点如下:

(1)取消了砂芯和制芯工作,根除了由制芯、下芯造成的铸造缺陷和废品。

(2)造型过程不合箱、不取模,大大简化了造型工艺,消除了因取模、合箱引起的铸造缺陷和废品。

(3)铸型采用干砂真空成形,无黏结剂、无水分、无任何添加物的干砂造型,根除了由水分、添加物和黏结剂引起的各种铸造缺陷和废品。

4.2.2　消失模铸造的成形原理

消失模铸造和传统砂型铸造的主要区别就是泡沫塑料模样的使用以及真空干砂成形。消失模铸造的许多优点来源于它无须取出模样,然而它遇到的不少麻烦也正出于此。由于消失模铸件是由液态金属将模样熔失掉,金属液取代模样原来的空间而成形的,因此在金属液流动前沿存在着复杂的物理、化学过程(图 4-4 和图 4-5),包括:

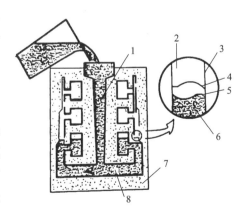

图 4-4　消失模铸造金属液的充型过程
1—直浇道;2—发泡模样;3—涂层;4—模样分解前沿;
5—金属液流前沿;6—金属液;7—干砂;8—横浇道

（1）在液态金属的前沿气隙中，存在着高温液态金属与涂层和干砂、未气化的泡沫模样之间的传导、对流和辐射等热量传递作用。

（2）消失模的热解产物（液态或气态）与金属液、涂料及干砂间存在着物理化学反应，发生质量传递作用。

（3）由于气隙中气压升高以及模样热解吸热反应，金属液流动前沿温度不断降低，对金属液的流动产生动量传递作用。

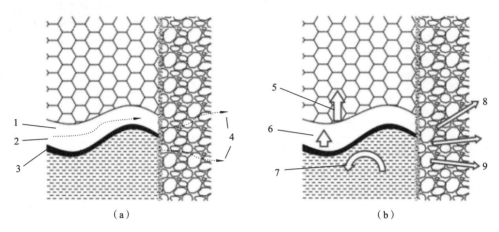

图 4-5　金属液流动前沿的热量和质量传输过程

（a）质量传输；（b）热量传输

1—气相分解产物；2—横过气隙的流动；3—液相分解产物；4—流入干砂中；

5、7—传导和对流；6—传导、对流和辐射；8—传导、辐射；9—对流

因此，消失模铸造的成形过程比普通砂型铸造要复杂得多，它不仅关系到铸件成形的成败，还对铸件的内在质量有着重要影响，譬如生产中常见的增碳、皱皮、渣气孔、浇不足、铸型崩溃等缺陷，往往都是在铸件成形过程中形成的。

4.2.3　金属液流动前沿模样热解状况

消失模铸造的金属液前沿推进过程由于有泡沫实型的存在，与空腔铸造存在很大的区别。由于消失模模样及其热解气体的阻碍，降低了金属液充型时重力与惯性的作用，因此其充型形态不同于传统的空腔铸造。不同的金属材料由于其浇注温度、结晶潜热、凝固速度等的差异，流动前沿也各有不同。

从消失模发明以来，人们对其用于黑色金属和铝合金的充型形态研究的结论认为，金属液的流动前沿均呈放射状推进，同时认为涂料、负压、模样的密度、铸件的形状等对充型速度有很大的影响。

消失模铸造液态金属前沿充填模型可用图 4-6 表示。金属液的流动速度受到直浇道中压头、横浇道中的压力和阻力的综合控制，尤其是来自金属液前沿热解泡沫产生的气体压力的阻碍。金属液中许多孤立的细小的气泡和金属液前沿气体，在型砂中的负压作用下可以通过涂层的微孔逸出。坍塌的泡沫珠粒产生的空隙，对于前沿气体的逸出也会有所贡献。

如果在金属液浇注和凝固过程中将铸型置于压力场中,则会增大金属液流的推动力,使得金属液前沿的气隙压力增大,有利于气体通过涂层排出,并可抑制金属液中的气泡产生,有利于提高金属的致密性。对于不同的金属材质,金属液流动前沿气隙中气相热解产物的成分不尽相同。铸钢铸铁合金由于浇注温度高,金属液前沿气隙会很大,气体产生快且压力大,如果涂层的高温透气性好,则可以将大部分热解气体导出型腔。铝合金和镁合金由于浇注温度低,金属液前沿气隙就显得比较单薄,气压也较小,易形成铸件气孔缺陷。

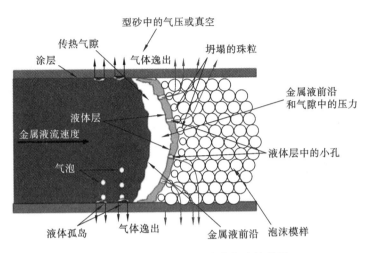

图 4-6　消失模铸造金属液前沿充填模型

杨家宽博士用 20 kg/m³ 的 EPS 板材切割成试样,将试样浸涂料并烘干后用干砂填埋紧实,分别浇注 ZL104 铝合金(750 ℃)、HT200 铸铁(1350 ℃)和 ZG45 铸钢(1600 ℃)。浇注初始负压度为 0.03 MPa,当金属液上升到试样一半高度时,金属液将指示灯泡的回路接通,指示灯亮,立即用带有特殊加长的玻璃注射器针头从型腔中取样,然后立即进行气相色谱分析,得出表 4-1 所示金属液流动前沿气隙中热解气体的成分。从表中可以看出,浇注温度对EPS 热解产物的组成以及 EPS 在金属流动前沿气隙中的发气量有着决定性的影响。铝合金浇注温度低(750℃),EPS 的裂解程度小,产物中小分子气体的量仅占 11.42%,因而混合的气相产物的分子量较大,摩尔数较小,相应的气体体积就小,其发气量也小;而铸铁和铸钢则随着温度升高,裂解程度迅速增加,小分子气体占整个气相的比例上升到 32.79% 和38.57%,因而其发气量迅速增大。

表 4-1　不同合金浇注温度下 EPS 热解产物的质量分数/(%)

合金及浇注温度	小分子气体产物 CH_4、C_2H_4、C_2H_2 等	蒸气态产物				
		苯	甲苯	乙苯	苯乙烯	多聚体
铸铝 750 ℃	11.42	6.57	10.38	0.78	69.31	1.42
铸铁 1350 ℃	32.79	51.61	3.21	0.10	12.34	微量
铸钢 1600 ℃	38.57	52.73	3.57	微量	5.13	微量

注:微量代表含量小于 0.10%。

　　董选普博士对镁合金消失模铸造的充型进行了研究。通过高速摄像机对镁合金现场实际充型前沿进行拍摄,研究了镁合金在充型过程中泡沫模的消失行为。研究发现泡沫模的消失速度和消失模热解产物的去向对金属零件的影响甚大。根据实际的观察,消失模在高温下的消失过程是一个软化、坍塌、液化、热解、气化的过程。这个过程经历的时间随温度的不同而不同。在研究的过程中,在金属液充型到了 2/3 的高度后,将浇注速度放慢,然后观察消失模的消失过程。图 4-7 所示的系列图显示的是慢速浇注时泡沫模消失的过程。

图 4-7　消失模的坍塌过程

(a) 浇注 1 s;(b) 浇注 1.24 s;(c) 浇注 1.28 s;(d) 浇注 1.32 s

　　如图 4-7a 所示,金属液的前沿界面处泡沫模已经开始软化,0.24 s 后出现明显的软化区域(见图 4-7b),软化继续进行,0.04 s 后泡沫模开始坍塌萎缩,此时有热解气体出现(见图 4-7c),且金属液开始向上填充。再过 0.04 s(见图 4-7d)我们可以看到金属液已经填充到了刚才泡沫模萎缩后留下的区域,并有气态产物大量出现。然后又开始在金属液的前沿重复泡沫模的软化和坍塌过程,如此反复进行直至充型完毕。

　　图 4-8 所示为镁合金浇注后未充满的试样前沿状态的实际照片。从图中可以很清楚地看出泡沫模的熔化残留物。图 4-8a 所示为将试样取出后的涂料层,未熔化的 EPS、液化的

EPS、液态分解物等都能够从图中清楚看出。这说明了泡沫模在高温下的熔化过程和区域与前面的动态观察和分析是相对应的。我们把泡沫模的熔化热解分成三个区域：

Ⅰ——萎缩坍塌区：该区域的 EPS 受热软化坍塌,体积收缩,并有液态的 EPS 出现;

Ⅱ——部分热解区:EPS 进一步软化,达到热解的温度后首先热解成液态产物,并有一部分气态产物生成;

Ⅲ——完全热解区:这个区域主要存在于金属液和涂料的界面上。因为金属液要保持流动的通道,所以这里的温度一直很高。气化、液化的 EPS 被挤到了涂料的界面,在高温下大部分的 EPS 热解成了气体和碳粒子。

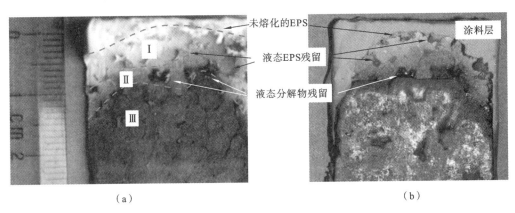

图 4-8　镁合金消失模浇注试样及其涂料层照片

(a) 涂料和镁合金界面;(b) 镁合金试样

图 4-9 所示的是浇注后试样涂料层内外颜色的变化。在外层,在前沿没有金属液达到的地方,EPS 没有热解,所以颜色是白色的。从前沿界面开始,颜色逐渐变深变黑,越接近浇道颜色越黑。这说明越接近浇道温度越高,热解的碳分越多。

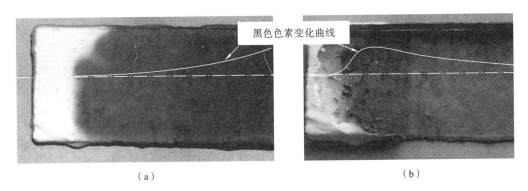

图 4-9　镁合金消失模浇注试样涂料层颜色变化

(a) 涂料外层;(b) 涂料内层

对于涂料的内层,黑色的变化如图 4-9b 所示,最黑的地方不是接近浇道的地方,而是在金属前沿不远的地方。因为越是接近根部的地方温度越高,热解后的产物(碳粒子或者含碳较多的分解产物)会向外扩散或向金属表面扩散,所以内层的颜色比外部要浅。

根据以上分析,镁合金消失模的消失过程模型如图 4-10 所示。在金属液的前沿有一个气隙,液态产物主要吸附在涂料上,而且在高温的作用下很快进一步热解成更小的分子和碳粒子,气体从涂料中逃逸,碳及其他残留物通过涂料扩散。这些残留物离金属液前沿越远,扩散后离界面也越远。

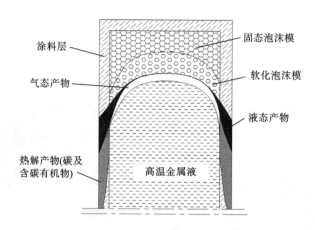

图 4-10 镁合金消失模的消失过程模型

4.2.4 热解产物对铸件质量的影响

热解产物对铸件质量有着重要的影响,但对不同的合金种类有着不同的表现方面。

1. 对铸钢件的影响

由于铸钢件的浇注温度高(1550 ℃以上),热解产物气化和裂解充分,产生大量的碳粉,形成与钢液成分的浓度梯度,高温下碳原子和金属晶格都很活泼,碳粉将向铸件表面渗透,使表面增碳,钢液的原始含碳量越低,增碳量越严重。王忠柯测定了集装箱角件由于增碳引起的力学性能的变化,并与熔模铸造铸件力学性能进行了对比,结果见表 4-2。

表 4-2 铸钢件增碳引起的力学性能变化

性能指标	抗拉强度 σ_b/MPa				延伸率 δ/(%)				硬度/HBS			
	最大	最小	平均	Δ/(%)	最大	最小	平均	Δ/(%)	最大	最小	平均	Δ/(%)
消失模铸造	624	509	543	21.1	28	20	23	34.8	212	194	201.7	8.9
熔模铸造	517	490	496	5.4	36	30	32	18.8	174	170	172	2.4

注:① 含碳量 0.14%～0.16% 的集装箱角件,要求抗拉强度 $\sigma_b \geqslant 450$ N/mm²,延伸率 $\delta \geqslant 22\%$;

② EPS 模样密度为 0.024 kg/m³,涂层厚 1.0～2.0 mm,浇注温度为 1560～1570 ℃,倾斜底注;

③ 测量壁厚 30 mm A_6 面的硬度;

④ Δ＝(最大—最小)/平均,表示力学性能的波动值。

从比较结果可以看出如下规律:

(1) 由于增碳,消失模铸件的 σ_b 增大,其值超过熔模铸件,但延伸率 δ 比熔模铸件有所下降;

（2）由于增碳，消失模铸件的表面硬度明显升高，这往往是造成加工困难的原因；

（3）消失模铸件增碳的不均匀性（铸件各部位增碳不一致）造成其力学性能的波动比熔模铸造明显增大，譬如对于 σ_b，消失模铸件的波动值是 21.1%，而熔模铸件仅 5.4%；对于延伸率 δ，消失模铸件波动值为 34.8%，而熔模铸件仅为 18.8%；对于硬度值，消失模铸件波动值达 8.9%，而熔模铸件仅为 2.4%。

2. 对铸铁件的影响

铸铁件的浇注温度一般都在 1350℃ 以上，在这么高的温度下，模样迅速热解为气体和液体，同样在二次反应以后，也会有大量裂解碳析出，不过由于铸铁本身含碳量很高，在铸铁件中不表现为增碳缺陷，而是容易形成波纹状或滴瘤状的皱皮缺陷。当液体金属的充型速度高于热解产物的气化速度时，铁液流动前沿聚集了一层液态聚苯乙烯，它使与之接触的表层金属激冷形成一层硬皮。当这层薄薄的硬皮被前进的铁液冲破时，它被压向铸件两侧的表面，使之形成波纹状或滴瘤状皱皮缺陷。开箱以后，可发现皱皮表面堆积的碳粉，这就是热解产物二次反应后生成的裂解碳。

对于球铁件，除了表面皱皮之外，热解产物还容易在铸件中形成黑色的碳夹杂缺陷，特别是当模样密度过高、黏合面的用胶量过大、浇注充型不平稳造成紊流时更为严重。

3. 对铝合金铸件的影响

铝合金的浇注温度较低，一般在 750℃ 左右，实际上与金属液流动前沿接触的热解产物温度不超过 500℃，这正好是 EPS 气化分解区，因此浇注铝件时产生的不是黑烟雾，而是白色雾状气体，不会像钢、铁铸件那样形成特有的增碳或皱皮缺陷。研究认为热解产物对铝合金的成分、组织、性能影响甚微，仅仅是分解产物的还原气氛与铝件的相互作用，使铝件表面失去原有的银白色光泽。另外，在浇注过程中，模样的热解气化将从液态铝合金中吸收大量的热量（699 kJ/kg），这势必造成合金流动前沿温度下降，过度冷却使部分液相热解产物来不及分解气化，而积聚在金属液面或压向型壁，形成冷隔、皮下气孔等缺陷。因此适当的浇注温度和浇注速度对获得优质铝铸件至关重要，尤其是薄壁铝铸件。

总之，从减少热解产物对各类铸件质量的影响出发，希望热解的残留液、固产物越少越好，模样尽量气化并完全排出型腔之外。为达到此目的，要求模样比重轻，气化充分，同时涂层和铸型的透气性好，使金属液流动前沿间隙中的压力和热解产物浓度尽可能低。

4.2.5　消失模铸造金属液充型过程成形条件

金属液充型过程须满足的成形条件如下：

（1）液体金属能克服气隙阻力连续不断地向前推进，直至充满整个铸型；

（2）在液体金属推进的过程中，涂料和型砂不向间隙中移动；

（3）液体金属不向铸型胀大。

为了满足以上条件，铸型内各种力的关系必须符合一定的要求。图 4-11 显示了充型过程中铸型内各种力的作用。

维持金属液不断上升的条件：

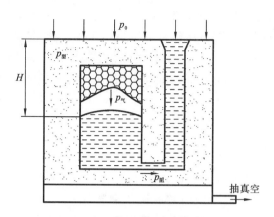

图 4-11 充型过程中铸型内各种力的作用

$$p_0+\frac{\rho_{金}\,gH}{S}>p_{气} \tag{4-1}$$

维持涂层和铸型不向间隙移动的条件：

$$p_{阻}+p_{气}\geqslant\left(\frac{\rho_{砂}\,gH}{S}+p_0-p_{型}\right)\frac{1-\sin\phi}{1+\sin\phi}+p_{型}=q_z\cdot\frac{1-\sin\phi}{1+\sin\phi}+p_{型} \tag{4-2}$$

式中：$q_z=\dfrac{\rho_{砂}\,gH}{S}+p_0-p_{型}$。

金属液充满后不抬箱的条件：

$$p_0+\frac{\rho_{金}\,gH}{S}<(p_0-p_{型})+p_{阻}+\frac{\rho_{砂}\,gH}{S} \tag{4-3}$$

式中：$p_{气}$——气隙内的压力，MPa；

$\quad p_0$——大气压力，MPa；

$\quad p_{型}$——铸型内的压力，MPa；

$\quad H$——气隙至铸型顶面的距离，m；

$\quad \rho_{砂}$——型砂堆积密度，kg/m³；

$\quad \rho_{金}$——金属液密度，kg/m³；

$\quad \phi$——干砂的内摩擦角；

$\quad S$——受力面积，m²；

$\quad q_z$——垂直静压力，MPa；

$\quad p_{阻}$——涂层和型砂移动单位面积的阻力之和，MPa。

可见，浇注成形的关键是间隙内的气压、铸型内的压力与涂层和型砂移动单位面积的阻力三者的合理匹配。

为此，要控制以下工艺因素：

（1）采用合理的铸造方案，控制金属液的充型速度，使 EPS 有合适的发气时间；

（2）采用合适的型砂、涂料和真空度，增大铸型排气速度，降低铸型内气压，它的值越低对铸件成形越有利；

（3）增大金属液静压头，合理设计浇注系统和浇注工艺。

4.3　消失模铸造的关键技术

尽管图 4-3 所示的消失模铸造工艺的生产步骤有 9 步,但人们习惯上往往根据车间所用主要材料的颜色将这些步骤分成三个区域,即白区、黄区和黑区。所谓"白区"是由于泡沫塑料材料是白色的,所以把塑料珠粒的发泡及其成形、黏合模组等工序区域统称为白区。所谓"黄区"是由于一般情况下消失模涂料的颜色呈现黄色,所以把模样浸涂涂料及其烘干等工序区域称为黄区。所谓"黑区"是由于干砂经过一段时间的循环使用后基本上呈现黑色,浇注过程中冒黑烟,粉尘的飞扬也导致这个区域都呈现黑灰色,所以将造型、浇注、砂处理、铸件清理等工序区域统称为黑区。黑区的存在也间接说明了消失模铸造的环境问题不容乐观的。

消失模铸造的三个工艺区域,每个区都存在核心技术,或者称为关键技术。譬如白区,塑料珠粒的预发泡和模样的成形都非常重要,关系到铸件的内外质量;黄区的涂料技术也是一个核心技术,对于铸件成形至关重要。消失模铸件一般都比较复杂,而且泡沫模样的强度很低,模样很软,在填砂成形过程中难以控制,常导致铸件缺陷,所以黑区也非常重要。因此,消失模铸造的关键技术可以归纳为 4 个:模样预发及其成形、消失模工艺设计、涂料的配制及其应用、消失模干砂成形。

4.3.1　模样预发及其成形

模样是消失模铸造成败的关键,没有高质量的模样绝对不可能得到高质量的消失模铸件。对于传统的砂型铸造,模样的芯盒仅仅决定着铸件的形状、尺寸等外部质量。而消失模铸造的模样,不仅决定着铸件的外部质量,而且还直接与金属液接触并参与传热、传质、动量传递和复杂的化学、物理反应,因而对铸件的内在质量也有着重要影响。

与目前广泛用作隔热和包装材料的泡沫材料不同,铸造用的泡沫模样在浇注过程中会被烧掉并由金属液取代其空间位置而成形,因而要对其外部和内在质量提出要求:

① 模样表面必须光滑,不得有明显凸起和凹陷,珠粒间融合良好,其形状和尺寸准确地符合模样图的要求,使浇注的铸件外部质量合格;

② 模样内不允许有夹杂物,同时其密度不得超过允许的上限(通常的密度范围是 16～25 kg/m³),在某个具体的模样验收时,也可以将其重量的上限作为验收标准,以使热解产物(气、液或固相)尽量少,保证金属液顺利成形,并不产生铸造缺陷;

③ 模样在上涂料之前,必须经过干燥处理,减少水分并使模样尺寸稳定;

④ 模样在满足上述要求的同时,还应具有一定的强度和刚度,以保证在取模熟化、组模、运输、涂料、填砂、装箱等操作过程中不被损坏或产生变形。

1. 泡沫模样材料

泡沫塑料的种类很多,譬如聚氯乙烯、聚苯乙烯、聚甲基丙烯酸甲酯、酚醛和聚氨酯泡沫塑料等,但选作铸造模样用的泡沫塑料,必须是发气量较小、热解残留物少的泡沫塑料。

1000 ℃时泡沫聚苯乙烯的发气量是 105 cm³/g,而泡沫酚醛和泡沫聚氨酯的发气量分别为 600 cm³/g 和 730 cm³/g;泡沫聚苯乙烯气化的残留物仅占总量 0.015%,而泡沫酚醛和泡沫聚氨酯则分别为 44% 和 14%,因此,通常都采用聚苯乙烯泡沫塑料(expendable polystyrene,EPS)作为铸造的模样材料。

从原油煤中提取的苯(C_6H_6)和从天然气中得到的乙烯(C_2H_4)在氯化铝($AlCl_3$)的催化作用下,发生烃化反应合成乙苯,再经脱氢处理得到苯乙烯。苯乙烯单体在引发剂过氧苯甲酰(BPO)和分散剂聚乙烯醇(PVA)的参与下,在水溶液中悬浮聚合得到透明的聚苯乙烯珠粒,其反应如下:

$$CH_2=CH_2 + \bigcirc \xrightarrow[AlCl_3]{80\sim90\ ℃} \bigcirc^{CH_2-CH_3} \xrightarrow[催化剂]{-2H\ 600\ ℃} \bigcirc^{CH=CH_2} \xrightarrow[BPO,PVA]{80\sim100\ ℃悬浮聚合} \left[\begin{matrix} CH-CH_2 \\ \bigcirc \end{matrix} \right]_m$$

铸造模样发泡聚苯乙烯价格比较低,成形加工方便,资源丰富,因此它成为目前应用最广的一种模样材料。由于 EPS 分子中含碳量高,热解后产生的炭渣多,因此对铸件质量有不良影响,尤其是对低碳钢增碳量可达 0.1%~0.3% 甚至更高,对于球墨铸铁件炭渣缺陷也比较严重。针对上述问题,1986 年美国 DOW 化学公司成功开发了一种叫作聚甲基丙烯酸甲酯(EPMMA)的新发泡材料,并应用于生产,取得了明显的效果。但 EPMMA 的发气量和发气速度都比较大,浇注时容易产生反喷,后来日本人对其又做了某些改进,利用 EPS 与 MMA 竞聚率相近的特点,合成了 EPS 与 MMA 以一定比例配合的共聚料 STMMA,在解决碳缺陷和发气量大引起反喷缺陷两方面都取得了较好的效果,成为目前铸钢件和球墨铸铁件生产中广泛采用的新材料。目前我国已实现了这种新材料的国产化,该材料应该会得到越来越广泛的应用。表 4-3 列出了三种国产珠粒的性能指标及应用范围,表 4-4 列出了 EPS、STMMA 及 EPMMA 三种材料的分子结构、碳含量及主要物理性能指标。

表 4-3　三种国产珠粒的性能指标及应用范围

指标	EPS	STMMA	EPMMA
外观	无色半透明珠粒	半透明乳白色珠粒	乳白色珠粒
珠粒粒径/mm	1#(0.60~0.80)　2#(0.40~0.60)　3#(0.30~0.40) 4#(0.25~0.30)　5#(0.20~0.25)		
表观密度/(g/cm³)	0.55~0.67		
发泡倍数	≥50	≥45	≥40
应用范围	铝、铜合金、灰铁及一般钢铸件	灰铁、球铁、低碳钢及低碳合金钢	球铁、低碳钢、低碳合金钢及不锈钢铸件

注:① 每一粒径范围的过筛率≥90%;

　　② 发泡倍数系指在热空气中用 3# 料,测试条件分别为:

　　EPS/110 ℃,STMMA/120 ℃,EPMMA/130 ℃;各 10 min。

表 4-4　EPS、STMMA 及 EPMMA 的性能

名称	单位	EPS	STMMA	EPMMA
分子结构	—	$\mathrm{-\!(CH_2\!-\!CH)_{\mathit{n}}\!-}$ (苯基)	$\mathrm{-\!(CH_2\!-\!CH)_{\mathit{n}}\!-\!(CH_2\!-\!C)_{\mathit{m}}\!-}$ (苯基、CH_3、$COOCH_3$)	$\mathrm{-\!(CH_2\!-\!C)_{\mathit{m}}\!-}$ (CH_3、$COOCH_3$)
碳含量	%	92	69.6	60
比热容 c_p	J/(g·K)	1.6	—	1.7
分解热 H_R	J/g	−912	—	−842
玻璃态转变温度	℃	80～10	—	105～110
珠粒萎缩温度	℃	110～120	100～105	140～150
初始气化温度	℃	275～300	～140	250～260
大量气化温度	℃	400～420	—	370
终了气化温度	℃	460～500	—	420～430
热解度	J/g	648	—	578

三种珠粒的选用原则如下:

(1) 对于增碳量没有特殊要求的铝、铜、灰铁铸件和中碳钢以上的钢铸件,可采用 EPS 珠粒,而对表面增碳要求较高的低碳钢铸件最好采用 STMMA,对表面增碳要求特高的少数合金钢件可选用 EPMMA。

(2) 性能要求较高的球铁件对卷入的炭黑夹渣比较敏感,少量的炭黑夹渣将引起微裂纹使性能显著恶化,通常采用 STMMA 比较保险。此外,对于要求表面光洁的薄壁铸件(不论是灰铁件、球铁件还是钢件),必须采用最细的珠粒,最优的发泡倍率,也需要采用 STMMA。

2. 泡沫珠粒的预发

可发性聚苯乙烯珠粒的制造方法分为一步法和二步法两种。一步法是将苯乙烯、引发剂和发泡剂同时加入反应锅中,一步聚合得到含有发泡剂的可发性聚苯乙烯珠粒。由一步法制得的可发性聚苯乙烯,泡孔均匀细小,制品弹性较好。虽然发泡剂在聚合时一步加入简化了操作工序,但是聚合时加入发泡剂会起阻聚作用,所以这种聚合物分子量较低,一般为40000～50000。反应后会生成部分粉末状物体,需要进行处理。二步法则是先将苯乙烯单独聚合成聚苯乙烯珠粒,然后将获得的聚苯乙烯珠粒进行筛选,将聚苯乙烯珠粒按大小分成不同的级别。在同一级别的珠粒中加入发泡剂重新加热,使发泡剂渗透入珠粒中,冷却后就成为可发性聚苯乙烯珠粒。大小不同的珠粒,加入发泡剂的量和加热时间不同。显然两步法操作工序更多,发泡剂渗透也需较长的时间,但其优点是聚合物质量得到提高,分子量可达 50000～60000 或更大,颗粒度经过筛选分级,有助于提高产品质量。

对 EPS 而言,发泡剂戊烷含量是影响珠粒预发泡质量的重要因素,EPS 的戊烷含量在 5.9%～6.5%时最适宜预发泡。EPS 中戊烷含量不一致,在预发泡时需要不停地调节预发泡机参数来稳定密度。无论使用物理发泡剂还是化学发泡剂,其发泡过程都包括如下几个阶段,见图 4-12。

(a) 溶解过程:发泡剂液体溶入塑料的过程。根据给定液体的性质,气体与液体的体积比最高可达 3000:1。

(b) 成核过程:气体或低沸点液体与塑料溶液分离的初始过程。在热作用下,此时气体或低沸点液体在塑料溶液中开始形成分散相,这些初始的分散气相被称为气泡核,珠粒内气泡核压力和体积不断增大,开始膨胀。

(c) 膨胀过程:以气泡核为基础,塑料中的气体分子扩散进入气泡核,气泡开始长大,珠粒内的压力也增长。由于可变因素(如残余发泡剂量、水分、发泡过程中珠粒内部负压的存在等)太多,此时的泡沫珠粒不稳定,难以用来制作稳定的模型。

(d) 固化定型过程:塑料降温形成发泡塑料,当珠粒内部压力和外部环境压力达到平衡时,珠粒达到稳定。这个过程需要的时间比较长,一般要 2～48 h,甚至 3 天。

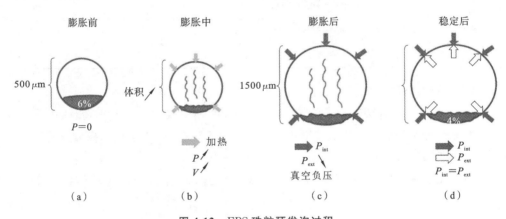

图 4-12 EPS 珠粒预发泡过程

(a) 溶解过程;(b) 成核过程;(c) 膨胀过程;(d) 固化定型过程

稳定化(也称为熟化)是珠粒质量稳定的关键。图 4-13a 所示为预发泡珠粒经过 3～5 min 的流态床干燥后进入临时存储仓进行稳定化处理。图 4-13b 所示为稳定化处理的主要原理,进入临时存储仓(也称为熟化仓)的珠粒中,蒸汽和残余发泡剂的冷却和散失使得珠粒内负压增加,导致珠粒尺寸不稳定,需要将环境空气扩散进入珠粒内部。在存储过程中,残余发泡剂会持续挥发。预发泡珠粒中的残余发泡剂不能过多,否则会导致模具中珠粒过快黏合、泡沫珠粒界面挤压力过大,影响泡沫模型的脱模。预发泡珠粒中的残余发泡剂过少会造成"死珠粒",影响模样成形。因此,珠粒中合适的残余发泡剂非常重要,一般残余量以小于 4%为好。

EPS 预发泡珠粒是否合适,一般以珠粒的密度来衡量。图 4-14 所示的是珠粒发泡前后的密度对比。图中预发泡珠粒(右)的密度为 20 g/L,一般在 18～28 g/L 之间视为合理,而发泡前的珠粒(左)密度为 600 g/L,发泡后泡沫珠粒密度降低至发泡前的 1/30 左右。

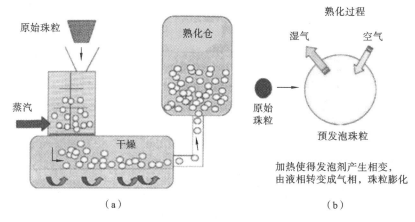

原始珠粒

蒸汽

干燥

熟化仓

熟化过程

湿气　空气

原始
珠粒

预发泡珠粒

加热使得发泡剂产生相变，
由液相转变成气相，珠粒膨化

（a）　　　　　　　　　　　　　　（b）

图 4-13　EPS 预发稳定过程示意图

（a）预发过程；（b）熟化过程

图 4-14　EPS 预发泡珠粒密度变化

　　在塑料发泡过程中成核至关重要，若在珠粒中能同时出现大量均匀分布的气泡核，则有利于得到泡核细密、均匀分布的优质泡沫。若气泡核不同时出现，而是逐步出现，延续时间比较长，则后出现的气泡核形成的气泡比较早形成的要小。当两个尺寸大小不同的气泡靠近时，气体从小泡中扩散到大泡中而使气泡增大，结果得到泡孔疏而大、泡体密度大的劣质泡沫。气泡核形成机理主要有：

① 利用高聚物分子中的自由空间为成核点形成气泡核；

② 利用高聚物熔体中的低势能点为发泡成核点；

③ 气液相混合直接形成气泡核。

　　发泡后泡沫材料像蜂窝状组织，可以认为是以气体为填料的复合塑料，如图 4-15 所示，它由有共同壁的若干空心小球组成，一般气泡的直径在 $50 \sim 500 \ \mu m$ 之间，气泡膜厚度在 $1 \sim 10 \ \mu m$ 之间，在 $1 \ cm^3$ 泡沫塑料中有 800 万～8000 万个气泡。泡孔的大小随聚苯乙烯分子量的增加而减小，泡孔壁厚随分子量的增大而增厚。表 4-5 列出了发泡 EPS 中 EPS 和孔隙各自所占体积的百分比。它们随预发泡密度的变化而改变。泡沫材料的物理性能与蜂窝状组织的密度有极大关系,从表 4-6 可以看出,较大的密度一般伴随着较高的强度,而强度是模样搬运过程中不发生断裂的主要性能指标。为了减少模样的破损,要求泡沫材料有一定的密度,但这必须兼顾到由于密度增大而引起热解残留物增多对铸件质量带来的影响,因此,一般取保证模样不发生断裂的最小密度。

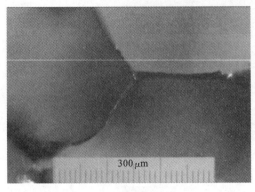
300 μm

(a)

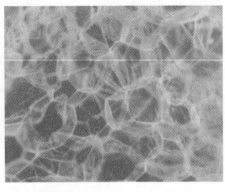

(b)

图 4-15 EPS 珠粒气泡图示

(a) 气泡的直径;(b) 珠粒内部气泡分布

表 4-5   发泡 EPS 中 EPS 的孔隙率

预发泡密度/(kg/m³)	EPS 体积分数/(%)	孔隙体积分数/(%)
20	3.1	96.9
24	3.8	96.2
28	4.4	95.6
32	5.0	95.0

注:① EPS 原容积密度为 640 kg/m³;

② EPS 体积分数＝预发泡密度/EPS 原容积密度×100%。

表 4-6   EPS 制成的泡沫颗粒的物理性能

性能	单位	泡沫制品				试验方法
珠胞结构	—	封闭	封闭	封闭	封闭	—
成形密度*	kg/m³	15	20	25	30	DIN534200
压缩变形量<2%时的最大许用应用力	N/mm²	0.012~0.025	0.02~0.035	0.028~0.05	0.036~0.062	—
压缩变形量为 10%时的压应力*	N/mm²	0.07~0.12	0.12~0.16	0.16~0.20	0.18~0.26	DIN53421

性能	单位	泡沫制品				试验方法
抗弯强度*	N/mm²	0.16~0.21	0.25~0.30	0.32~0.40	0.42~0.50	DIN53423
抗拉强度*	N/mm²	0.15~0.23	0.25~0.32	0.32~0.41	0.37~0.52	DIN18164
剪切强度*	N/mm²	0.45~0.55	0.55~0.80	0.7~1.0	0.85~1.2	DIN53724
20~80℃的平均线性膨胀系数	K⁻¹	0.6×10⁻⁴	0.6×10⁻⁴	0.6×10⁻⁴	0.6×10⁻⁴	DIN52328
短时受热尺寸稳定的温度	℃	95	95	95	95	以 DIN52424 为基础
50 N/m²载荷下长期受热尺寸稳定的温度	℃	80~82	80~85	80~85	80~85	以 DIN18164 为基础
200 N/m²载荷下长期受热尺寸稳定的温度	℃	75~80	80~85	80~85	80~85	以 DIN18164 为基础
连续工作温度	℃	−200~80	−200~80	−200~80	−200~80	—
试样平均温度为 10℃时的热传导率	W/(m·K)	0.032~0.036	0.031~0.035	0.03~0.034	0.029~0.033	DIN52612
水蒸气渗透率	G/(d·m²)	40	35	30	20	DIN53429
水蒸气扩散阻力系数	—	30~50	40~60	50~70	60~80	—
浸入水中 7 天后的吸水量	%(体积)	3	2.3	2.2	2	DIN53428
浸入水中一年后的吸水量	%(体积)	5	4	3.8	3.5	DIN53428

注:① 带 * 的项目在 23℃试验;

　　② 所有数据取自 EPS 泡沫板材的试验平均值。

3. 泡沫珠粒与模样精度

密度一致的消失模预发泡珠粒,是生产高质量模片的基础。作为消失模铸造的第一道工序,预发泡环节是消失模铸造中的重中之重。根据消失模铸件缺陷统计分析,70%的铸件缺陷都是由模片的质量不良造成的。模片一旦制造出来,其质量状况很难在后续工序中予以调整,模片的质量决定了消失模铸件的质量,高品质的模片是生产高品质铸件的首要前提与保证。

铸件的最小壁厚是铸造结构设计和生产中必须要考虑的问题,也是评价铸造优越性的一个标准。目前,根据铸造界的共识,常用铸造技术能够达到的铸件最小壁厚如图 4-16 所示,从中可以看出,消失模铸造能够达到的最小壁厚为 3 mm。其基本依据见图 4-17,铸件架构壁厚的最小厚度不能小于 3 个珠粒尺寸。一般情况下,发泡后单个超细珠粒的尺寸为 1000~1500 μm,3 个珠粒加起来大于 3000 μm,因此 3000 μm 的最小壁厚是比较安全的要求。

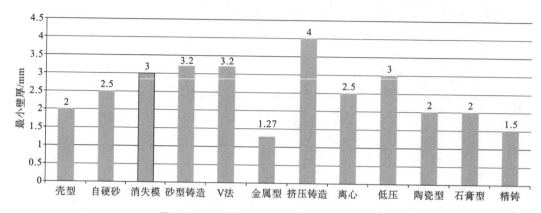

图 4-16 不同铸造方法达到的铸件最小壁厚

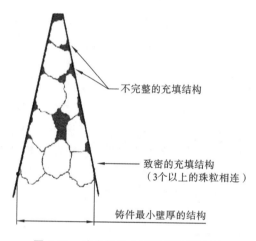

图 4-17 消失模最小壁厚原理示意图

铸件的表面粗糙度是评价铸件精度的另一个指标,据美国铸造协会不完全统计,不同铸造方法能够达到的铸件表面粗糙度如图 4-18 所示,图中显示消失模铸造能够达到的表面粗糙度值为 125~175 μm,比所有的砂型铸造都要高。

消失模模样的表面粗糙度首先取决于模具的表面粗糙度,但并非模具的表面粗糙度好模样的表面质量就一定好,模样的表面质量还与发泡好坏、珠粒大小等其他因素有关,如模具温度、蒸汽压力、模具透气性、模具的冷却、珠粒的融合时间等。

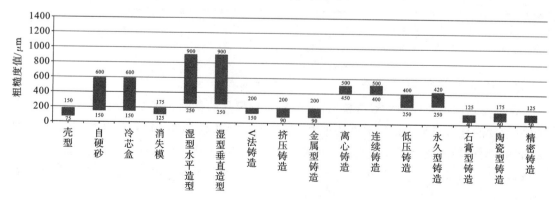

图 4-18 不同铸造方法达到的铸件表面粗糙度

　　图 4-19 所示为针对不同的泡沫模样密度和不同的成形模具,采用表面微观分析的办法,对消失模铸造表面粗糙度进行的实例分析。图 4-19a、c、e 所示的是密度为 41.6～48 g/L 的 EPS 材料 T 级珠粒,在无孔模具中成形的模样及其表面扫描微观分析图,得到的高度误差为 0～364 μm、宽度误差为 97～388 μm。图 4-19b、d、f 所示的是密度为 24 g/L 的 EPS 材料 T 级珠粒,在有孔模具中成形的模样及其表面扫描微观分析图,得到的高度误差为 0～223 μm、宽度误差为 102～150 μm。明显看出,带有出气孔的成形模具可以降低泡

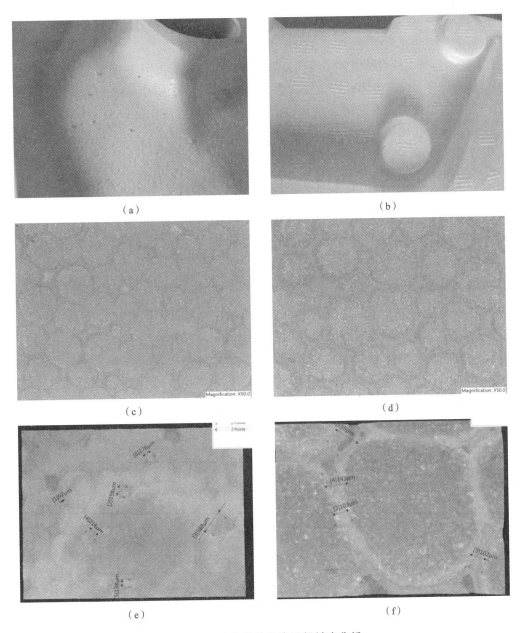

图 4-19　消失模铸件表面粗糙度分析

(a)(c)(e) 珠粒密度为 41.6～48 g/L,成形模具为无气孔模具;(b)(d)(f) 珠粒密度为 24 g/L,成形模具为有气孔模具

沫模样的表面粗糙度,即使预发泡珠粒的密度更小、珠粒直径更大,也会得到更光洁的表面。

为了得到光洁、平整的发泡模样,要求珠粒粒度小些为好,尤其是对于3~4 mm 的薄壁模样。为使模样断面上有三颗以上的预发泡珠粒,应采用0.3~0.4 mm 的小珠粒,然而,由于珠粒越小,表面积越大,发泡剂越容易逃逸,因此保存越困难。目前国内有些工厂的小珠粒,实际上是过筛下来的下脚料,发泡剂含量远远不足,因而发泡成形的模样比重都在 30 kg·m^{-3} 以上,达不到合格的要求。粒度的均匀性对于获得均匀光洁的模样也是十分重要的,特别是要防止混入发泡剂含量极低的碎珠粒和粉末状下脚料,它们是造成模样强度下降、比重增加、表面质量恶化的主要因素,必须严格控制。

发泡模具的透气性对于模样的表面质量有很大的影响。由图 4-19 可知,没有排气结构的模具,其模样表面的高度起伏和宽度间隙比带有排气结构的模具要大。因此,型腔面加工完成后,需在整个型腔面上开设透气孔、透气塞、透气槽等结构,使发泡模具有较高的透气性,以达到发泡工艺的要求:

① 注料时,压缩空气能迅速从型腔中排走;

② 成形时,蒸汽穿过模具进入泡沫珠粒使其融合;

③ 冷却阶段,水能直接对泡沫件进行降温;

④ 负压干燥阶段,模样中的水分可通过模具迅速排出。

可见模具的透气结构对泡沫模样的质量至关重要。对模具钳工而言,打气孔、安气塞或开气槽是一项烦琐又细致的工作,需认真对待。

4. 模样发泡成形

成形发泡的目的在于将一次预发的单颗分散的珠粒填入一定形状和尺寸的模具中,再次加热进行二次发泡,形成与模具形状和尺寸一致的整体模样。

二次发泡珠粒的膨胀和融合过程见图 4-20。蒸汽通过气塞进入预发泡珠粒的颗粒间隙,赶走空气和水,同时加热预发泡珠粒,使它的表面再次加热到热变形软化区;内部的剩余发泡剂预热膨胀,压力增大,使珠粒二次膨胀并在界面融合,形成一个整体。在这个过程中,通入的蒸汽也会向发泡珠粒内部渗透,加速二次发泡的过程。

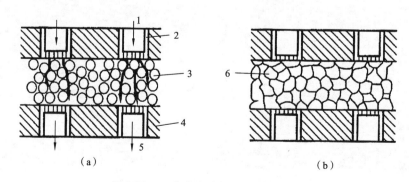

（a）　　　　　　　　　　　（b）

图 4-20　二次发泡珠粒的膨胀和融合

1—蒸汽入口;2—气塞;3—成形前珠粒;4—模具;5—蒸汽出口;6—成形后珠粒

图 4-21 所示为成形发泡的工艺过程,包括模具预热和射料、通蒸汽二次发泡、通冷却水冷却定型和顶出模样。

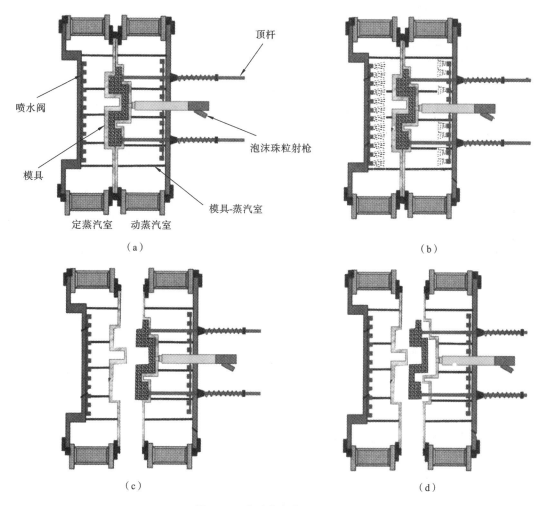

图 4-21　成形发泡的工艺过程

(a) 泡沫珠粒射入并通蒸汽二次发泡;(b) 喷水冷却;(c) 动蒸汽室打开;(d) 顶出模样

泡沫珠粒二次发泡的关键是控制好成形发泡的时间。时间过短,发泡不充分,会出现未融合的珠粒状断面,使强度降低,模样容易断裂;时间过长,又会出现过融合的毛病,使模样质量变差。正确的成形发泡时间要针对不同的模样、不同的蒸汽压力经过实践摸索,制定相应的工艺规程。

蒸汽能否均匀地遍及模具的各个部位,根据模样的不同壁厚给予所需的蒸汽量,也是十分重要的。这与通气塞的布置和数量有很大关系,设计不合理的模具,会造成局部地方的过融合或发泡不足,要通过修改模具结构来解决。

模样在出模前必须进行冷却,以抑制出模后继续长大,即抑制第三次膨胀。冷却时使模样降温至发泡材料的软化点以下,模样进入玻璃态,硬化定型,这样才能获得与模具形状、尺寸一致的模样。

一般采用喷水冷却的方法进行冷却,使模具冷却到 40～50 ℃。有的机动模喷水雾后可接着抽真空,使水雾蒸发、蒸汽凝结,冷却效果理想,同时真空使保留的水分、戊烷减少,使模样具有较好的尺寸稳定性。

冷却过度必定会延长下一个循环重新加热的时间,也是不必要的。

5. 模样分片与黏合

消失模铸造的显著特点之一就是铸件越复杂越能显示其优越性,即可以将泡沫模样根据复杂程度进行分片,然后将分模后的各模片分别成形,再逐个进行黏合,组成和铸件一样的整体泡沫模型,使得复杂铸件的生产变得简单。模样分片和模具的分型都需要构造分型面,二者的构造方法是一致的。虽然目前有些三维软件的模具模块具有一定的自动构造分型面的功能,但在复杂零件的构造中,常用的仍然是手工构造分型面。常用的分型面的构造方法主要有以下几种:

(1) 在三维造型建立过程中的各剖面曲线上设置分型点,这些分型点在造型后会自动形成一条结构线,由于这条结构线的形成算法与实体或曲面建构时的算法一致,所以此线必定是分型线。

(2) 由于在建模时已绘制出各个剖面的特征曲线,以这些曲线作为基准,逐个剖面地绘制出分模点,而后构造分模曲线。

(3) 当曲面过于复杂或无法通过其他方法找出分模线的位置时可采用投影法,即在曲面外的一个平面内构造曲线,然后将该曲线对曲面作投影,可以得到位于曲面上的空间曲线,该曲线即为分模曲线。

最后将分模曲线作为分模面的边界曲线,适当地增加网格,构造出光顺的异形分模曲面。对于相同的边界曲线及相同的网络,其算法完全相同,也就是说采用相同方法形成的边界可以建构完全吻合的曲面,避免了设计者最担心的泡沫模块的结合面以及凸、凹模合模面的不吻合问题。如图 4-22 所示为综合采用以上三种方法对增压器壳体模样完成的分片。

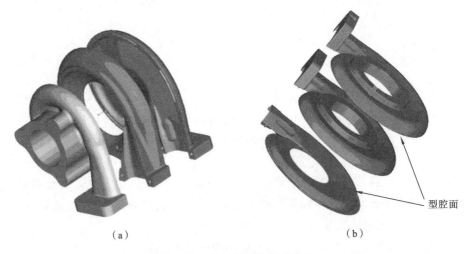

（a）   （b）

型腔面

图 4-22 增压器壳体模样分片

（a）增压器壳体模样分片；（b）型腔工作面

图 4-23 和图 4-24 所示为常见复杂零件的泡沫模样分模状态。

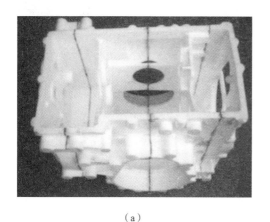
（a）

（b）

图 4-23　3058 箱体分模设计

（a）3058 箱体；（b）确定分模面

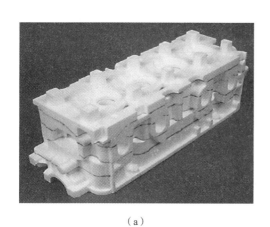
（a）

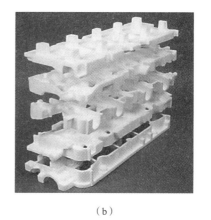
（b）

图 4-24　美国 GM 公司的四缸缸盖模样分模

（a）四缸缸盖黏合的模样；（b）缸盖分片的模样

　　由于消失模模样的最小厚度的限制，在对模样进行分片设计时，要尽量避免模片的分模而产生薄片。尤其是具有内部流道（无法加工的内表面）的铸件，尽量保持内部表面的光滑，尽量避免一些类似于羽毛的薄片，如图 4-25 所示。图 4-25a 中圆圈内的分模面造成了局部类似于羽毛的薄片，极易被损伤破坏，也不好严密黏合，黏合处的表面质量难以保证。图 4-25b 所示为改进后的设计，分模面上不存在很薄的部分，可以比较好地保证黏合的质量。

　　较复杂的泡沫模样若不能在一副模具内成形，则需先将其进行分片处理，各片单独用模具成形；然后用黏结方法，将分片泡沫模样组合成复杂的泡沫模样。泡沫模样既可分片制造又可黏结成整体，充分体现了消失模铸造工艺的灵活性。

　　模片的黏结剂应满足以下要求：① 对泡沫模样无腐蚀作用；② 软化点适中，快干性能

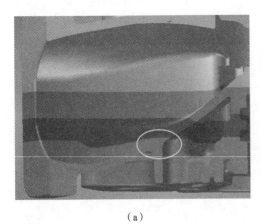 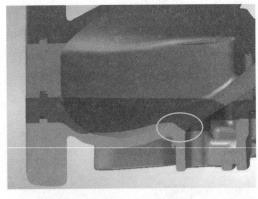

（a）　　　　　　　　　　　　　（b）

图 4-25　具有复杂内部流道表面的分模设计

（a）原设计；（b）改进设计

好；③ 黏结强度较好，并有一定的柔软性；④ 气化分解温度低，残留物少。模片黏结剂可分为四大类：热熔胶、水溶胶、有机溶剂挥发胶和双组分胶，如表 4-7 所示。

表 4-7　消失模铸造用黏结剂的分类与性能

类别	主要成分	黏结过程	性能		
			快干性能	黏结强度	气化性能
热熔胶	石蜡、乙烯-聚醋酸乙烯	加热熔融 冷却固化	好	好	好
水溶胶	聚醋酸乙烯	水分挥发 加热固化	差	较差	好
有机溶剂挥发胶	橡胶乳液	溶剂挥发 获得强度	较好	较好	较好
双组分胶	A 组分为呋喃树脂 B 组分为酸固化剂	化学反应 获得强度	好	较好	较好

　　黏结方式有手工黏结和机械黏结之分。手工黏结适合较简单泡沫模样的中小批量生产，对于复杂模片的大批量生产，则要靠黏结模具来保证黏结精度，用自动黏结机来保证生产效率。

　　两块泡沫模片对黏时，黏结面上的黏胶总有一定厚度 δ，会使泡沫模片黏结后在高度方向的尺寸偏大（见图 4-26a）。对于尺寸要求高的铸件，在模具设计时应将泡沫模样在黏结方向上的尺寸减去黏结厚度，以保证泡沫模样尺寸符合图样要求。

　　考虑到黏结厚度的影响，在发泡成形模具上减去的数值称为黏结负数。一般黏结负数的取值范围为 0.1～0.3 mm。黏结负数可在上、下泡沫模片的模具上各取一半（$\delta/2$），如图 4-26b 所示，也可以仅在其中一个泡沫模片的成形模具上考虑黏结负数。

　　确定黏结负数时应注意下列两点：

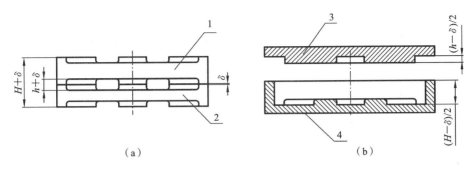

图 4-26　泡沫模样黏结厚度与发泡模具黏结负数

（a）泡沫模样黏结厚度；（b）发泡模具黏结负数

1—泡沫模样（上）；2—泡沫模样（下）；3—成形模具（凸模）；4—成形模具（凹模）

① 黏结负数的大小与黏胶的黏度有关，采用热胶黏结，其值偏大，采用冷胶黏结，其值偏小；

② 黏结负数的大小与操作方式有关，手工黏结，其值偏大，机械黏结，其值偏小。

对于壁厚较薄的泡沫模片，可适当增加对接处的厚度，以提高黏结强度。例如壁厚为 5～6 mm，可将对接处厚度增加到 7～8 mm，如图 4-27 所示，外壁增厚的办法在模具上最易实现。

为使两个泡沫模片定位准确并黏结牢固，可在两个模片的黏结面上分别设计凸凹镶嵌结构。建议厚实处采用凸销和凹孔定位方式，薄壁处采用凸缘和凹槽定位方式，具体结构和尺寸如图 4-28 所示。

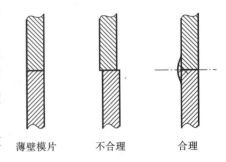

图 4-27　薄壁对接处增厚处理

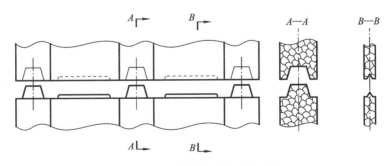

图 4-28　泡沫模片之间黏合定位

黏合可以自动完成，一般使用热熔胶；目前自动用冷凝胶也发展较快，特别是对于小批量生产。冷胶也可以手动使用，固化时间会比较长一些。

在使用自动热熔胶时，胶缝面应尽可能保持平整。只要角度小于 45°，就可以在不同平面之间进行铺胶，太陡的角度会使胶水无法均匀涂到斜坡上，见图 4-29。自动热熔胶黏结每一个模片都需要金属靠模（见图 4-30），以便于模片定位，它是目前最精确的黏结方法，在行业中广泛应用。

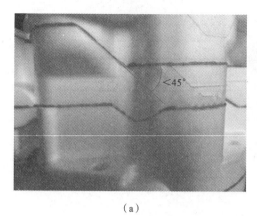
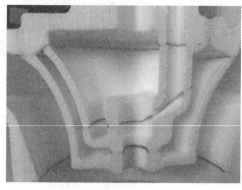

（a）　　　　　　　　　　　　　　（b）

图 4-29　泡沫模片胶缝面角度

（a）涂胶角度示意；（b）复杂模片黏合

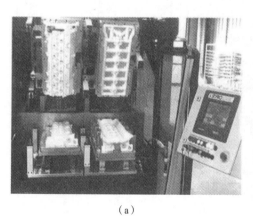
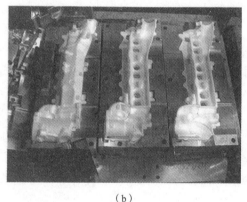

（a）　　　　　　　　　　　　　　（b）

图 4-30　泡沫模片的黏合靠模

（a）上下型靠模；（b）下型靠模

　　如何评判模片黏合的效果？不管热黏合还是冷黏合，基本的要求是一致的。一个好的黏合缝线需要达到以下要求：

　　① 黏合缝线尽可能细小。这是由于黏胶的密度相比于泡沫模片的密度较大，在铸造过程中黏合线也要热解，过高的密度会增加金属液前沿的阻力，见图 4-31a。

　　② 黏合缝线尽可能均匀一致，黏胶不要流淌或局部聚集，以免影响铸件表面质量，见图 4-31b。

　　③ 黏合缝线相比于模样表面必须呈现挤出状态，不能凹进，否则涂料会进入凹缝，影响铸件表面质量，见图 4-31c。

　　④ 黏合缝线相对于分模面的斜角不要大于 45°，否则黏胶易流淌，影响黏合效果，见图 4-31a。

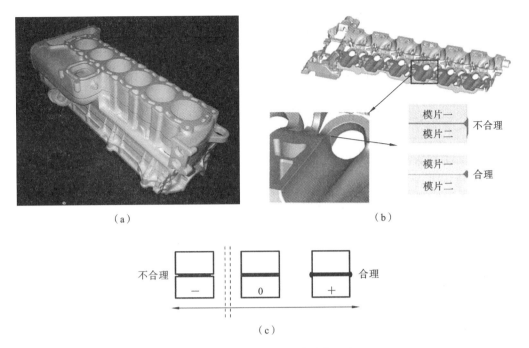

图 4-31　泡沫模片黏合缝线的要求

4.3.2　消失模铸造工艺设计

通过前面的分析可知,消失模铸造由于是泡沫实型造型,金属液浇注和凝固过程与空腔浇注有很大的不同,主要的变化有以下几点。

(1) 铸型不再是空腔,而是泡沫实型。尽管浇注时高温金属液能够气化泡沫模样而实现金属充填,但是泡沫模样裂解的液体和气体充斥在浇注系统和型腔中,充填的过程比较复杂。

(2) 内浇口粗大。由于覆盖模样的涂料和振动造型的工艺限制,内浇口不再是很小的截面,大部分都显得比较粗大,这样才能保证浇注系统和模样的连接强度,所以,内浇口作为最小截面往往不太现实。

(3) 铸型中存在负压。消失模铸造浇注过程中一直保持抽真空,所以在型砂中存在负压,使得铸型中存在的液体和气体不可避免地受到影响。

消失模铸造的以上特点,使得其铸造工艺的设计也与众不同。根据研究,消失模铸造浇注系统的作用相对于传统空腔浇注也发生了变化。高温金属液不仅要平稳快速充填,而且还肩负着“消失”泡沫模样的任务。所以消失模铸造工艺在设计的过程中需要考虑以下原则。

(1) 消失模铸造浇注系统不仅需要考虑金属液流量的分配,还需要考虑金属液热量的分配,以使泡沫模样的分解更快更彻底。

(2) 浇注系统的设计要尽量保证金属液充填完成的速度快于泡沫模样消失的速度。

(3) 浇注系统的设计要尽量使得金属液进入铸型前温度下降最少,亦即尽量缩短金属液在浇道中的流动时间,减少温降;空心浇注系统是一个好选择。

(4) 小型消失模铸件尽量采用模型组(即一套浇注系统多个模样)浇注,不仅可提高工艺出品率,也可使热量聚集,有利于泡沫模样的消失。

(5) 消失模小件,尤其是铸铁件尽量选择均衡凝固、无氧充填,有利于减少碳缺陷;铸钢件或大型件采用有氧浇注、顺序凝固的原则。

(6) 消失模铸造是在负压下浇注,为便于利用负压排气,尽量让浇口杯和真空接口对称,尽量让浇口远离真空接口。

(7) 为尽量减小金属液前沿在浇注过程中的散热面积,泡沫模样的浇注位置尽量立式安放,厚大部分置于底部。

(8) 为了保持金属液温度,在适当时候可以通过冒口浇注,也可以借用铸型作浇道。

从以上原则来看,消失模铸造的浇注系统是开放或者封闭已经不重要,让泡沫模样快速消失、热解的气液体尽量排出才是关键所在。

1. 浇注系统基本结构形式

关于消失模浇注系统各组元尺寸的确定,直至目前尚无定论,而且研究得很不够,各家之言,出入很大。谁更符合实际有待于进一步在实践中检验。

白天申教授认为:和传统砂型铸造工艺一样,首先要确定内浇道(最小断面尺寸),再按一定比例确定直浇道和横浇道。以传统砂型工艺为参考,经查表或经验公式计算后,再做适当调整,一般增大 $15\%\sim20\%$,甚至更大。

关于各组元的尺寸,他认为为保证金属液不断流和具有一定的充型速度,采用封闭式为宜。推荐的比例关系如下:

铸钢件 $\sum F_内 : \sum F_横 : F_直 = 1 : 1.1 : 1.2$

铸铁件 $\sum F_内 : \sum F_横 : F_直 = 1 : 1.2 : 1.4$

叶升平教授则认为:开放式可提高浇注系统和泡沫模样之间的结合强度,保证在浸涂涂料、烘干、搬运以及振动造型操作时模样不会折断。因此推荐的各组元尺寸为 $F_直 : \sum F_横 : \sum F_内 = 1 : (1.1\sim1.3) : (1.2\sim1.5)$。

常用的浇注系统结构形式有顶注式、底注式、侧注式以及阶梯式四种,它们的特点见表 4-8。

表 4-8 常用消失模铸造浇注系统

结构形式	图例	特点
顶注式		顶注式充型速度快,温度降低少,有利于防止浇不足和冷隔缺陷;温度分布上高下低,顺序凝固补缩效果好;浇注系统简单,工艺出品率高。但很难控制金属液的流动方向,对高大、复杂的铸件,容易引起塌箱;同时金属液流动方向与热解产物逃逸方向相逆,容易造成气孔和夹渣缺陷。通常用于高度不大的小件、薄壁件

结构形式	图例	特点
底注式		金属液从泡沫模样底部注入,有利于泡沫模样的逐层气化,实现平稳充填,热解产物浮在铸件上部。不易产生铸件内部夹渣、气孔,但铸件的上表面容易出现碳缺陷,要采取必要的工艺措施。比较适用于黑色金属重大铸件。底注的工艺出品率一般比较低
侧注式		金属液从泡沫模样侧面注入,工艺出品率较高,便于泡沫模样与直浇道的黏结以及涂挂涂料,非常适合于中小型铸件的串浇
阶梯式		兼有顶注式和底注式的优点,也便于泡沫模样与浇道的黏结、搬运及振动造型,适宜用于形状复杂的中大型铸件,如箱体类零件

结构形式	图例	特点
单竖串式		直浇道与内浇道直接相连,直浇道兼起冒口的作用,操作方便,但对排气、排渣不利。工艺出品率较高,如单竖串球铁卡钳体零件,一串 6 层,每层 4 件,工艺出品率达75%。板状浇注系统也容易实现单竖串浇的模式
横串式		横浇道与内浇道相连,常用于顶注或底注,有利于顺序凝固
簇拥式		浇注系统无横浇道,数个泡沫模样的内浇道直接与直浇道相连,并呈簇拥状。该结构形式特别适合长条形铸件(如进、排气管),为提高浇注系统结构稳定性,多采用阶梯内浇道。簇拥式浇注系统的工艺出品率大于85%。特别注意的是,可以采用板状浇注系统,中小型铸件直接安装在板状浇注系统之上

2. 消失模铸造的浇注系统设计案例

消失模铸造的浇注系统因实型泡沫的存在,其设计具有与传统砂型浇注系统不同的特点,下面结合几个实际消失模铸件的工艺设计,来体会其特殊的设计原理。

传统砂型直浇道的设计可根据计算获得合理的横截面,其主要作用是获得合理的静压高度和流量。但是消失模铸造的直浇道的作用根据浇注的金属材质不同而有不同的要求。

中小型铸铁件、球铁件、群铸的小型铸钢件,往往会产生碳缺陷,而碳缺陷的出现一般都是由大量的燃烧造成的,见图 4-32a。因此解决碳缺陷的最好办法就是抑制泡沫的燃烧,避免产生大量炭渣,而直接通过无氧分解形成小分子,在真空的作用下快速排出型腔。直浇道要能快速密封浇道,保证型腔中没有氧气进入,让泡沫塑料呈现无氧气化的状态,如图 4-32b所示。

（a）　　　　　　　　　　（b）

碳分解少　　　　　　　　　　碳分解多

（c）

图 4-32　不同浇注状态下泡沫分解情况

（a）有氧浇注;（b）无氧浇注;（c）不同浇注状态下的碳分解情况

图 4-32c 所示的是同一种铸件在不同的浇注状态下碳分解的情况。最左边是无氧状态

下的浇注,泡沫模样在无氧状态下直接裂解成小分子,最后分解成苯乙烯、乙烯、乙炔等小分子,通过涂层在负压作用下快速排出型腔,涂层的颜色基本未变成黑色,说明图层中残碳少。而往右的铸件随着空气的不断进入,泡沫模样逐步呈现有氧燃烧,涂层的颜色越来越黑,说明残碳越来越多,铸件的碳缺陷风险越来越大。

要使直浇道快速封闭型腔,要求直浇道截面小,可抑制空气的吸入,达到无氧分解要求。采用空心浇道,金属液就可以快速充满直浇道,实现快速封闭,如图 4-33 所示。

（a）　　　　　　　　　　　　　　　　（b）

图 4-33　消失模铸造空心浇道的应用
（a）硅酸铝纤维空心直浇道;（b）使用空心浇道

1）铸铁消失模工艺设计实例

图 4-34 所示的是球铁空心支架,球铁牌号为 QT450-10,单重为 45 kg,尺寸为 850 mm×460 mm×80 mm,将采用两种浇注系统的方案进行对比。每个方案都采用 4 件一组,铸件总重量为 172 kg,浇注系统都采用空心直浇道和浇口杯。图 4-34a 所示方案每件有两个内浇道,通过两条横浇道分配流量,浇注系统重 37 kg;图 4-34b 所示方案每件只有一个内浇道,由一条横浇道分配流量,浇注系统重 19 kg。两种方案均采用高铝矾土涂料,涂层厚度为1.5～2.0 mm,透气性好;用宝珠砂造型,1450 ℃浇注。两种方案得到的铸件均没有缺陷,但是图 4-34b 所示方案所得铸件的总体质量比图 4-34a 所示方案更优,图 4-34b 所示方案的工艺出品率达到 90%。

这两个方案采用了空心细直浇道,内浇口比较粗大。在图 4-34b 所示方案中金属液进入铸件泡沫模样的时间更短、温度更高,能更快速地对泡沫进行无氧裂解,裂解产物通过涂层快速导出,因此铸件没有产生碳缺陷。

2）铸钢消失模铸造工艺设计实例

图 4-35 所示的是铸钢件,铸钢牌号为 ZG45,单件重 1230 kg,几何尺寸为 1040 mm×500 mm×510 mm,结构特点是厚大。

由于厚大铸钢件需要补缩,采取顺序凝固的方式,必须设计大冒口。如果按照传统砂型的浇注系统设计,金属液经过一套完整的浇注系统之后,流入型腔的金属液温度将降低太多,泡沫模样的分解势必形成大量的炭渣。因此,该件的消失模铸造方案直接采用从冒口进

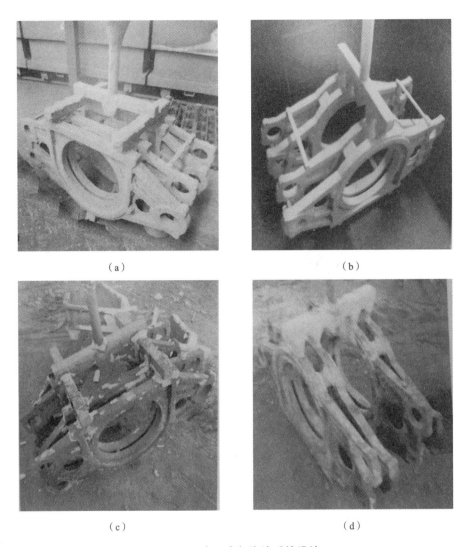

（a）　　　　　　　　　　　　　　（b）

（c）　　　　　　　　　　　　　　（d）

图 4-34　空心支架浇注系统设计

（a）双内浇口；（b）单内浇口；（c）双内浇口铸件；（d）单内浇口铸件

行浇注，把冒口当直浇道，铸件本身当浇注系统，快速引入金属液。冒口开口很大，势必引入大量空气，使泡沫模样进行有氧燃烧、快速排碳。这个方案对于涂层的强度要求很高，透气性不做要求，因为大量的气体可通过冒口排出。涂层的高强度要能够支撑铸件在充填时不塌箱、不变形，从而保证铸件精度。图 4-35d 所示为实际铸件，经验收没有发现碳缺陷，尺寸精度高。

　　这两个实例说明，消失模铸造的直浇道设计与铸件的材质和大小有直接的关系。对于中小型铸铁、球铁或群铸的铸钢件，需同时凝固，宜采用较细的直浇道，实现泡沫模样的无氧分解，克服碳缺陷。对于大型铸钢件，需顺序凝固，宜采用大截面直浇道，或者采用冒口做直浇道，实现泡沫模样的有氧燃烧、快速排碳，这样也可以克服碳缺陷。

　　横浇道的设计都比较粗大，这样便于保证金属液的流量和热量。而内浇口的设计要求

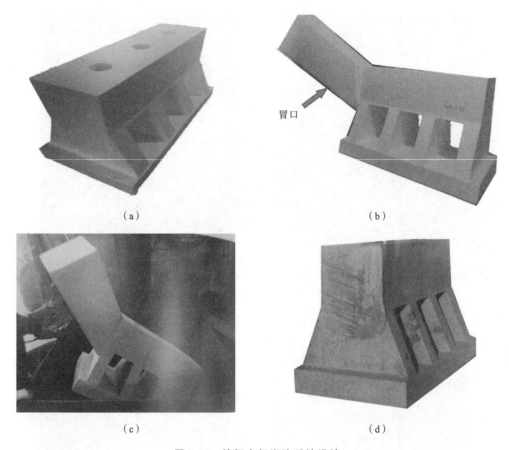

图 4-35 铸钢支架浇注系统设计

（a）铸件模样；（b）冒口用作浇口；（c）填砂造型；（d）实际铸件

也是大、厚、宽。从上面的例子还可以看出，不管采用什么浇注系统，都需要保障浇注系统不损失过多的金属热量，即保证温降不要过大。尤其对于复杂件，这个要求更加严格。

3）复杂铸铁件消失模铸造工艺实例

图 4-36 所示的是铸铁发动机缸体，铸铁牌号为 HT250，几何尺寸为 700 mm×300 mm×500 mm，单件重 110 kg，结构特点为复杂内腔、薄壁。

根据传统砂型铸造的浇注系统设计，一般都采用底注式，平稳充填，均衡凝固，如图4-36a所示，浇注所得铸件见图4-36b，表面存在大量的皱皮、碳缺陷，成品率很低。铸铁件表面皱皮的最主要原因就是铁水温度过低、表面有气体或液体存在。碳缺陷的出现，意味着泡沫模样的分解不彻底，燃烧的残留碳没有排出。

将工艺改成图 4-36c 所示的顶注式，选择缸体内腔的两块筋板作为内浇口的浇注位置，用筋板作为金属液的快速通道，横浇道和内浇道都设计得比较粗大，如图 4-37 所示。

图 4-37 所示浇注系统的特点是直浇道细，横浇道较大，内浇道也比较厚大，而且只有 4个内浇道均布在铸件的筋板上。浇注时，高温金属液很快进入铸型，快速分解泡沫模样，而且由于直浇口的密闭作用，实现了快速无氧浇注，铸件表面光洁、无碳缺陷。该浇注系统不

图 4-36　铸铁发动机缸体浇注系统设计

(a) 底注式浇注系统;(b) 铸件皱皮和炭渣缺陷;(c) 顶注式浇注系统;(d) 铸件无缺陷

仅实现了铸件质量的提高,也实现了工艺出品率的提高,浇注系统重量比原浇注系统轻 16 kg,工艺出品率提高到了 85%。

所以,浇注系统的短流程、低温降非常重要。同时,在型腔中快速集聚大量的金属液,并保持热量的大量聚集,是保证快速热解泡沫模样的重要条件。消失模铸造工艺设计抓住这两点,配合泡沫、真空、涂料的正确使用,就能够得到质量优异的铸件。

4) 消失模铸造冒口的设计

消失模铸造中冒口的设计也至关重要,与传统砂型铸造的冒口设计大有不同。传统砂型铸造的冒口可以根据现行通用冒口设计方法设计,但是消失模铸造的冒口由于泡沫模样的分解会消耗大量的热量而导致温度过低,补缩效果受到影响。

图 4-38 所示的是冒口的冷热状态对补缩的影响。图 4-38a 中,浇注系统没有经过冒口,

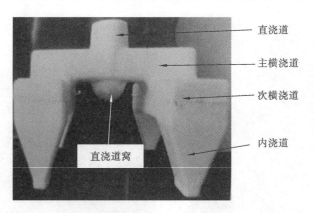

图 4-37　浇注系统结构

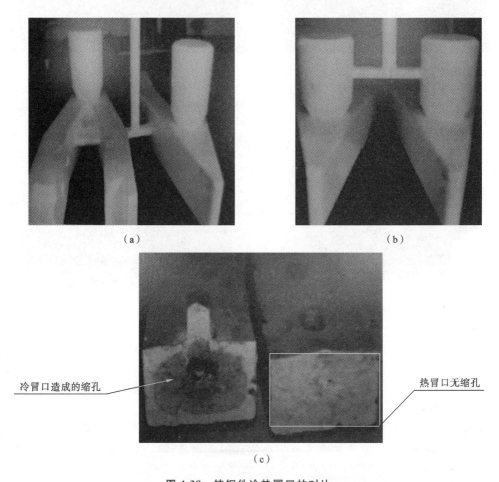

（a）

（b）

（c）

图 4-38　铸钢件冷热冒口的对比

（a）冷冒口；（b）热冒口；（c）冷热冒口补缩效果对比

金属液最后进入冒口，热量损失导致补缩效果下降，冒口根部产生缩孔，见图 4-38c 左件。图 4-38b 中，金属液通过冒口进入铸型，使得冒口始终维持在高温状态，补缩效果非常好，见图 4-38c 右件。

实践证明,对于大多数中小型铸钢件,设计热冒口是解决消失模铸件补缩问题的好办法,如图 4-39 所示。

图 4-39　消失模铸钢件热冒口的应用

4.3.3　消失模涂料及模样浸涂

浸涂涂料是获得优质铸件的重要环节之一。在生产实践中,经常出现由于涂料性能不稳定或不恰当,造成铸件质量不稳定、废品率上升的现象,加深了人们对涂料重要性的认识。消失模铸造涂料所服务的对象和工艺过程与通常的砂型铸造涂料有相同之处,但也有差异,表 4-9 所示为两种工艺方法使用的涂料工艺过程对比。

表 4-9　消失模铸造与普通砂型铸造使用涂料的工艺过程比较

比较项目	消失模铸造涂料	普通砂型铸造涂料
涂覆对象	比重轻(只有涂料的 1/100)、强度小的泡沫模样,它对水不润湿、不渗透	比重大、强度高的砂型(芯),它对水可润湿、可渗透

比较项目	消失模铸造涂料	普通砂型铸造涂料
涂挂过程	涂挂时要十分小心,不然浮力大、刚性差的模组会被折断	刷、喷、浸、淋都可以,砂型(芯)不会损坏
造型工艺	先有模型的涂层再进行造型,涂层要经受干砂的冲刷	先有砂型(芯)再上涂料,涂层除浇注时受铁水冲刷外不受其他冲刷
铸件成形过程	所有发泡模样的热解产物(气态的和液态的)都要通过涂层排出,但涂层不允许金属液渗入	空型内的气体一般通过浇冒口、出气口排出,不必通过涂层,相反涂层倒要防止型(芯)砂中的气体浸入金属液
涂料类别	涂层的厚薄不影响铸件尺寸精度,按分类属于不占位涂料	涂层的厚薄直接关系到铸件尺寸精度,按分类属于占位涂料

消失模铸造涂料与普通砂型铸造涂料相比有其特殊性:

① 能使金属液流动前沿气隙中模样热解的气体和液体产物顺利地通过并排逸到铸型中去,但又要防止金属液的渗入,这是防止铸件产生气孔、金属渗入和碳缺陷十分重要的条件;

② 能提高泡沫模样的强度和刚度,以防止模样在运输、填砂振动时产生变形和破坏,这对于提高铸件尺寸精度和成品率至关重要。

消失模铸造涂料的涂刷对象是泡沫塑料模样,对于涂挂性、干燥性能、强度及高温透气性等有较高的要求。目前常用的消失模铸造涂料由多种原辅材料配制而成,通常包括耐火填料、载体、悬浮剂、黏结剂和添加剂等五种。

耐火填料的种类选择与合金有对应关系,和砂型铸造涂料相似。耐火填料的粒度及其分布对涂料的透气性有较大的影响,粒度越粗、粒度分布越集中、粒形越趋球形,涂料的透气性越高。耐火填料的粒度及其分布对涂料的悬浮性也有较大的影响,通常粒度越粗,涂料的悬浮性越差。因此,耐火填料粒度和级配的选择应兼顾涂料的悬浮性和透气性,使之有一个好的综合性能。

黏结剂的作用是将涂料中的耐火填料及其他组分黏结起来,并使涂料对模样有一定的黏附性,使涂料能涂刷在模样上,从而使模样具有足够的强度和耐磨性。黏结剂分为有机和无机两大类,通常将两类黏结剂搭配使用。常温下两类黏结剂都能发挥黏结作用,高温下有机黏结剂将被烧掉,主要靠无机黏结剂起黏结作用。

涂料的配制应该综合考虑性能和操作要求,使得消失模铸造涂料对铸件性能起有益作用。表 4-10 所示为典型水基消失模铸造涂料的配方,只供应用分析时参考。

涂料的性能可以归纳为工作性能和工艺性能两类。工作性能包括涂料的强度(常温强度、高温强度)、高温透气性、耐火度、耐急冷急热性、绝热性和吸着性等。工艺性能包括涂料的悬浮性、涂刷性、流平性、触变性等。

在涂料的工作性能中,对消失模铸造影响很大的是高温透气性。涂料的高温透气性直接关系到模样的热解产物能否顺利排出型外,因而对金属液的充型速度以及铸件的增碳、皱

表 4-10　水基消失模铸造涂料的配方

序号	镁橄榄石粉	石英粉	高铝矾土粉	CMC	BY(改性a滑石粉)	膨润土(Ca基)	乳白胶	糊精	Na₂CO₃	脱壳剂	水	用途
	耐火材料/(%)			黏结剂/(%)						脱壳剂	水	用途
1		100		2.5	2	2.7			0.1		适量	中型铸铁件
2		10	90	2.5	2.5	2.7			0.1		适量	大型铸铁管
3	100			2.0	2.0	2.0			0.1		适量	高锰钢
4		50		1.5	1.5	2.0			0.05	0.05	适量	铸钢中小件
5		70~80				6~8						铸铁件
6		70	云母/30	凹凸棒黏土/1.0		1.5	8		消泡剂/微量	表面活性剂/微量	适量	铸铁件
7	棕刚玉/100			0.3		硅溶胶/6	3	SN/8			适量	铸钢件
8	石墨粉/100			0.4		4	水溶性酚醛/7	硅溶胶/5			适量	大型实型铸造用面层
9			100	0.4		6	水溶性酚醛/6	硅溶胶/5			适量	大型实型铸造用背层

注：表中"云母/30"表示对应配方中用云母替代了表头中的"高铝矾土粉"，含量为30%；其他类似表达含义同此。

皮、针孔等缺陷有着决定性的影响。钢、铁铸件，其密度大，浇注温度又高，对涂层的热作用和机械作用远远超过铝合金铸件，因此，其涂料的强度也应该更高。由于温度越高，泡沫模样和涂料自身的发气量越大，因而要求涂料有更高的透气性。特别是为防止增碳、皱皮、夹渣缺陷而采用 STMMA 共聚料时，由于它比 EPS 的发气性更大(前者是后者的 1.65~1.9 倍)，发气速度也更快，如果涂料的透气性不高，必定引起反喷、气孔等缺陷。在涂料的热性能方面，钢、铁铸件注重涂料的耐火度、热化学稳定性，而铝铸件则更注重其绝热性和附着性。表 4-11 列举了不同合金铸件的涂料强度和透气率的比较。

表 4-11　不同合金铸件的涂料强度和透气率

涂料牌号	合金种类	600 ℃强度/MPa	500 ℃烧后透气率/(cm⁴/(g·min))
Ashland	铁	0.64	2.34
	铝	0.44	0.86
TH—2	钢	1.12	3.15
TH—1	铁	0.78	2.7
TH—3	铝	0.56	2.1(常温)

消失模铸造涂料大都采用浸涂法或浸淋结合的方法。浸涂法效率高,涂层均匀,但因泡沫模样与涂料的比重相差将近 100 倍,浸涂时浮力大,容易导致模样变形或折断,因而对容易变形或折断的模样最好采用卡具,先将模组装入卡具中,再浸涂料。还有一种专门的浸涂装置,是将模组用卡具固定后,从底部泵入涂料,自下而上淹没模组,然后撤压,使涂料自动从底部流出。目前自动化机械浸涂装置得到了应用,见图 4-40。泡沫模样的结构比较复杂,且强度较低,在浸涂过程中要注意涂料的流向。涂料既要能顺利进入内腔,同时又要能够快速流出并覆盖整个内外表面。不利于流出的结构应适当做些处理和改变,见图 4-41。

图 4-40 消失模样自动化浸涂涂料

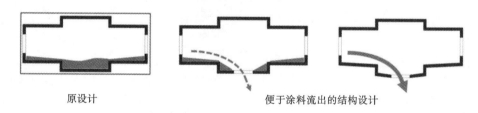

原设计   便于涂料流出的结构设计

图 4-41 便于涂料流出的模样改进

4.3.4 填砂与振动造型

1. 原砂的要求

用于消失模铸造的原砂多为石英砂(对于灰铸铁铸件、有色金属铸件及普通铸钢件,原砂中 SiO_2 的质量分数为 $90\%\sim95\%$ 就足够),其平均粒度为 AFS25~45。粒度过细,会阻碍浇注期间残留物的逸出,造成铸件的缺陷;粒度过粗,则会造成金属液渗入,使得铸件表面粗糙。原砂的粒度分布应集中,以保持该工艺所需的高透气性。砂子必须与涂料作为一个体系发挥作用,以获得最佳的铸造工作状态。

根据形状的不同,原砂可分为多角形、次角形、圆形等种类。粒度较粗的圆形砂,其流动和紧实性能好;粒度较细的多角形砂,其流动性较差,但更抗金属液的渗入。具体应根据实际情况选用。人造陶粒砂由于粒形圆整,现在较多地应用于消失模铸造中。

为了让气体和液态热解残留物在浇注时从铸件型腔内逸出,干砂必须要有足够的透气性。较细的砂子透气性较低;粒度分布分散的砂子(即粗砂和细砂的混合)透气性也较低。所以,在消失模铸造中,单筛砂更受欢迎,且应重视从型砂体系中除尘的工作。

对洁净的干砂而言,透气性取决于砂粒的大小。从要求较高的透气性来看,宜选用较粗的砂子。常用的干砂粒度为 AFS25～45,即 30 号筛至 70 号筛之间。

干砂的粒度分布对透气性有显著的影响。例如:一定载荷下 40 号筛的干砂的透气性为440;但具有相同 AFS 粒度的两筛分布的干砂,此载荷下的透气性仅为 280 左右。这主要是由于不同颗粒原砂互相镶嵌的现象,降低了干砂的总体的透气性。

原砂中含泥量过多及干砂中含有大量的粉尘,都会降低型砂的透气性,因此,原砂中的含泥量或干砂中的含尘量应较小(1%～3%)。原砂一般采用水洗砂,干砂处理循环中应注意风选除尘。水分含量要低于1%为好。

2. 填砂与紧实

消失模铸型的紧实过程为:加底砂、放置模型束、均匀加砂同时振动紧实,直至加满砂箱,获得一个紧实度很高的铸型。在振动紧实过程中,要求砂子进入模型的每一个部位,且不能损坏泡沫模样或引起泡沫模样的变形。干砂中的灰尘较多,加砂、紧实时要进行抽风除尘。消失模铸造紧实时的填砂方式常用的有三种:软管人工加砂、螺旋给料加砂、雨淋式加砂。填砂装置的上方接砂斗,砂斗由钢板、角钢、槽钢等焊接而成。

加砂方式应根据不同的需要选取。在消失模铸造生产流水线上,常采用两工位加砂(造型),加底砂工位可用软管加砂或雨淋式加砂,紧实工位常使用雨淋式加砂。一种雨淋式加砂装置的结构简图如图 4-42 所示。它由驱动气缸、振动电机、多孔闸板、雨淋式加砂管等组成。雨淋式加砂时,驱动气缸打开多孔闸板,砂粒通过多孔闸板上的孔在较大的面积内(雨淋式)加入砂箱中。调整多孔闸板中的动板与静板的相对位置,可以改变漏砂孔的横截面积大小,进而改变"砂雨"的大小(即改变加砂速度)。此种加砂方法,加砂均匀、效率高,适用于生产流水线上加砂,也是目前应用最广泛的加砂方法。

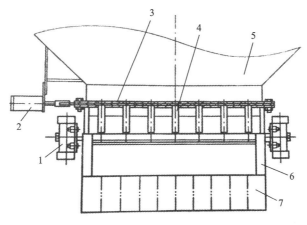

图 4-42　雨淋式加砂装置的结构简图

1—振动电机;2—驱动气缸;3—多孔闸板;4—雨淋式加砂管;5—砂斗;6—除尘室;7—橡胶幕

图 4-43 是砂箱中泡沫模样在雨淋式加砂时的实际状态示意图,细小的砂流对泡沫模样的冲击很小,不至于破坏模样,确保铸件尺寸的精确。

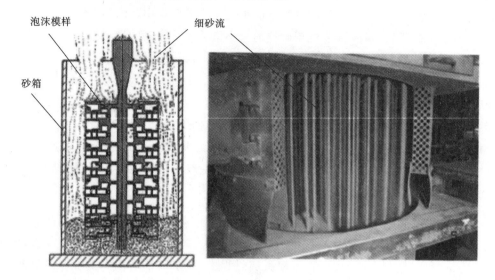

图 4-43　雨淋式加砂示意图

振动紧实台是消失模铸造的关键设备之一,它的作用是使无黏结剂干砂充满模型簇内外并达到一定的紧实度又不损坏模型。在振动紧实过程中,若振击力过大,砂箱中的砂粒将会对泡沫模样造成较大的冲击,有可能使泡沫模样变形甚至断裂;振击力太小,又会导致紧实不足,达不到支撑涂料和抵抗金属液压头冲击的作用,以致在浇注时产生渗漏、夹砂等缺陷。因此,工艺上对振动紧实台的设备性能有一定的要求:

(1) 高效振动,充填和紧实型砂,但不能损坏泡沫模型。通常采用高频率低振幅的振动,振动频率一般为 30~80 Hz,并能根据不同形状的零件及整个造型过程调整振动频率。振幅一般为 0.5~1.5 mm,振动加速度为 1~2g。

(2) 振动台具有不同的振动模式,并能根据不同形状的零件,采用不同的振动模式。普通结构的消失模铸件采用垂直一维振动即可满足要求;对于结构复杂的零件要考虑采用二维或三维振动,并结合振动频率的变化,以获取理想的效果。

(3) 振动台必须有足够的弹性支承能力。振动台的弹性支承力应大于"砂箱+型砂+台面"的重量之和。

(4) 振动台的激振器(即振动电机)要有足够的激振力,以使振动台达到所要求的振动幅度和振动加速度。激振力 $F_{激}$ 为

$$F_{激} = ma \qquad\qquad (4\text{-}4)$$

式中:m——"砂箱+型砂+台面"的重量之和,kg;

　　　a——振动加速度,m/s²。

(5) 合适的振动台面尺寸,振动台面上要有砂箱的定位、夹紧装置或功能。

(6) 振动台要有足够的机械强度、刚度和抗振动疲劳能力,配有防止由振动引起的连接件松动等的结构与措施。

（7）振动台工作平稳、噪声小。

三维振动紧实台的结构如图 4-44 所示。其特点是：采用六台振动电机，可配对形成三个方向上的三维振动；振动紧实时，砂箱固定在振动台的台面上；空气弹簧可实现隔振与台面升降功能。这种结构（或类似结构）的振动紧实台，是较常见的消失模铸造三维振动紧实台，它可方便地实现 1～3 维振动及其振动维数的互相转换，但设备成本较一维振动台高，控制也要复杂一些。振动过程逐层填砂，该系统允许在砂压实过程中独立改变振幅和振动频率，并记忆每种类型的模式的振动压实模式。

美国 Vulkan 公司发明的新式三维振实台如图 4-45 所示，图 4-45a 所示为生产线上的实际装备，图 4-45b 为其原理图。该振实台将砂箱悬空抱住，开启三维振动电机实施振动，由于砂箱悬空所以噪声小。而且该振动电机可以实时进行数字化调频和调幅，可以方便地改变振动参数，以达到最好的振动效果。

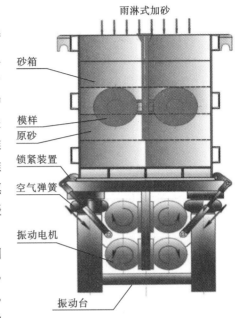

图 4-44　三维振动紧实台的结构

（a）

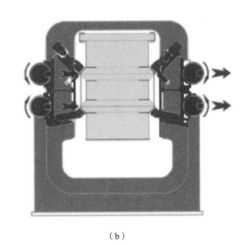

（b）

图 4-45　新式三维振实台

（a）新式三维振实台；（b）振实台原理示意图

4.4　消失模铸件的成形特征

4.4.1　消失模铸造的零件适应性

什么样的零件适合用消失模铸造？这是目前铸造业界比较关心的问题，也就是要解决人们为什么要选择消失模的问题。

1. 美国资料推荐

① 大批量生产的零件(10000 件/年以上)。

② 复杂零件(使用 2 个以上砂芯,尤其是复杂内腔的铸件,如缸体、缸盖),虽然对复杂件更有利,但相应带来的技术上的难度也较大。

③ 可将分开制造的零件组合起来,成为一个整体零件进行生产。

④ 可代替部分精铸件、压铸件。

2. 德国资料推荐

① 机械加工量比较大的零件。

② 需要焊接、连接等集成度要求大的零件。

③ 内部空腔较多(需芯子较多)或水道油道较多的零件,如水套、油道阀门等。

④ 外部形状复杂的零件,如缸体、法兰等。

⑤ 表面要求光滑的零件,如有气道、水道的零件。

3. 中国消失模铸造的合适领域

① 中国生产铸铁件和铸钢件较多,而铝铸件相对较少。

② 生产批量以多品种的成批生产为主,从每年几百件到几千件不等(如管件和阀门件)。

③ 从简单铸件如磨球、耐热炉条、垫板,到复杂件如进/排气管、缸体、缸盖、变速箱壳体等,范围很宽,突破了国外的限制,应用更加广泛。

④ 我国已有 5 吨重汽车覆盖模具铸件采用消失模铸造工艺生产的经验,最大铸件有报道已生产了 10 吨重铸件。只要用户有生产需求,经济上有利润可图,预期在我国条件下会有更多品种的零件采用消失模铸造工艺进行生产。

综合上述各国的推荐资料和现实的生产情况,将适合消失模铸造生产的零件特点归纳于表 4-12 中。

表 4-12 适合消失模铸造的零件特点

零件性质	消失模铸造适合点
生产批量	大批量生产的零件(10000 件/年以上)
品种	多品种,小批量(主要采用实型铸造,覆盖件模具、大型管件等)
外形	外形复杂的零件,如缸体、缸盖等
内腔	内腔复杂,至少需两个铸芯以上的零件
表面光滑度	内部型腔表面有流道要求的铸件,如排气管等
镶铸或嵌铸	铸件内部有液压管道要求的,如高压阀等
集成度要求	有集成度要求的零件,有多安装室的零件
铸件材质	铸铁(国内),国内的铝合金、合金钢的消失模铸造技术还不过关; 国外的消失模铝合金铸造技术比较成熟

4.4.2　消失模铸造零件的特点

1. 铸件少无切削

（1）无拔模角。

消失模铸造的泡沫模样可以轻松实现分片制造，而且每一片模片的拔模角度非常小，根据经验每英寸设计为±0.005″，但在很多情况下，它还可以做到更好。所以泡沫模样的拔模角几乎可以忽略，如图4-46所示。

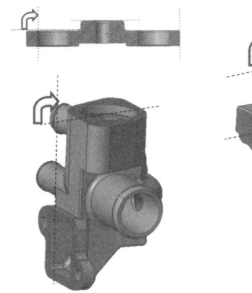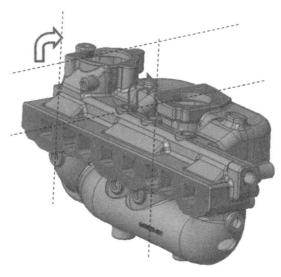

图 4-46　零件无拔模角

（2）尺寸精度高。

根据我国铸件公差等级的设定，消失模铸造的尺寸公差等级为CT6～8（高出机械造型砂型铸件尺寸公差1～2个等级），壁厚公差等级为CT5～7（与熔模铸造的尺寸公差相当）。消失模铸造毛坯的加工余量为砂型铸造加工余量的30%～50%，比熔模铸造加工余量大30%～50%。消失模铸件的机械加工余量的取值参见表4-13。由于良好的尺寸公差，正常的中小件加工余量为1.5～2.5 mm，因此可以减少加工时间，降低切割所需的机器功率，见图4-47。

表 4-13　消失模铸件的机械加工余量　　　　　　　　　　　　单位：mm

铸件最大外轮廓尺寸/mm		铸铝件	铸铁件	铸钢件
≤50	顶面	1.0	2.0	2.5
	侧、底面	1.0	2.0	2.5
50～100	顶面	1.5	3.0	3.5
	侧、底面	1.0	2.0	2.5

续表

铸件最大外轮廓尺寸/mm		铸铝件	铸铁件	铸钢件
100~200	顶面	2.0	3.5	4.0
	侧、底面	1.5	3.0	3.0
200~300	顶面	2.5	4.0	4.5
	侧、底面	2.5	4.0	4.5
300~500	顶面	3.5	5.0	5.0
	侧、底面	3.0	4.0	4.0
≥500	顶面	4.5	6.0	6.0
	侧、底面	4.0	5.0	5.0

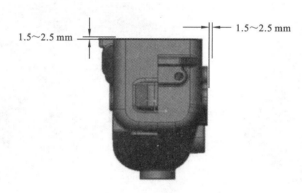

图 4-47　零件机械加工余量

（3）减少了不铸孔或槽。

由于尺寸精度的提高以及泡沫模样分片设计带来的优势，传统砂型铸造无法铸出的零件中的小孔、连接通道、凹槽等，在消失模铸造中多数可以铸出。如图 4-48 所示，砂型铸造中不铸的小孔和一些小结构较多，都需要加工处理，而消失模铸造可以将较多的不铸结构完整铸出，极大减少了加工量。

综上所述，由于拔模角的减小、尺寸公差等级的提高、大部分不铸结构都可以铸出，消失模铸件的机械加工量得到了极大减少，铸件毛重减轻，向着少无切削的目标迈进了一大步。

2. 镶铸或嵌铸

（1）容易预埋管道。

现实中有些零件需要有液体流动的通道，在常规铸造中需要通过打孔完成，而在消失模铸造中可以轻松实现预埋管道的操作，见图 4-49。

（2）容易实现多金属材料铸造。

现代零件由于功能不断增多，有些零件的局部需要嵌合一些其他材质，以实现耐磨、防腐、润滑等局部功能。在传统砂铸中很难实现一体化嵌铸，而在消失模铸造中比较容易实现，见图 4-50。图 4-50 中两个零件中的不同材质部分的结构可以预先加工，在消失模泡沫

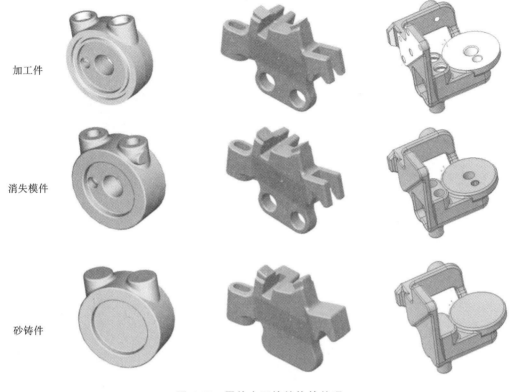

加工件

消失模件

砂铸件

图 4-48　零件中不铸结构的处理

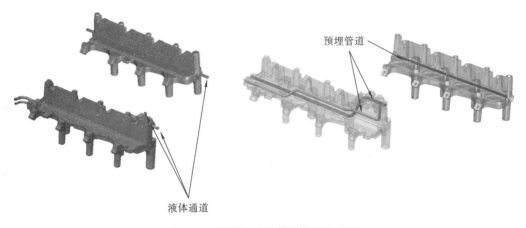

预埋管道

液体通道

图 4-49　零件中液体管道的预埋处理

模具分片设计时预先留出空间,再在模片黏合之前将这些不同材质的结构嵌合在模片中(可以用胶黏合),浇注时就可以实现嵌铸。

3. 铸件的多件集成

消失模铸造可以进行铸件的多件集成制造。传统砂型铸造由于工艺限制,很多零件无法做得过于复杂,复杂零件必须进行分开设计和制造,然后进行装配,如图 4-51 所示的一些

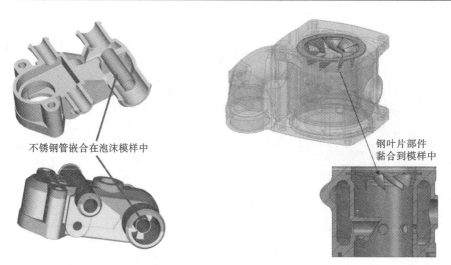

不锈钢管嵌合在泡沫模样中

钢叶片部件
黏合到模样中

图 4-50　零件中不同材质嵌铸

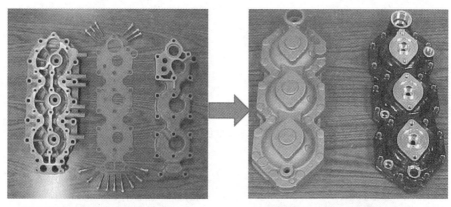

传统工艺及装配：采用压铸工艺生产3个
压铸件（缸盖、大盖板和小盖板），再
用2块密封垫片和20个螺钉装配组合

消失模铸造：可将缸盖整体铸造，节省了密封
垫片和螺钉以及机械加工和装配工时

（a）

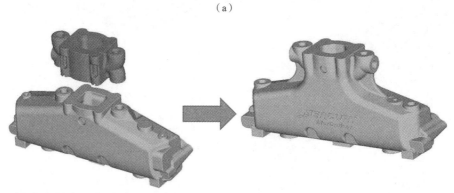

游艇水冷排气管设计（美国Mercury Marine
公司提供）：原砂型铸造必须将排气管和接
头分开铸造，再用螺栓连接成整体

消失模铸造：可以将排气管和接头整铸在一起

（b）

图 4-51　消失模铸造的多件集成

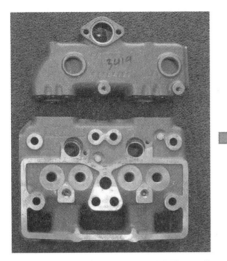 

带水冷套排气管的缸盖设计：排气管和缸盖分开铸造，经加工和装配，再将两者用螺栓连接成整体

消失模铸造：将两者整铸于一体，节省加工和装配费用

（c）

续图 4-51

典型实例。集成制造零件不仅仅缩短了制造流程和节约了成本，而且提高了零件的总体性能，如密封性、流道的平滑性等。

4. 无飞边及分型线

传统砂型铸造由于分型面和砂芯的存在，铸件上的飞边和分型面的痕迹非常明显，往往需要打磨才能出厂。如图 4-52 所示，在砂型铸件上可以非常明显地看到分型线或飞边经打磨后的痕迹，而在消失模铸件上只看到模片的黏合线，这个线不会形成飞边，所以不需要打磨，节约了打磨工时，也使得铸件更加美观。

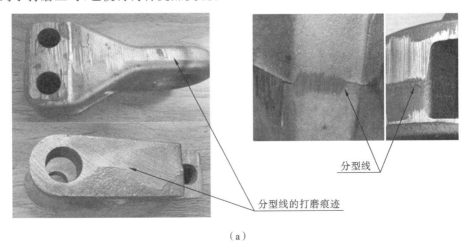

分型线

分型线的打磨痕迹

（a）

图 4-52 铸件对比

（a）砂型铸件；（b）消失模铸件

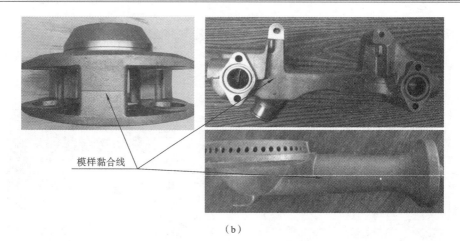

（b）

续图 4-52

5. 铸件表面文字标识清晰

为了使铸件能够进行追溯，往往在铸件的表面铸以文字或者标签。砂型铸造的铸件很难实现小型文字或标签的铸造，边缘也不清晰。因为泡沫模样在发泡的过程中，泡沫颗粒受热成形时是软的，紧贴发泡模具，所以边缘清晰。而砂型铸造有砂粒大小的限制，其铸型的边角很难做到细小而清晰，如图 4-53 所示。

（a）

（b）

图 4-53　铸件表面的文字标识

（a）消失模铸件上的文字；（b）砂型铸件上的文字

6. 无砂芯铸造

干砂消失模铸造是一种无砂芯铸造方式,使得内腔复杂的铸件成形成为可能。由于浇注时没有砂芯,也就不会产生所谓的砂芯漂移而影响内腔尺寸,所以能够保证尺寸稳定,见图 4-54。具有复杂光滑气流或液体流动通道的铸件,用消失模铸造也能够很好成形。消失模铸造有助于设计者实现功能设计,而不是仅仅从工艺上进行设计,为铸件结构工艺一体化设计提供了很大的自由度。

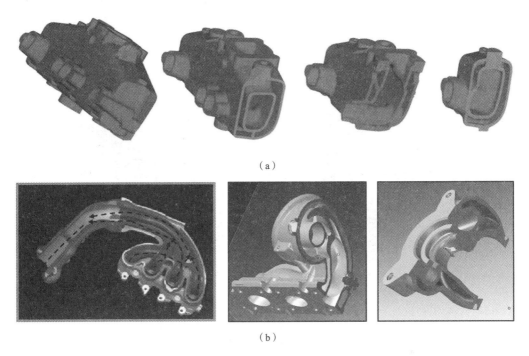

(a)

(b)

图 4-54　无砂芯铸造的复杂内腔消失模铸件设计

(a) 内腔壁厚均匀;(b) 复杂内腔结构

综合以上 6 点,足以说明消失模铸造的零件在精密化、轻量化、集约化等方面实现了较好的突破,在有原砂的铸造条件下极大提高了铸件精密度,成本得到较大下降,制造周期得到较大缩短。这也是人们愿意选择消失模铸造作为铸件成形方法的一大主要原因。

4.5　消失模铸造应用案例

4.5.1　消失模铝合金案例

位于美国北卡罗来纳州斯普鲁斯派恩市的庞巴迪运动休闲产品公司(简称 BRP),主要生产一些闪亮的、高速的、有趣的大型玩具,其实就是摩托艇、雪橇艇等,公司的海上摩托艇和雪地摩托艇世界知名。BRP 也生产山猫雪地车、游艇舷外挂机、全地形山地摩托车、超级游艇,以及其他怪异的车辆,等等。这家公司在 5 个国家有 8 个工厂,6000 多名员工,在世界各地都有办公室。但是你可能不知道的是在这 8 个工厂里面有一个超过 9000 m² 的消失模铸造厂,以生产复杂铝合金零件而闻名。

BRP 消失模铸造厂生产 1～35 kg 质量不等的 50 多种不同的铸件产品。产品的复杂程度从只要一个泡沫模片到需要 11 个泡沫模型组合在一起。这家工厂有 16 台成形机,以及 15 台全自动泡沫模型粘接机。这家工厂可以生产从 30 马力到 300 马力的游艇舷外发动机的缸体缸盖,以及排气管系统,生产了超过 160 种不同的泡沫模型,也生产海上摩托艇及游艇的四冲程发动机曲轴箱,以及水冷排气管,2012 年和 2020 年分别获得美国铸造协会铸造金奖,见图 4-55。

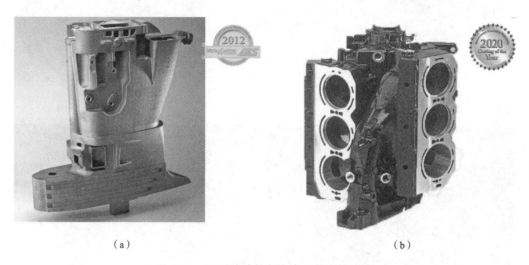

（a）　　　　　　　　　　　　　　　　　（b）

图 4-55　BRP 铸造的复杂内腔消失模铸件

（a）游艇发动机零件；（b）铝合金发动机缸体

通过了解该公司生产的铝合金汽车增压空气管道（见图 4-56）的设计和制造过程,可以全面了解消失模铸造零件的设计过程。该零件内腔复杂,空气进气道、排气道、冷却水道纵横交错,属于典型的薄壁复杂铝合金零件,成形困难。该公司依靠多年来在铝合金消失模铸造方面积累的经验,选择采用消失模铸造工艺,成功设计并制造了该零件。

图 4-56　铝合金汽车增压空气管道

根据 BRP 消失模铸造的经验,总结出消失模铸件设计和制造的一般步骤如下:

（1）根据客户的技术需求进行泡沫模样及其分片黏合工序的设计，并向客户报价；

（2）进行分片模具的设计和制造，自动黏合模具的设计和制造；

（3）模样组的制造，并正确设计涂料及其涂覆工艺等；

（4）零件浇注。

1．根据客户 CAD 数据进行模样分片

在将铸造模型分解为单独的模片之后，确定集群上的内浇道、横浇道和部件的数量，就可以计算出报价。图 4-57a 所示的是泡沫模样分片的分模面设计，图 4-57b 所示的是内浇口设计，图 4-57c 所示的是分片后的爆炸图，将各模片单独显示。黄色显示的是进气道，红色显示的是排气道，蓝色显示的是冷却水道。按图中的数字顺序黏合即可，黏合后的泡沫模样如图 4-57d 所示。图 4-57e 所示的是水道、气道在零件中的位置关系。

2．浇注系统、涂料、填砂等工艺设计

图 4-57 已详细展示了各个模样分片及其粘接顺序，即已准确确定了泡沫模样及其制造模片的模具个数。根据板状浇注系统及模样内浇口的位置，可以设计铸造模样组，设计原则

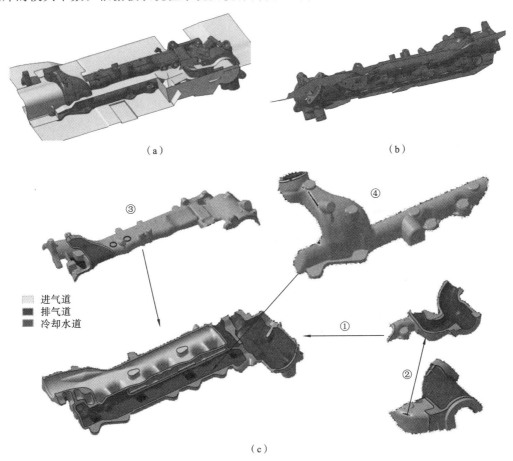

（a）　　　　　　　　　　　　　　（b）

进气道
排气道
冷却水道

（c）

图 4-57　泡沫模样分片设计

（a）分模面设计；（b）内浇口设计；（c）模片分片及其黏合顺序；

（d）黏合后的泡沫模样；（e）模样分片后水道、气道在零件中的位置

（d）　　　　　　　　　　（e）

续图 4-57

是有利于型砂的填充和涂料的顺利进入和流出，具体见图 4-58。

　　根据生产批量，模样组最大设计为一组四件，如图 4-58a、b 所示。根据铸件的设计可知，铸件内腔很复杂，均为复杂曲面，倾斜摆放尽量做到每个内腔都有最高点，有利于干砂的顺利充填，见图 4-58c。内腔的最低开口便于涂料顺利流出，所有开口有利于涂料的浸涂，并使得涂料均匀覆盖所有表面并润湿，见图 4-58d。涂料干燥时，所有开口均有利于空气的流动，快速带走涂料中的水分。

　　3. 泡沫分片模样模具的设计和制造

　　根据消失模铸造模具的设计规则进行每片模样的发泡模具设计。进行模具设计之前，需要对铸件的技术要求进行仔细分析，如铸件中是否预镶嵌管道等。模具设计的事项很多，

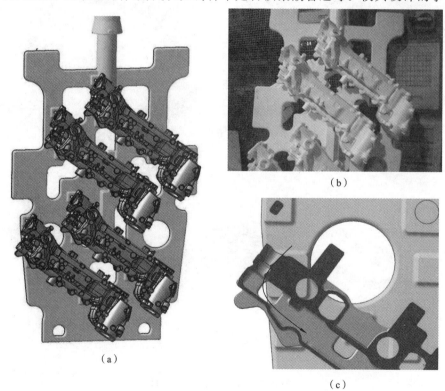

（a）　　　　　　　　　　（b）　　（c）

图 4-58　泡沫模样组在板状浇注系统中的排放

（a）浇注系统及模样组；（b）实际模样组；（c）模样有利于填砂；（d）模样有利于涂料流出

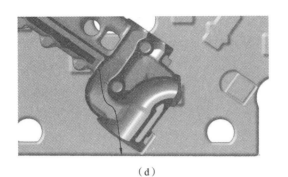

（d）

续图 **4-58**

在此不详述。图 4-59 所示为该零件的 5 片模样发泡模具的三维设计图和实际模具。

　　5 片模样发泡完成后，需要按照前面设定的黏合顺序进行黏合，可以是手动黏合，也可以是机器黏合，大批量生产一般都采用机器黏合。图 4-60 所示为各片模样的靠模设计，对

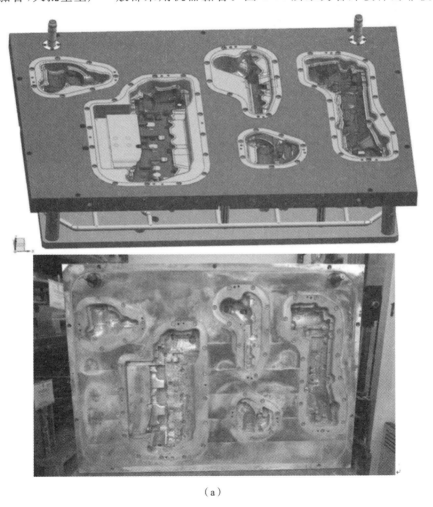

（a）

图 4-59　泡沫模样组发泡模具三维设计和实际模具

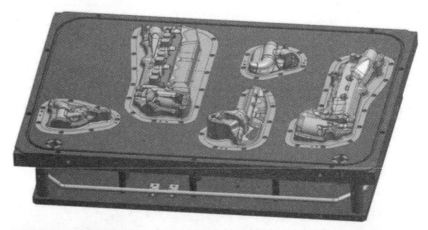

（b）

续图 4-59

（a）

图 4-60　泡沫模样自动黏合模具

（a）靠模 1 三维图；（b）靠模 2 三维图；（c）实际黏合模具

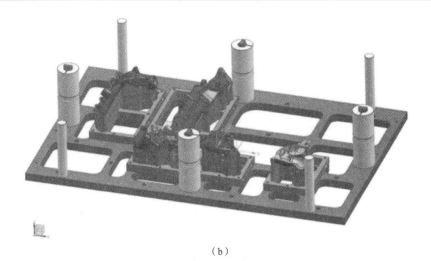

（b）

（c）

续图 4-60

应的模片放入各自的靠模中,然后机器打胶,自动黏合。

4. 泡沫模样及其浇注的铸件

泡沫模样分片发泡完成后(见图 4-61a),黏合成完整的泡沫模样(见图 4-61b)。

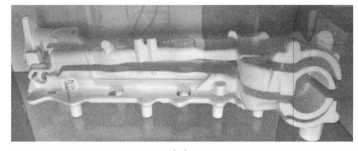

（a）

图 4-61　泡沫模样和铸件

（a）没有黏合的泡沫模样;（b）黏合后的模样;（c）浇注的铝合金零件;（d）加工后的铝合金铸件

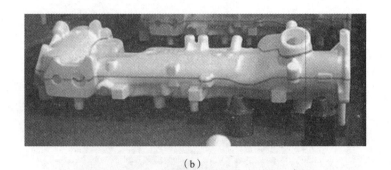

(b)

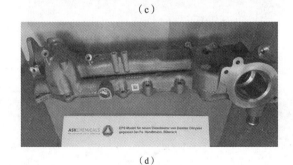

(c)

(d)

续图 4-61

浇注得到的铸件如图 4-61c、d 所示。

在国外,消失模铸造用于铝合金成形的典型案例很多,值得国内铸造研究者和企业界的实际工作者借鉴。随着新能源车时代的临近,铝合金铸件,尤其是复杂结构的铝合金铸件非常适合采用消失模铸造。图 4-62 所示的是国外成功应用的消失模铝合金铸件的案例,供参考。

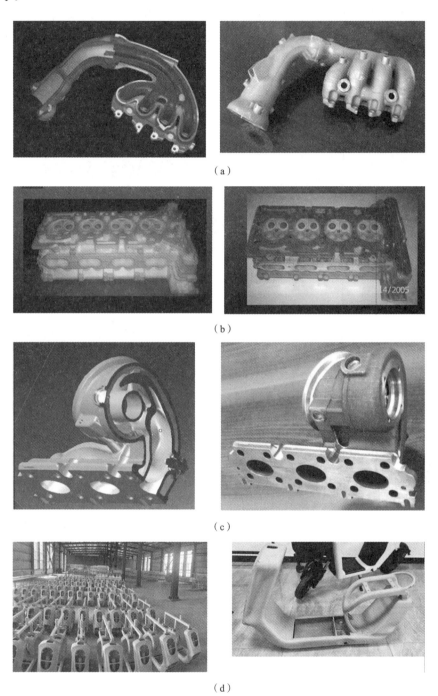

（a）

（b）

（c）

（d）

图 4-62　国外成功应用的消失模铝合金铸件

（a）水冷排气管;（b）发动机缸盖;（c）水冷套筒;（d）铝合金电动车架;（e）水冷电机壳

(e)

续图 4-62

4.5.2 消失模精铸型壳案例

消失模铸造的优势明显,但是缺点也很突出,尤其是泡沫模样在消失过程中有产生碳缺陷的风险。所以在 1995 年英国就出现了 Replicast 消失模型壳铸造技术,主要用于铸铝、铸低碳钢等领域。21 世纪初期,国内的华中科技大学等研究单位开始关注消失模空壳铸造,着力于解决铝合金、镁合金复杂薄壁零件的精确成形问题。很多国内企业也开始进行消失模型壳铸造技术、消失模先烧后浇的空腔铸造技术等的开发应用,对于解决不同铸件的成形问题起到了推动作用。

消失模铸造半个多世纪的实际应用表明,铸件表面的增碳缺陷及其他碳缺陷极大限制了低碳钢铸件在消失模铸造中的应用和发展。最近几年,国内消失模铸造领域的研究者采用消失模铸造与精密铸造相结合的办法,在复杂、较大型的低碳钢或高端铸钢的消失模铸造应用中获得了较大的进步和发展。譬如消失模空壳铸造、消失模精铸、陶瓷精壳铸造等,尽管称呼不同,但是总体技术路线大概一致。即采用消失模铸造用的泡沫模,利用熔模铸造的制壳方法制备薄壳(2～4 层),待其干燥后进行失模焙烧,然后将型壳放入砂箱,最后进行空壳浇注。

型壳制备是消失模型壳铸造的关键工序之一,其质量评价指标主要包括表面粗糙度、常温强度、高温强度和残留强度等,而强度的建立主要靠涂料。涂料分为面层与背层两种,面层用于形成型腔并承接金属液,因此要求致密、化学稳定性好,背层则是为了加固型壳。面层涂料在保证较好的操作性能的前提下应尽量采用高粉液比,以有利于降低型壳表面粗糙度。背层涂料则应采用较低的粉液比,以提高涂料中黏结剂含量,改善涂料黏结能力,并有利于改善涂料的涂挂性。

不同的铸件对涂料的性能要求不同。总体上来看,面层涂料的厚度范围为 0.2～0.8 mm,烘干温度为 30～60 ℃,烘干时间为 2～4 h。背层涂料视要求涂覆 2～7 层。每层厚 0.5～2 mm,总体型壳厚度需要达到 3～10 mm。背层涂料烘干温度为 60～75 ℃,烘干时间为 1～2 h。

型壳涂层完成后总体重量比泡沫模样大很多,因此泡沫模样的密度相比一般消失模可以增大,有的甚至可以达到 40 g/cm³。型壳干燥以后需要放入低温炉(150~200 ℃)来烧失模样。由于泡沫模样在升温过程中的低温阶段(60~100 ℃)会产生膨胀,因此较高的型壳常温强度对于防止型壳胀裂非常重要。高温强度则是为了保证高温金属液的顺利浇注,避免型壳产生裂纹。对于引入干砂真空紧实技术的消失模型壳铸造,对型壳高温强度的要求大大降低。图 4-63 所示为精壳铸造的铸钢件。

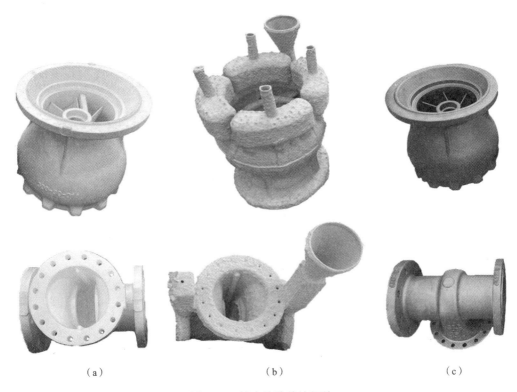

（a）　　　　　　　　　　（b）　　　　　　　　　　（c）

图 4-63　精壳铸造的铸钢件
（a）泡沫零件；（b）精铸型壳；（c）铸件

练习与思考题

1. 消失模铸造的概念是什么? 有哪些关键技术?

2. 为什么聚苯乙烯能够用于消失模铸造? 还有哪些塑料能够作为消失模铸造模样材料的备选?

3. 消失模铸件容易出现碳缺陷,请分析其产生机制,并提出防止措施。试分析在铸钢、铸铁和铸铝合金时,其碳缺陷的异同。

4. 消失模铸造的工艺设计和普通砂型铸造的工艺设计有什么区别? 描述其异同。

5. 为什么热冒口适用于消失模铸钢件的补缩?

6. 消失模铸造在填砂过程中采用雨淋式填砂,请说明其理由。

7. 消失模铸造在浇注过程中能否停止抽真空?

8. 请分析消失模铸件和普通砂型铸件在尺寸精度上的区别。

9. 为什么说消失模铸造是绿色铸造?

10. 消失模铸造的尾气主要包括哪些成分? 应如何处理?

11. 一直以来人们都认为消失模铸造不适合铸钢,为什么? 有什么措施让消失模铸造能够用于铸钢件生产?

12. 消失模铸造用于铝合金的关键技术是什么?

第5章 真空密封铸造技术

5.1 真空密封铸造概述

真空密封铸造法也称负压造型法或减压造型法,国外取真空英文 vacuum 的首字母,而简称为 V 法(以下简称 V 法铸造)。V 法铸造起源于日本,在我的研究和应用开始于华中工学院(现华中科技大学)铸造教研室的曹文龙教授,他于 20 世纪 70 年代进行 V 法铸造技术研究,1982 年著书《真空密封造型》,80 年代国内开始了 V 法铸造的实际应用。20 世纪 90 年代末,通过对 V 法铸造设备和技术的引进,以及国内相关铸造企业与高校的共同研究并消化吸收,我国才能够生产、制造满足 V 法铸造的装备和关键材料,之后相关技术才得以发展。该工艺利用薄膜抽真空使干砂成形,被誉为第三代造型法,即物理造型,见图 5-1。V 法铸造不使用黏结剂,落砂简便,使造型材料的耗量降到最低限度,减少了废砂,改善了劳动条件,提高了铸件表面质量和尺寸精度,降低了铸件的生产能耗,是一种很有发展前途的先进铸造工艺。

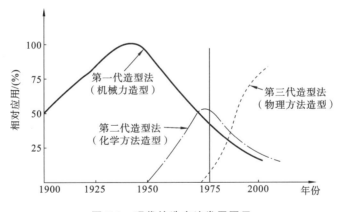

图 5-1　现代铸造方法发展图示

用真空密封造型法来生产铸件,可获得光滑的表面,尺寸精确度也高,并且具有很好的经济性。但是对于 V 法铸造的铸件成形原理,目前还缺乏深入研究。V 法铸造的各种工艺参数,包括真空度、型砂、紧实度、工艺设计参数等,对液态金属充填行为、凝固过程及其组织特征的影响还不是十分清楚,以至于对铸件内部质量的把控缺乏有针对性的方法和手段。目前,解决铸件内部质量问题的方法主要还是采用试错法,这导致 V 法铸造的推广应用缺乏核心动力。另外,V法铸造的造型过程复杂,设备自动化程度不高,生产效率很低,这也是导致 V 法铸造难以推广的原因之一。

我国从 20 世纪 80 年代开始对 V 法铸造进行研究和探讨以来,该方法也逐步得到了应用。

1984 年山海关桥梁厂引进日本新东公司砂箱为 7100 mm×800 mm×310 mm 的 V 法生产线,生产高锰钢铁路道岔,年产 1 万吨道岔。V 法铸造道岔产品如图 5-2a 所示。

图 5-2 V 法铸造典型应用

(a) V 法铸造的高锰钢道岔;(b) V 法铸造的浴盆;(c) 挖掘机铸铁配重;(d) 铸钢摇枕和侧架;(e) 铸钢车桥;

(f) V 法铸造的琴架;(g) V 法铸造的铝合金壳体;(h) 耐热合金钢料盘;(i) V 法铸造的颚板

1985 年北京化工设备厂引进日本新东公司砂箱为 2200 mm×1300 mm×600/280 mm 的 V 法生产线,生产 1650 mm×810 mm×400 mm 的球墨铸铁浴盆,质量为 150 kg,每小时生产 14 件。V 法铸造球墨铸铁浴盆产品如图 5-2b 所示。

　　1992 年安徽安东公司(现合肥叉车厂)引进日本新东公司 V 法生产线,生产出口插车配重铁,年产量 3 万吨。配重零件在我国基本上都采用 V 法铸造生产,获得了很好的铸件性价比。V 法铸造配重产品如图 5-2c 所示。

　　2005 年河南天瑞集团筹建年产 10 万吨大型铁路机车车辆合金钢配件生产项目,新建当时国内先进的 V 法生产线。该生产线由天瑞公司进行总体布局和工艺设计,由德国 HWS 公司提供全部设备设计和主要设备制造,由青岛双星公司负责辅助设备的制作和整线的安装调试,生产货运火车用摇枕、侧架等铁路铸件。V 法铸造铁路摇枕、侧架铸钢产品如图 5-2d 所示。

　　最近十几年来,V 法铸造在铁路道岔、火车摇枕、侧架等铁路铸件,以及铸铁浴盆、叉车配重铁、汽车车桥桥壳、钢琴琴架、空调泵壳等铸件生产中的应用发展很快,近些年在耐磨材料行业也开始应用,如用于生产高锰钢颚板、挖掘机用履带板等,并逐渐体现其优势。目前,V 法铸造也逐步应用于大型铝合金零件的生产中。相关产品如图 5-2e～i 所示。

5.2　V 法铸造原理及过程

　　V 法铸造采用了一种特殊的模样,将一个带有小孔和较小拔模斜度的模样安装在类似火柴盒结构的型板上,以实现真空吸力。V 法铸造工艺步骤如图 5-3 所示,以下将对模具准备、薄膜加热、喷涂涂料、加砂振实、起模和浇注六个步骤进行详细阐述。

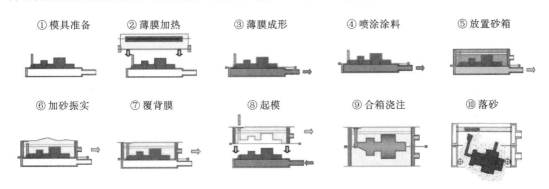

图 5-3　V 法铸造工艺步骤

5.2.1　模具准备

　　该工序主要为生产前准备工作,除了提供符合要求的模具,还要准备好生产产品所需的各种材料和工具,如图 5-4 所示。

　　因为 V 法铸造工艺对模具几乎没有磨损,所以大都采用木模进行生产,且木模更加容易修改,可方便产品调整。V 法模具制作技术经过多年的发展,逐步衍生出一些其他材料,表 5-1 展示了不同模具材料的成本、来源、应用情况和缺点。V 法模具在选材上仍需要注意,不同材质做出的模具对后续生产具有很大的影响。

图 5-4 模具准备

表 5-1 不同模具材料特性

对比项目	多层板	松木	陈木	树脂材料	硬塑料
成本	一般	一般	较高	最高	一般
来源	广泛	广泛	稀缺	广泛	广泛
应用情况	成熟	成熟	较少使用	较少使用	局部使用
缺点	对气候敏感，容易产生表面缺陷	对气候敏感，容易产生表面缺陷	来源少，规格型号杂乱	价格较高	与木材复合，增加工序

5.2.2 薄膜加热

V法铸造工艺的应用需要通过特殊的 EVA(乙烯-醋酸乙烯共聚物)薄膜来实现。为了获得一定形状的铸型，需要通过特定的加热装置将 EVA 薄膜加热软化，然后覆盖到模具上。在我国，因为用电便宜和安全，大多采用电加热管产生的热辐射来加热薄膜，如图 5-5 所示。

现有覆膜装置均由自动展膜机构、加热装置和自动覆膜机构组成。加热装置大同小异，主要是加热管不同，最常用的是石英管；部分加热装置为了适应不同大小的砂箱，采取分区加热的布置方式。在 V 法造型过程中，覆膜装置的控制决定了覆膜过程的质量。生产企业都倾向使用全自动覆膜装置，一方面因为该技术较为成熟，造价并不高；另一方面，全自动覆膜装置的工艺参数更加稳定，能更好地保证产品质量，效率更高。但是，由于生产条件的限制，如覆膜装置继电器故障、吸膜框真空度不足等，又缺乏专业的维修人员，较多企业的自动覆膜机构不能正常使用，工人为了不耽误生产而养成长期人工覆膜的习惯。

在覆膜操作过程中，影响覆膜效果的主要控制参数有薄膜规格、加热时间及覆膜速度，其参考值如表 5-2 所示。

图 5-5　覆膜加热

表 5-2　薄膜成形控制参数

控制参数	参考值
薄膜规格	根据产品及工艺核定
覆膜速度	5～7 s 完成
加热时间	1 min 左右(根据薄膜厚度和厂家核定)
工艺要求	薄膜成镜状,完整覆膜

薄膜规格的选取,除了根据砂箱尺寸限定宽度以外,厚度根据产品类型和工艺的设计来定。薄膜宽度规格的限度主要根据薄膜生产厂家的设备来核定,国产单层薄膜宽度已经可以达到 6 m,并且可以通过叠加的形式满足一切薄膜需求。薄膜厚度可以分为以下四类,如表 5-3 所示。

表 5-3　薄膜厚度及适应产品

按厚度 δ 分	伸长率 $A/(\%)$	适用对象
超薄型 $\delta < 0.10$ mm	纵向 $A \geqslant 400$ 横向 $A \geqslant 300$	表面精细的平板类中小型铸件 (如钢琴骨架等平板件)
薄型 $\delta = 0.10 \sim 0.20$ mm	纵向 $A \geqslant 600$ 横向 $A \geqslant 500$	形状较复杂的中型铸件 (如浴缸、车桥等中小型复杂件)
厚型 $\delta = 0.20 \sim 0.30$ mm	纵向 $A \geqslant 800$ 横向 $A \geqslant 700$	形状较复杂的大中型铸铁件 (如大型减速器壳体等)
超厚型 $\delta > 0.30$ mm	纵向 $A \geqslant 900$ 横向 $A \geqslant 800$	大型复杂铸件 (如大型配重平衡块和机床床身等)

实际生产中使用较多的薄膜厚度主要集中在 0.06～0.18 mm。

5.2.3　喷涂涂料

软化后的薄膜均匀覆在模型之上后,需要在薄膜上喷涂一层涂料,用来防止铸件黏砂等缺陷。根据涂料性能决定是否需要对涂料进行烘干。涂料的使用对铸型也能起到较好的密封作用。如图 5-6 所示,工人正进行喷涂作业。

图 5-6　喷涂作业

为了获得高质量的铸件,V 法铸造涂料必须具有以下特性:

(1) 附着性能好。涂料和面膜之间需要良好的润湿性和附着性,使涂料层能牢牢附着在面膜之上,否则便会因为涂料层过薄或开裂造成黏砂缺陷。

(2) 涂层强度高。涂料喷涂在薄膜之上后,需要抵抗砂子的冲刷和摩擦,并在浇注过程中承受铁水的冲刷,如果涂层强度低也会产生黏砂缺陷。

(3) 干燥速度快。V 法铸造涂料均选用醇基涂料,以保证涂料的快速干燥,涂料不干容易造成铸件表面质量缺陷。

喷涂一直是 V 法铸造中最为麻烦的生产环节之一。因为其工序的特殊性,无法实现自动化,降低了生产效率;采用人工喷涂操作使得生产过程变得更加不可控,加大了生产管理的难度,使得同种产品在不同企业的应用存在较大的差异。如表 5-4 所示,同规模、同地区的 V 法铸造企业在喷涂上的一点小差别,便直接导致了产品质量的巨大差异。

表 5-4　涂料使用效果对比

生产工厂	控制手段	波美度	铸件质量
A	小桶、无搅拌、无检测	60～65	差
B	大桶、持续搅拌	65～70	好

国内 V 法铸造企业使用的喷涂设备大都属于其他行业产品,并没有专门研究和生产 V 法铸造喷涂设备的企业,因此喷涂设备的选择在国内也存在很大的不同,因喷涂设备的局限性和操作不当引起的铸造缺陷层出不穷。好的无气喷涂机及其管路系统主要还是依靠从国外进口,尤其枪头属于损耗品,成本较高。表 5-5 展示了现有主要的三种喷涂设备。

表 5-5　喷涂设备特点

名称	使用范围	成本	喷涂效果
无气喷涂	较多	较高	喷涂均匀,节约涂料
隔膜泵	较少	较低	喷涂均匀,操作需注意
喷壶	较多	较低	喷涂均匀度差,浪费涂料

5.2.4　加砂振实

V 法铸造工艺与消失模铸造工艺一样,由于使用真空造型,需要通过振实台来获得紧密的铸型,如图 5-7 所示。V 法铸造砂型的硬度和强度,不单单与砂箱的负压值有关,还与振实台的振动效果有关。振实台的振动效果因为无法检测而显得更加重要。

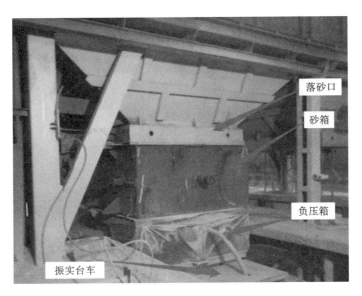

图 5-7　加砂振实

砂型不紧实,由此在砂型移动和浇注等生产过程中产生的波动又会造成砂型内砂子的再次分布,从而引起铸型尺寸和结构等的变化。因此砂型不紧实会导致铸件尺寸大小不一,重量产生偏差。

目前由于对 V 法铸造振实台的设计缺乏严格的标准,对实际的振实效果也缺乏检测手段,故在振实设备的选择上仍存在较多问题。通过对振动电机的认识,振实效果一般根据振动电机振幅、激振力和振动频率的数值进行判断。

如表 5-6 所示为使用效果较好的振实台控制参数。通过近几年的认识,振实台生产厂家均能按要求生产,但由于质量等原因,使用一段时间后,振实台便不再满足生产所需而需要进行调整。

表 5-6　振实台控制参数

控制参数	参考值
振幅	0.5 mm
振动频率	1500 min^{-1}
振动时间	50～90 s

5.2.5　起模

V 法铸造工艺与其他砂型铸造相似,需要将模具从铸型中取出,V 法铸造的起模方式有千斤顶、行车、顶杆和机械手起模四种。随着我国铸造行业的不断发展,前两种起模方式已基本被后两种取代。起模过程要求稳定,顶杆起模和机械手起模均能满足需求。现顶杆起模由于价格便宜和维修成本低而被大量使用,如图 5-8 所示。随着机械化程度的提高,机械手起模也被越来越多的企业投入自动化程度较高的生产线中使用,如图 5-9 所示。

图 5-8　起模顶杆

图 5-9　起模机械手

值得一提的是,无论是顶杆导杆和导套,还是机械手导杆、导套和手臂,为了使其满足一定的强度要求,必须进行热处理。

5.2.6　浇注

由于 V 法铸造需要通过真空来维持铸型的完整性,而浇注过程会损坏铸型的真空,因此 V 法铸造工艺的浇注过程更加难以控制。为了维持铸型的稳定,防止塌箱,V 法铸造工艺浇注速度要比一般黏土砂铸造工艺更快一些,如图 5-10 所示。

除了浇注负压值和速度,浇注温度也是需要严格控制的参数之一,同种产品在不同厂家的生产温度差距可能达到 80 ℃以上。一般来说,对于大型灰铁铸件,我们希望采取高温出炉低温浇注,但铁水出炉后等待时间过长会影响生产效率,通常采取在出炉后向铁水包内投

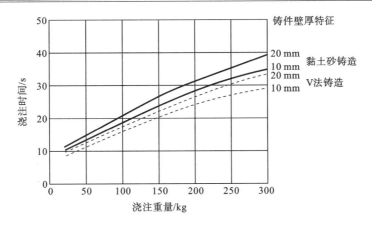

图 5-10　浇注时间和浇注重量之间的关系

放浇冒口的方式进行快速降温,提高生产效率。浇注温度一般控制在 1220～1280 ℃以内,不同大小的产品浇注温度不同,应严格按照工艺卡进行操作。

5.3　V 法铸造的关键参数

V 法铸造中铸型是由没有任何湿气和任何黏结剂的干砂形成的,并由中空的砂箱和薄膜所密封,再通过抽真空获得的压力差来使砂型获得紧实。脱模后的铸型靠砂箱上下面的薄膜将砂箱密封,同时保持对砂箱抽真空,薄膜外面的大气压力和砂箱内部抽真空后的剩余压力之差使得干砂获得紧实力。如图 5-11 所示,大气压力为 101.3 kPa,砂箱中的剩余压力为 41.3 kPa,则紧实干砂的压力为 60 kPa。

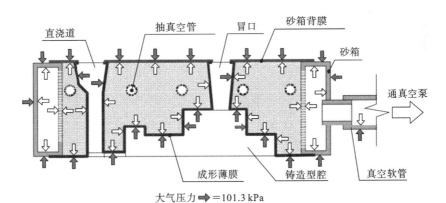

图 5-11　V 法铸造干砂成形示意图

根据实际经验,砂箱中的真空度维持在 0.04 MPa 比较合适,真空度不是越大越好,保持均匀合适的真空度非常重要。真空度过高容易引起金属液侵入涂层而造成黏砂或其他表面缺陷;真空度过低容易引起塌箱缺陷。如果真空不均匀,铸件成形过程中易产生局部变形、塌砂等缺陷。保持砂箱中真空均匀的关键在于真空系统的合理配置以及砂箱中抽气结构的合理布置。

因此,铸件质量的影响因素与铸型的工艺材料是密切相关的。为了确定影响 V 法铸造质量的关键工艺参数,根据实际经验和理论分析,构建了如图 5-12 所示的石川因果图(也称鱼骨图),以下参数是影响 V 法铸造质量的关键参数:

- 基于砂的变量:类型、形状、尺寸和尺寸分布。
- 塑料薄膜变量:类型和厚度。
- 基于振动的变量:振动频率、振动幅度、振动时间。
- 基于真空的变量:施加的真空程度及其分布。
- 基于浇注材料的变量:材料成分、浇注时间和温度。

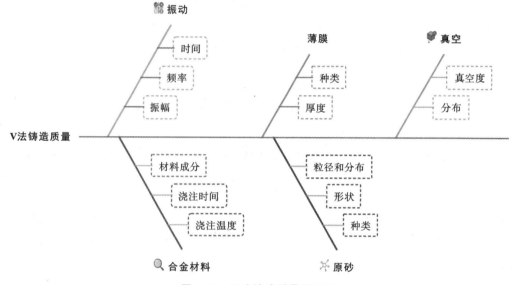

图 5-12　V 法铸造质量关系图

5.3.1　振动

振实设备是 V 法造型的重要设备,V 法造型和消失模使用的都是无任何黏结剂的干砂,不含黏结剂的型砂几乎没有初始强度,单纯依靠抽真空不能得到所需要的砂型硬度。如果在抽真空前铸型紧实度较低,抽真空时型砂颗粒会产生较大的位移,从而导致起模后砂型尺寸和轮廓与原模型相比有较大失真。而且 V 法铸造用的型砂细、流动性不好,必须通过振实台的高频率低振幅的振动方式增加干砂的堆积密度,砂型才能达到所需要的硬度。

一般 V 法造型都采用单维振实,可是单维振实无法将几何形状复杂又不好充填的部位充填好。消失模用振实台都是三维振实台,而 V 法造型用三维振实台能更好地把几何形状复杂、不好充填的部位均匀充填好。通过三维振实台振实后的砂型硬度均匀性好,硬度高且紧实,浇注时不会出现胀砂、塌箱、变形等缺陷,而且浇注负压还不高。图 5-13 所示为 V 法造型用振实台及其工况。

（a）　　　　　　　　　　　　　（b）

图 5-13　V 法造型用振实台及其工况

（a）振实台设备；（b）振实台实际工况

需要注意的是，型砂越细，型砂流动性和透气性不好，越需要振动紧实。型砂越细，抽气量越小，浇注时失掉的气体流量就少。型砂越细，所需涂料层就越薄，铸件表面越光滑。

一般振动频率在 $10 \sim 36.67$ Hz 之间变化，振动时间在 $10 \sim 50$ s 之间变化。选择最低水平的振动频率和振动时间，使砂粒具有更强的流动性，促进砂团的沉降。振动频率和振动时间的最大水平受噪声水平的限制，噪声水平不能太高，所以振动频率和振动时间也不能太高和太长，振动幅度保持在 450 μm 左右比较合适。

5.3.2　合金材料

由于 V 法铸造的真空特点，其外型和内芯均处于真空状态，因此浇注充型的能力远大于其他铸造工艺。鉴于 V 法冷却缓慢和真空状态的特点，铸钢件浇注温度不宜偏高，以避免收缩类缺陷，满足产品质量要求。同时，浇注速度以满足产品质量要求为前提，保证在浇注末期透气孔不出现"呛火"为准，浇注终了时的点浇等与其他工艺相同，可以在平常浇注速度的基础上提高 $20\% \sim 30\%$。

铝合金的浇注温度在 $650 \sim 750$ ℃ 之间变化，浇注温度可能影响液态铝合金的枝晶状态，从而影响铸件的孔隙率。

不同合金材料在 V 法铸造条件下，浇注温度与传统砂型铸造差距不大，需视铸件情况而定，而浇注速度由于真空的存在而得到了提高。

5.3.3　薄膜

薄膜是 V 法铸造造型中使用的主要造型材料之一，它直接影响到造型过程和后续工序的进行。因此，薄膜的选择和应用十分关键。

由于 V 法造型过程中薄膜要应对不同尺寸的模样凹凸结构，要求薄膜延展性好，因此应该采用热塑性薄膜，并要求其成形性能好、燃烧时发气量小、不产生有害气体且价格低廉。可用于 V 法造型的薄膜，根据其化学成分的不同，一般分为聚乙烯（PE）薄膜、聚丙烯（PP）薄膜、聚氯乙烯（PVC）薄膜、乙烯-醋酸乙烯共聚物（EVA）薄膜、聚乙烯醇（PVA）薄膜、聚苯乙烯（PS）薄膜。它们的性能由于原料、配比以及制膜方法不同而有很大的差别。

从目前应用的情况来看,EVA薄膜比较适合V法铸造的生产。V法铸造对EVA薄膜的性能要求包括:

(1) 有良好的强度和延伸性,以保证薄膜有良好的成形能力,尤其是对于表面形状复杂的零件;

(2) 薄膜内无杂物和气泡,表面无伤痕,尽量避免在加热和成形过程中破裂;

(3) 热塑应力小,成形后弹性消失,薄膜保持成形形状,不会缩回原状;

(4) 不与木模和模板黏连,易于脱模;

(5) 发气量小,无毒,无或少有有害气体生成;

(6) 价格便宜。

EVA薄膜的成形性是重要的性能指标之一。所谓成形性是指薄膜加热烘烤到一定温度时,薄膜在模样上吸覆而不发生破裂时所具有的成形能力。典型的测定薄膜热成形性能的实验是深拉成形,即在一定的宽高比的箱子内测定薄膜能完全拉深成形的极限深度,从而得到薄膜的拉深比。将不同的EVA薄膜分别进行了实验,薄膜拉深的实验结果如表5-7所示。为了避免透露产品参数信息,薄膜型号本书均采用代号。

表5-7 薄膜拉深的实验结果

下行深度 H	薄膜 1# 0.05 mm	薄膜 2#		
		0.05 mm	0.11 mm	0.15 mm
36 cm	成形	成形	成形	成形
39 cm	成形	成形	成形	成形
42 cm	破裂	破裂	成形	成形
47 cm			成形	成形
49 cm			成形	成形
52 cm			成形	成形
55 cm			成形	成形
58 cm			成形	成形
60 cm			成形	成形
62 cm			破裂	成形

用表5-7中的极限拉深深度比上拉深箱的内壁宽度 $B=380$ mm,即可得到不同厚度不同类型的EVA薄膜的极限拉深比 $K=H/B$,如表5-8所示。

表5-8 极限拉深比

	薄膜 2#	薄膜 1#
极限拉深比 K	1.1(0.05 mm)	1.0(0.05 mm)
	1.6(0.11 mm)	
	≥1.7(0.15 mm)	

当薄膜厚度大于或等于0.15 mm时,其极限拉深比超过了早先资料中提到的拉深比极限1.5。

在 V 法铸造中,为了保证生产效率,要求薄膜能在较短的时间内受热烘烤至镜面,同时要求薄膜不会因迅速升温而破裂,或生成细孔而破坏密封性。

对 EVA 薄膜进行烘烤实验,自拉闸接入电源加热开始计时,至 5 分 15 秒时,两种膜的烘烤膜面均良好,如图 5-14 所示。

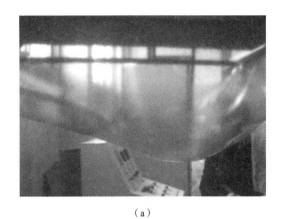 

（a）　　　　　　　　　　　　　　　　　（b）

图 5-14　两种薄膜的热成形能力测试

（a）薄膜 1#；（b）薄膜 2#

5.3.4　原砂

用于真空密封造型的干砂主要有石英砂、锆砂、铬铁矿砂、橄榄石砂、宝珠砂等,干砂的粒度对铸件表面粗糙度有直接影响。在普通砂型铸造中,由于型砂中含有水分、黏结剂和附加物等,使用过细的砂子会降低铸型的透气性,铸件易产生缺陷。而真空密封造型采用干砂,不加黏结剂等,发气量少,在浇注过程中又不断抽真空,增加了铸型的排气能力,因此可选用比普通砂型更细的砂子粒度来获得表面光洁的铸件。相关机制不是由于细砂直接和金属液接触而获得光洁表面,而是由于细砂对涂料层的支撑作用,使得涂层不会产生凹凸不平。另外从防止在真空下浇注时金属液被吸入砂粒间孔隙而形成机械黏砂考虑,也应选用比普通砂型更细的砂子。

通常用以下不含黏土成分的干砂作为真空密封造型的型砂是合适的：

（1）铸钢件、不锈钢件使用 50/100 目的石英砂或宝珠砂；

（2）铸造耐磨件用 40/70 目的铬铁矿砂或宝珠砂,或镁橄榄石砂加柔性冷铁砂；

（3）铸铁件建议使用 70/140 目的石英砂或 50/100 目的宝珠砂；

（4）有色金属建议使用 100/180 目的石英砂、南京红砂或铬铁矿砂。

如生产耐磨件首先考虑用铬铁矿砂、宝珠砂、柔性冷铁砂。

5.3.5　真空

V 法铸造中,真空系统必须保证在几秒钟内抽掉振动紧实后砂型中的空气,并在起模、合型、浇注至铸件凝固冷却过程中保持砂型内具有一定的真空度。在浇注过程中,金属液的热辐射使得薄膜受热气化,砂型漏气量增大,但即使有 50% 的薄膜气化,真空系统仍然可保证砂型维持原状,不溃散。图 5-15 是 V 法铸造真空系统示意图。

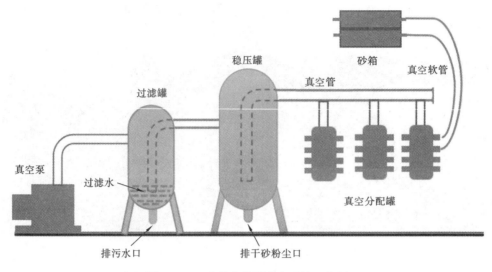

图 5-15　V 法铸造典型真空系统示意图

在真空系统中,最主要的设备是真空泵。根据真空密封造型的特点,真空泵需满足排气效率高、受吸入空气中粉尘的影响小、易维修、噪声低等条件。一般选用水环式真空泵比较合适,水环式真空泵有偏心式和对称式两种。V 法铸造需要低负压大流量,真空泵工作时负压度在 0.05 MPa 以下流量大,到 0.05 MPa 以上后,负压压力越大流量越小。常用的真空泵有图 5-16a 所示的罗茨真空泵,以及图 5-16b 所示的 2BE 型水环式真空泵。

| (a) | (b) |

图 5-16　V 法铸造常用真空泵
(a) 罗茨真空泵;(b) 2BE 型水环式真空泵

真空泵的选择过程是一个相当复杂的工程学过程,但可以通过式(5-1)来计算砂箱所需的抽气量,计算中忽略管道阻力和泵的抽气性能曲线的影响。

$$S = \frac{V}{t} \ln \frac{P_0}{P} \tag{5-1}$$

式中：S——泵抽气量，m^3/min；

　　　V——砂箱容积，m^3；

　　　t——砂箱中压强从 P_0 上升到 P 时所用的抽气时间，min；

　　　P_0——抽气开始时砂箱中的压强，mmHg；

　　　P——抽气时间为 t 时砂箱中的压强，mmHg。

在 V 法造型中，砂箱体积 V 不会变，但是砂箱中的气体体积会发生变化。铸造用砂的 AFS 细度虽然不同，但其间隙体积均在总体积的 30％ 左右，即体积为 V 的砂箱装满砂子后其中约有 0.3V 体积的空气。式(5-1)中 P_0 为大气压 101.3 kPa(760 mmHg)，P 为造型工作压强，约 40 kPa(300 mmHg)。砂箱接上真空系统后，根据一般生产经验，在 5～10 s 之内到达工作压强，为了方便计算，这里取 6 s，即 0.1 min。由于式(5-1)忽略了泵的性能曲线，故需进行适当修正。根据科学家 H. A. Steinherz 的低真空泵特性曲线，当压力在 105 Pa 到 133 Pa 范围之间时，应对式(5-1)加以修正，修正系数 $K=1.1$。分别将这些数据代入式 (5-1)有：

$$S=1.1\frac{0.3V}{0.1}\ln\frac{760}{300}\approx 3V \qquad (5-2)$$

即泵的抽气量约为砂箱总体积的 3 倍。工程中还应给予 25％ 的安全系数，取 $S=3.75V$。实际上抽气量是受很多因素影响的，如砂、振动、铸件形状、体积、材料等，实际值要大于此计算值。

砂箱中真空的分布对于铸件质量至关重要，出现的逐渐塌箱、尺寸变形、浇注缺陷等都和砂箱中真空的分布不均匀有关。而填满原砂的砂箱中的真空度的分布与砂箱的设计密切相关。

真空负压砂箱设计的基本要求：结构合理、强度高、不变形、耐用、吃砂量合理、不锈钢网耐用。砂箱内壁打孔大、透气面积大、钢板厚、强度高。所以 V 法铸造中砂箱也是关键部分之一。砂箱的结构类型见图 5-17。

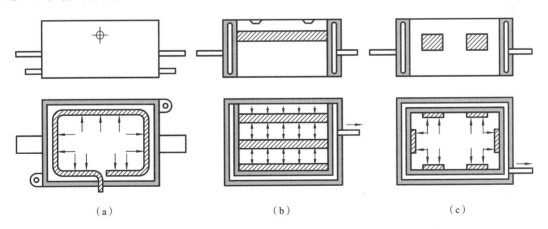

图 5-17　V 法铸造用砂箱的结构示意图(阴影部分表示抽真空机构)
(a) 金属软管导管式抽气；(b) 管式抽气；(c) 侧面抽气

图 5-17a 所示为金属软管导管式抽气砂箱，该类砂箱结构很简单，是由单层壁构成的，

可制作成较大尺寸。为避免塌箱、铸型沉降和变形,需设置较密的钢板箱带,在与模型相邻侧和模型表面留有 30～50 mm 的间隙。为便于金属软管的安装固定,在相应的位置会切割出通过式安装固定孔。金属软管两端与固定在箱壁上的真空接头相连,在抽气时,通过软管各活动节间的缝隙来抽吸砂粒间的空气,同时阻止细砂及粉尘被吸入。软管挂在砂箱内壁并固定在箱带的安装固定孔内,软管位置距型腔表面的距离应不小于 50 mm,否则金属凝固潜热易损坏软管。这种软管因间隙较大,易吸入砂粒和粉尘,所以真空管路系统必须配置滤砂和水浴装置,以防止砂粒、粉尘进入真空泵。

图 5-17b 所示为管式抽气砂箱。这种砂箱的端壁是用钢板焊成的密封夹层,夹层中的中空部分形成抽气室,而侧壁是实体的,抽气网孔设在焊于两端壁的数根抽气管上,并与抽气室连通。孔的间距一般为 25 mm 左右,孔径为 φ10 mm,也可钻成交错密排的大孔,再在钢管外面包裹两层 110 目的不锈钢金属网,以防止细砂及粉尘被吸入抽气室。

由于这种砂箱利用每根钢管上的抽气网孔抽气,因此可使砂型各处得到较为均匀的真空度。钢管上的抽气孔径和钢管的根数及间距的分布,可根据砂箱大小及铸型特征来定,一般钢管的间距为 200～300 mm。由于焊有数根钢管,砂箱的刚度及强度都较好,可制作成面积超过 1 m² 的大中型砂箱,但箱体内的抽气管给设置浇冒口和取出铸件带来不便,从而影响了砂箱的通用性。另外,外裹的细目金属丝网在使用中也较易损坏或堵塞。现有的经验表明,采用斜纹编制的 150 目或 180 目的不锈钢金属保护网更为合适,该金属网单层厚度大,强度好而且耐用,可以焊接成所需的形状直接安装。

图 5-17c 所示为侧面抽气砂箱。它的四壁是用钢板焊成的密封夹层,夹层之间形成连通的抽气室。在砂箱端部的外壁上焊有一根管接头,可利用橡胶软管将此管接头与真空系统接通。在砂箱的内侧四壁上开有抽气孔,并装有多孔滤气板。为了防止细砂吸入真空泵中,在多孔滤气板之间夹装有一层 150/180 目不锈钢的斜纹金属丝网。侧面抽气砂箱的顶面无横挡,所以造型时浇冒系统的设置以及浇注后铸件的落砂都较方便。但由于这种砂箱的抽气孔是设在四个内壁面上的,所以在靠近内壁面处的真空度较大,愈向砂箱中心处,因砂粒间阻力的作用,真空度将愈小,因此侧面抽气砂箱一般只能制作成面积不超过 1 m² 的小型砂箱。若此类砂箱过大,往往会使砂型中心处真空度过小,以致强度不够而塌型。

实际中由于铸件大小不一,往往采用复合式抽气方式,见图 5-18。复合式抽气是在侧面抽气的基础上,在砂箱顶部适当部位安装钢管式抽气机构,或金属软管复合式抽气机构。

抽气管直径、形状、位置都很重要,在使用过程中不能漏气且还要牢固。当砂箱面积较大时,单靠四周抽气难以保证在浇注过程中中心部位负压气体的补充,会造成塌砂和胀箱、变形等缺陷。

不锈钢网要根据所用的型砂粗细来选择。不锈钢网也能直接影响透气性,最好采用 V 法造型专用的斜纹编织不锈钢金属丝网。

在实际工程中,由于铸件结构的不同,砂箱中的真空分布会随着结构的变化而变化,因此砂箱中的真空管道要能实时变化,否则砂箱中局部的真空不足会使得砂箱的局部硬度不够,导致各类铸件缺陷。图 5-19 所示为各种不同的砂箱真空管道的变化设计。

图 5-18　V 法铸造复合抽气式砂箱

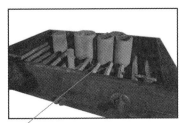

为避让冒口而采用短真空管　　　为避让高结构而采用弯短真空管

在低凹地方多设置真空管

图 5-19　V 法砂箱真空管的变化

5.4　V 法铸造的优势与不足

5.4.1　V 法铸造的优势

1. 投资少成本低

V 法铸造设备相对简单,维修费用少,省去了黏结剂、附加物及混砂设备。具体体现在以下几个方面:

(1) V 法铸造适合大批量短流程铸造,可实现直接从高炉炼铁到铸件生产(见图 5-20);

(2) 无黏结剂造型省略了混砂、再生等流程(见图 5-21);

(3) 模具及砂箱使用寿命长。

V 法铸造生产线相比于传统砂型铸造,省略了较多的环节,生产布局紧凑。最主要的部分就是造型工位。

图 5-21 所示的 V 法造型机组呈一字形布置,上箱和下箱造型机分别在一字线的两端。该机组适用于 V 法铸造大型铸件,主要生产铁路机车的摇枕和侧架等。河南汝州天瑞集团

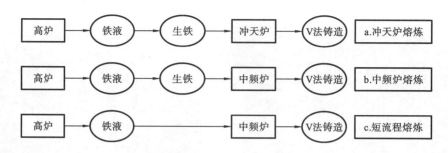

图 5-20　短流程与 V 法铸造生产的结合

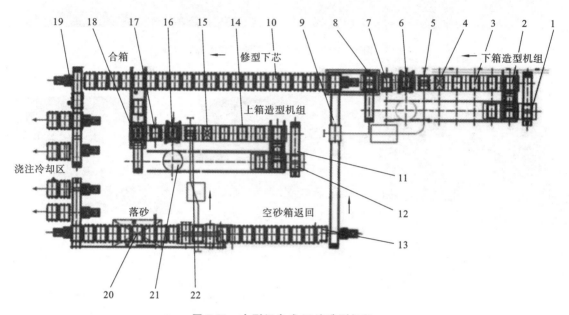

图 5-21　大型组合式 V 法造型机组

1—下型模板输送车；2、12—移动式自动覆膜机；3、14—喷涂料；4、15—涂料烘干机；5、22—放空砂箱；
6、16—加砂振实（振实台）；7、17—刮砂覆膜；8—下箱起模翻箱机；9—下箱输送辊道；10—下箱修型、下芯；
11—上型模板输送车；13—空砂箱返回辊道；18—上箱起模翻箱、合箱机；19—铸型过渡车；20—落砂区；21—砂斗

铸造有限公司从德国 HWS(豪斯)公司引进的 V 法铸造生产线就是这种类型,主要生产摇枕和侧架铸钢件。摇枕砂箱尺寸为 3100 mm×1900 mm×350/550 mm,侧架砂箱尺寸为 3100 mm×1900 mm×450/450 mm。设计生产能力约为 20 型/h,实际生产能力只有 8 型/h,年产量为 50000 t 左右。

图 5-22 所示为中小型 V 法铸造生产线。为适应品种多、批量小的特点,中小型 V 法铸造企业造型设备设计简易,可方便调整,一般采用穿梭式造型机,见图 5-23。这类造型机主要包括振实台和可移动的轮廓薄膜开卷、切割和输送装置。模板装在模板框上,模板框与真空源连接,并可以借助于驱动辊道行驶到振动工作台的上方。梭动小车交替地把下箱模板和上箱模板送入放置薄膜的工位。

穿梭式 V 法造型机的操作程序(见图 5-24)如下:

(a)原始位置:上箱、下箱分别处于原始位置;

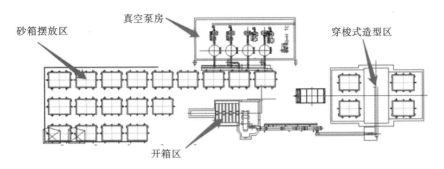

图 5-22 中小型 V 法铸造产线简图

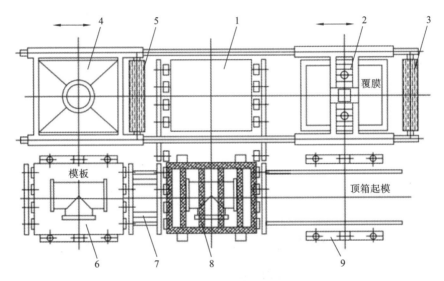

图 5-23 穿梭式 V 法造型机

1—振实台;2—配有开卷、切割、电加热器的覆膜装置;3—薄膜卷筒支托架;4—定量砂斗;
5—带有开卷装置的盖膜卷筒支托架;6—带模板的模板框;7—模板移动车;8—砂箱;9—起模装置

(b) 下箱移至振实台的上方覆膜位置,进行覆膜;

(c) 交换位置,上箱移至振实台前;

(d) 上箱移至覆膜位置进行覆膜,下箱喷涂料放空砂箱;

(e) 交换位置,下箱到振实台前;

(f) 下箱加砂、紧实、覆膜、抽真空紧实,上箱喷涂料,固定浇冒口,放砂箱;

(g) 交换位置,上箱到振实台前,下箱送到起模装置的上方进行起模、翻箱、下芯等;

(h) 上箱加砂、紧实、覆膜、抽真空紧实,下箱起模后运走;

(i) 交换位置,下箱到振实台前,上箱被送到起模装置的上方,起模后运走。

下一个程序,重复上述动作。

该 V 法造型机的特点是对模样和铸型操作方便,操作人员可以手工操作。该机占地面积小,不会妨碍车间的吊车工作。图 5-25 所示为实际应用的 V 法铸造生产线。

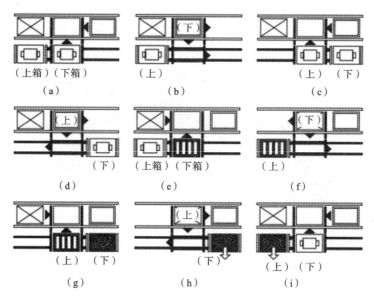

（上箱）（下箱） （上） （上）（下）
（a） （b） （c）

（下） （上箱）（下箱） （上）
（d） （e） （f）

（上）（下） （上）（下） （上）（下）
（g） （h） （i）

图 5-24　穿梭式 V 法造型机操作程序

图 5-25　V 法铸造生产线实际现场

2. 无污染且资源消耗少

V 法铸造有利于环保，且可减少铸造过程中的材料消耗和能源消耗。型砂可以反复使用，避免了废砂对环境的污染。V 法铸造采用无黏结剂的干砂，省去了其他铸造工艺中型砂的黏结剂和附加物或烘干工序,减少了环境污染。表 5-9 所示为 V 法铸造和水玻璃砂铸造方法的吨铸造成本的比较,V 法铸造可以节约三分之一以上。

表 5-9　V 法铸造和水玻璃砂铸造的材料费用比较

序号	水玻璃砂铸造		V 法铸造	
	费用项目	费用/(元/吨)	费用项目	费用/(元/吨)
1	型砂	635.04	型砂	190.77
2	砂处理	77.78	薄膜	88.20
3	普通水玻璃	112.00	涂料	90.72
4	碱酚醛树脂	80.00	砂处理费用	43.11
5	CO_2	300.00	成形电力	284.44
6	真空置换电力	80.00	浇冒口耐火材料	200.00
7	成形电力	30.00	砂芯(CO_2 硬化水玻璃砂芯)	36.00
8	浇冒口耐火材料	200.00	垃圾处理	5.56
9	铸件清砂	66.67		
10	垃圾处理	27.78		
	合计	1609.27	合计	938.8

3. 铸件精度高

1）铸件表面质量好

图 5-26 给出了树脂砂和 V 法铸造铸件表面和尺寸精度的图像。图 5-26a 显示的是树脂砂和 V 法铸造铸件表面影像的比较,可以看出 V 法铸件表面非常平整,而树脂砂铸件表面呈现明显的不平整。通过测量粗糙度,可知 V 法铸件的表面粗糙度值为 80 μm,而树脂砂铸件的表面粗糙度约为它的 3 倍以上。因此,V 法铸造的铸件表面质量是非常高的,

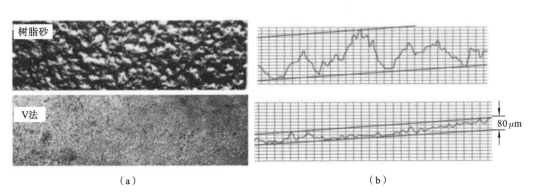

（a）　　　　　　　　　　　　（b）

图 5-26　树脂砂和 V 法铸造铸件表面光洁度对比

（a）铸件表面；（b）表面粗糙度测量

可以不用进行表面喷丸处理。V法铸造的高品质表面能够不使用底层涂料而直接上漆，可节约生产成本。表面质量高的另一个优点是，在分型面上自动产生的毛刺很小，可不必进行修整。

2）尺寸精度高

基于V法铸造的特点，可以得到其与传统砂型铸造的不同之处：

- 造型砂粒度很细，一般在100目以上；
- 高且均匀的型砂紧实度；
- 没有模具装备的磨损；
- 不需要拔模斜度或拔模斜度很小；
- 可实现不用振动台将模型从模具中取出；
- 铸型壁因具有高硬度而没有偏移；
- 不会因为型砂添加剂的挥发而变形。

V法铸造在起模过程中通过释放负压力，薄膜和模型之间几乎没有摩擦力，因此在拔模斜度为0时也很容易将薄膜和模型分离。在特定的情况下V法铸造成形不需要拔模斜度，而通常拔模斜度是必要的。

V法铸造的尺寸精度和重量稳定性好，在连续生产中这种良好的特性是卓越的，每一批产品都几乎一样。尺寸精度的参考值大约为±0.3%。

5.4.2 V法铸造的不足

从应用实践来看，V法铸造目前还存在不足，主要有如下几点：

（1）V法造型操作费时，小铸件生产耗时长，产量上不去。

（2）因受薄膜的延伸率和成形性的限制，外型用V法、型芯仍用其他型砂制作，才能做出复杂铸件，体现不出V法铸造的优势。

（3）在V法铸造中，由于铸件冷却较慢，铸件的力学性能、金相组织及硬度会受影响，需要考虑调整铸件的成分。

（4）V法铸造还处于技术应用开发阶段，铸造工艺受到薄膜质量、涂料质量、真空系统等的综合影响，容易形成铸造缺陷。

V法铸造效率低下是限制其扩大应用的最大问题。目前已知最快的生产线是10箱/h左右，而实际上能够达到的也不多，常见的效率稳定在4～8箱/h。为了解决效率低下的问题，国内有企业做了不少工作，设计了一种垂直分型的V法铸造自动化生产线，见图5-27。根据设计参数可知，该生产线设计能力可达到120～150箱/h。造型主机采用静电喷涂方式，解决了涂料污染和干燥问题。前后型板翻转覆膜、自动取膜换膜、薄膜接触式加热等，可实现V法铸造的自动化。

本生产线采用创新的管链式砂输送系统，串联起了工位余砂、落砂、筛分、冷却、砂库、加砂斗各环节，全部封闭运行，节能环保。目前，该生产线还没有大规模推广应用。

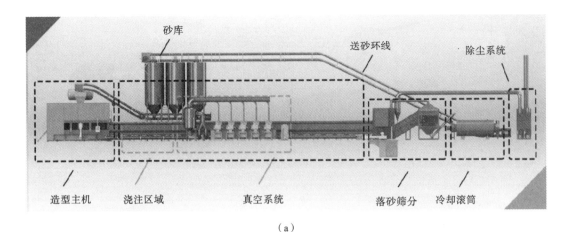

（a）

（b）

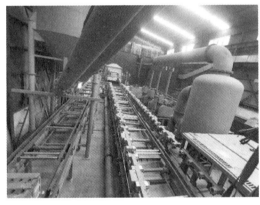

（c）

图 5-27　V 法铸造垂直生产线

（a）V 法垂直生产线；（b）造型主机；（c）浇注及真空系统

5.5　V 法铸造案例

V 法铸造应用比较成功的是配重的生产,这里不作举例。铸钢零件,尤其复杂结构的铸钢零件是 V 法铸造未来比较重要的应用领域。本节仅用铸钢履带板的实例,说明铸钢件 V 法铸造的应用场景和优势。

铸钢履带板是军用坦克、煤矿掘进机、工程重载掘进车、履带式运输机等的关键零件,除支承机器装备的自重外,还承受机构传递到履带上的复杂交变冲击载荷和地面的强烈摩擦磨损作用。如果履带板质量控制不当,容易出现断裂及快速磨损破坏等问题。因此,履带板铸件性能直接关系到装备的生产效率的发挥和安全可靠性。

图 5-28 所示的是各种机械用履带板实例。根据应用不同,履带板材质和大小不同,小件只有 30 kg 左右,大件有 3 t 左右。最早的铸钢履带板采用水玻璃砂、黏土砂进行生产,尺

寸精度低、表面光洁度低,最近十几年采用 V 法铸造的办法,使得铸件精度和表面光洁度得到很大提升。

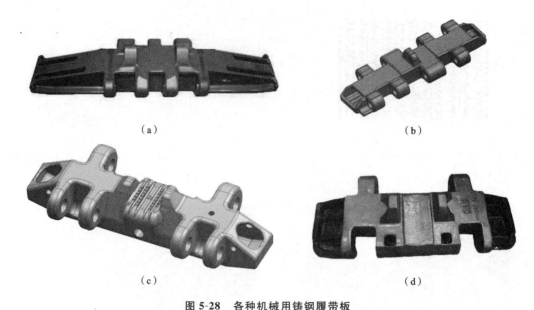

(a)   (b)

(c)   (d)

图 5-28   各种机械用铸钢履带板

(a) 运输机用履带板(重 950 kg);(b) 履带式起重机用履带板(最大 450 kg);
(c) 高锰钢履带板(重 1.8 t);(d) 矿山机械用履带板(约 600 kg)

本节以 1.8 t 重的高锰钢履带板为例,说明 V 法铸造在该零件生产中的优势,零件见图 5-28c。本产品是为国外某矿用超大立方电铲配套的履带板。铸件净尺寸为 2210 mm×875 mm×369 mm,总厚达 480 mm,单件净重在 1.8 t 以上。材质是 ZGMn13Mo 合金钢,属于易损耐磨件。产品形状复杂,内腔及外形都极不规则,在工程机械挖掘机的行走机构中占较大比重。

高锰钢的导热性差,钢液凝固慢,所以高锰钢流动性好,适合用于浇注薄壁铸件和结构复杂的铸件。由于高锰钢的线收缩大(自由线收缩率为 2.5%～3.0%),而且高温下高锰钢的强度较低,因此高锰钢铸件容易产生热裂。高锰钢铸件在凝固和冷却的过程中常因收缩受到铸型或型芯的阻碍而产生热裂。因此要注意加强铸型和型芯的溃散性,并在高锰钢浇注后采取及早松开箱卡和捣松冒口附近的砂子等工艺措施,以防止铸件收缩受到阻碍。采用 V 法工艺浇注高锰钢铸件时,干砂的退让性好。

由于高锰钢钢液中含有较多的碱性氧化物 MnO,因此采用石英砂作造型材料时,容易产生化学黏砂(SiO_2 与 MnO 化合而生成 $MnO \cdot SiO_2$,是一种熔点较低的化合物)。为了避免黏砂,最好采用碱性或中性的耐火材料作铸型或型芯的表面涂料,如镁砂粉或路矿粉、钛渣粉等涂料。所以用 V 法铸造工艺生产高锰钢铸件,最好用铬铁矿砂、钛渣砂等激冷效果好的型砂,并刷涂或喷涂碱性或中性涂料。

1. 铸造工艺设计和优化

图 5-28c 所示的高锰钢履带板内腔复杂(见图 5-29),热节较多,壁厚也不是很均匀,中

间厚大部位必须采用冒口补缩,因此采用底注式浇注系统,并在顶部安放较大的明冒口,具体见图 5-30。

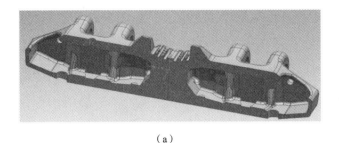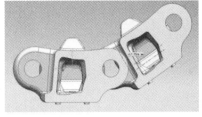

（a） （b）

图 5-29 高锰钢履带板内腔结构

（a）纵向剖面；（b）横向剖面

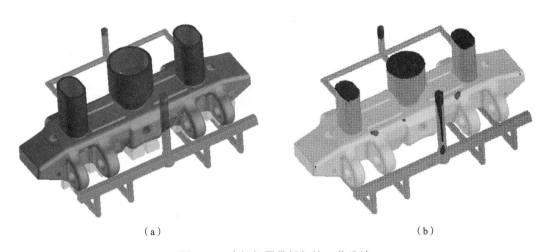

（a） （b）

图 5-30 高锰钢履带板初始工艺设计

（a）铸造工艺一；（b）模拟结果

图 5-30a 所示的是最初的工艺,采用陶瓷浇注管道,底注式浇注系统。上部设计了 3 个明冒口,并都采取补浇措施以提高冒口补缩效果。在 4 个连接耳之间设置了外冷铁,以控制铸件的温度梯度,进一步提高冒口补缩效果。经过铸造 CAE 软件模拟,由凝固过程分析得知铸件存在孤立液相区,可能产生缺陷。

根据 CAE 模拟结果,对原方案进行了改进,如图 5-31 所示。原方案侧面的隔砂冷铁原本的作用是加快侧面的冷却速度,增加冒口的补缩效果。但是模拟发现,冷铁使得补缩通道变小,造成了孤立液相区,使得铸件的下部出现缩松风险,如图 5-32 所示。

改进后的方案如图 5-33 所示,冷铁取消后增加了冒口和底部铸件厚大部位的补缩通道,原方案中出现的缩松得以消除,铸件致密性提高。

2. 模具和覆膜造型

模具采用数控加工的木制 V 法模型,上下型板中空净高度为 450 mm,增加了型板强度,型板上的模样平整光滑,提高了铸件表面质量。型板装在真空箱上面,并做好了真空孔,

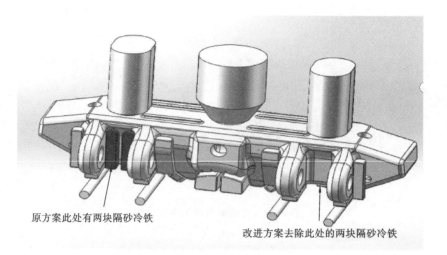

图 5-31　高锰钢履带板工艺改进

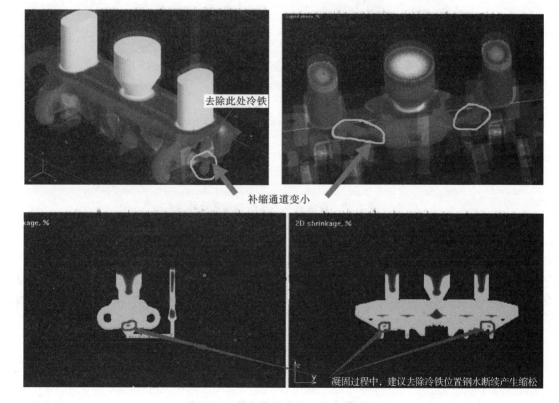

图 5-32　原方案铸件中缩孔位置模拟

便于抽真空覆膜,如图 5-34 所示。为提高铸件的耐磨性,应尽量地细化铸件晶粒,通过综合比较,最终选用钛渣砂为 V 法填充砂和制芯原砂。钛渣砂是冶钛生产的废渣经破碎筛分所得,主要成分是 Al_2O_3,呈黑褐色,具有金属光泽和折光现象,密度为 3.85 g/cm³,角形系数为 1.43,呈多角形,耐火度为 1740～1760 ℃,烧结温度为 1500～1600 ℃,显微硬度

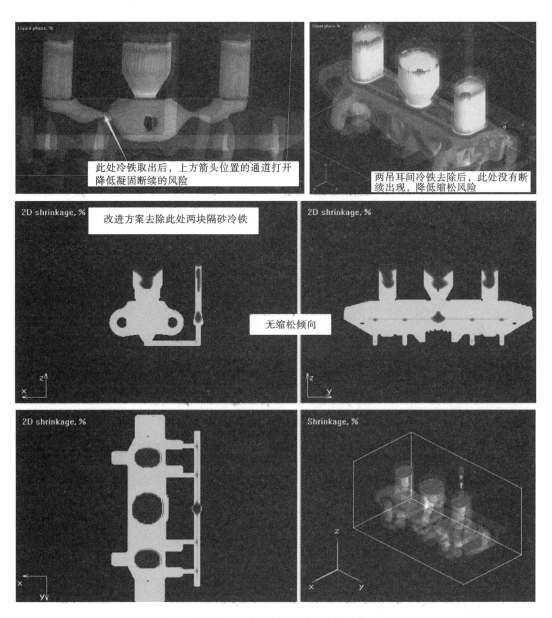

图 5-33 改进方案铸件中缩孔位置模拟

为 1038～1365 MPa,莫氏硬度为 7.0～7.4 HM,850 ℃时最大发气量为 6.8 mL/g,其差热曲线与铬铁矿砂相似,无明显的吸热或放热现象。钛渣砂与铬铁矿砂相比,在抗黏砂方面略优,在激冷效果方面略低。由于钛渣砂与铬铁矿砂在铸造性能上相似点很多又比铬铁矿砂便宜,所以在铸造生产中有逐步取代铬铁矿砂的趋势,且生产中可以用与铬铁矿砂完全相同的设备、黏结剂、硬化方式等。

造型时下型使用 0.012 mm 厚的 EVA 薄膜,上型使用 0.01 mm 厚的薄膜。涂料使用阳光铸材的高锰钢专用涂料,喷涂厚度为 0.6～1 mm 不等。装好浇注系统用的陶瓷管道和冒口,采用以钛渣砂为原砂的树脂砂制成砂芯,如图 5-35 所示。

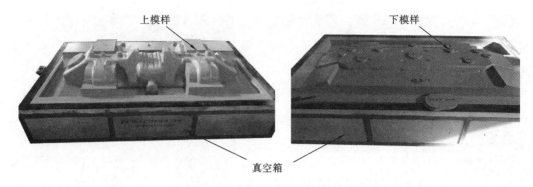

图 5-34 高锰钢履带板木模型板

（a）上型木模；（b）下型木模

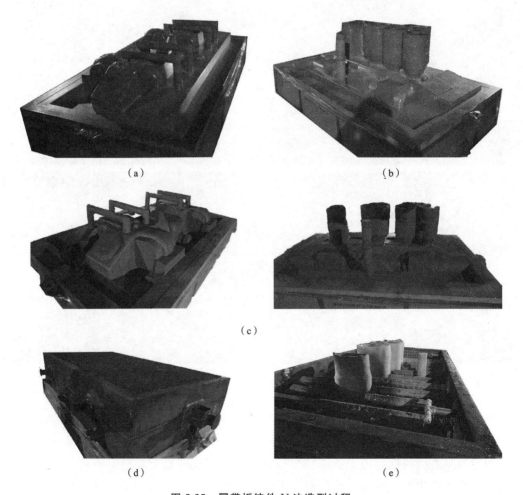

（a）
（b）
（c）
（d）
（e）

图 5-35 履带板铸件 V 法造型过程

（a）下型覆膜并装好内浇口；（b）上型覆膜并装好直浇道和冒口；（c）上下型均喷涂涂料并干燥；

（d）下砂箱；（e）上砂箱；（f）取模后的下砂箱内腔；（g）放大的下砂箱光滑内腔；（h）安装好砂芯的下砂箱；

（i）取模后的上砂箱；（j）上下砂箱合箱

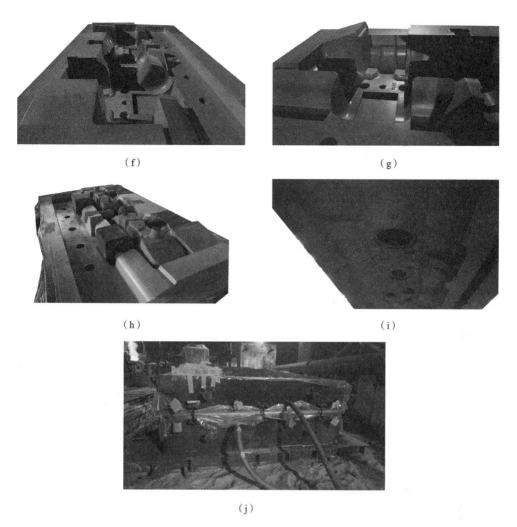

（f）　　　　　　　　　　（g）

（h）　　　　　　　　　　（i）

（j）

续图 5-35

如图 5-35f、g 所示，V 法造型取模后，其内腔表面光洁度非常好，这也保证了 V 法铸件的表面比普通砂型铸件粗糙度更小。铸件的内部靠砂芯形成，采用水玻璃砂制芯，可以提高砂芯的退让性，再涂刷铸钢用涂料，如图 5-36 所示。制好的砂芯安放在铸型型腔中，如图 5-35h 所示，然后与上型进行合箱，如图 5-35j 所示，等待浇注。

3. 真空浇注

V 法铸造必须采用真空浇注，浇注时负压控制在 0.04 MPa 左右，浇注后保压负压控制在 0.03 MPa 左右，大浇注池大流快浇 43 s。浇注后的铸件如图 5-37a 所示，成品铸件见图 5-37b。为了验证工艺的正确性，对铸件进行了全方位解剖，见图 5-37c 所示的局部切割线。图 5-37d 所示的解剖的局部部位无明显缩孔。结果表明，用 V 法造型工艺生产的高锰钢履带板铸件表面光洁，尺寸合格，经解剖、探伤都能达到技术要求，整个铸件的致密性很好。

（a)

(b)

(c)

图 5-36　高锰钢履带板典型砂芯

（a) 长砂芯；(b) 涂刷涂料的长砂芯；(c) 小砂芯

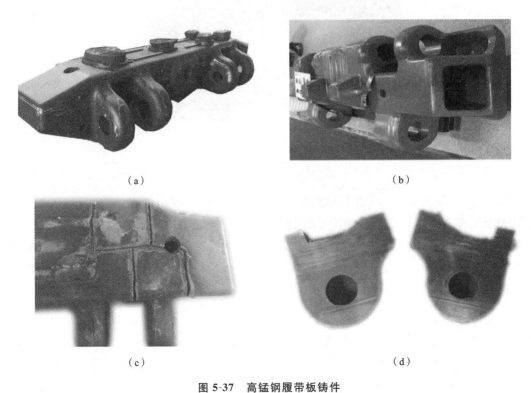

（a)

(b)

(c)

(d)

图 5-37　高锰钢履带板铸件

（a) 铸件毛坯；(b) 铸件成品(涂刷防锈漆)；(c) 铸件局部解剖切割线；(d) 剖面无缺陷

练习与思考题

1. 请论述 V 法铸造的原理,并说明其与消失模铸造的异同。

2. V 法铸造用薄膜和消失模铸造用的薄膜有什么区别? 可否混用?

3. 为什么 V 法铸造生产的铸件表面光洁、尺寸精度高?

4. V 法铸造砂箱中的真空分布是否重要? 如何控制其真空分布的均匀性?

5. 涂料喷涂是 V 法铸造技术中的关键环节,请说明所用涂料的主要性能,并描述其与消失模铸造用涂料的异同。

6. V 法铸造的三大原辅材料有哪些? 各有什么要求?

7. 请分析 V 法铸件的可能缺陷有哪些,并说明理由。

8. V 法铸造有哪些优缺点? 如何发挥其优势、克服其不足?

第6章 高真空一体化压铸技术

6.1 压铸成形的特点和原理

6.1.1 压铸成形的特点

压力铸造或高压铸造简称压铸,它是将液态金属或半固态金属在高压下快速填充到金属模的型腔,并在一定压力下凝固而获得铸件的一种成形方法。

在压力铸造中,一般作用于金属熔体上的压力在 $20\sim200$ MPa 范围,充型的初始速度为 $15\sim70$ m/s,充型时间仅为 $0.01\sim0.2$ s。因此,高压和高速是压铸成形的重要特征,也是与其他铸造成形方法的根本区别。压力铸造是所有铸造成形方法中生产速度最快的,在汽车、摩托车、电器仪表、电信器材、医疗器械、日用五金以及航天航空工业等方面都有广泛的应用。

压力铸造过程的特殊充型及凝固方式,使得它与其他铸造成形方法相比具有以下一些特点。

(1)可以制得薄壁、形状复杂且轮廓清晰的铸件。现代超薄铝合金压铸技术可制造 0.5 mm 厚的铸件,如铝合金笔记本电脑外壳。

(2)生产效率高。压力铸造的生产周期短,一次操作的循环时间为 5 s~3 min,且易实现机械化和自动化。这种方法适合于大批量的生产,能压铸出从简单到复杂的各种铸件。

(3)铸件具有较好的力学性能。由于铸件在压铸铸型中迅速冷却且在压力作用下凝固,因此所获得的晶粒细小、组织致密,制件的强度较高。另外,压铸过程中的激冷会造成铸件表面硬化,形成 $0.3\sim0.5$ mm 的硬化层,铸件表现出良好的耐磨性。

(4)铸件精度高,尺寸稳定,加工余量少,表面光洁。许多压铸件不需要机加工,或加工余量一般在 $0.2\sim0.5$ mm 范围内,表面粗糙度 Ra 值在 3.2 μm 以下。由压力铸造制备的零件装配互换性好,只要对零件进行少量加工便可进行装配,有的零件甚至不用机械加工就能直接装配使用。

(5)采用镶铸法可省去装配工序并简化制造工艺。镶铸的材料一般为钢、铸铁、铜、绝缘材料等,镶铸体的形状有圆形、管形、薄片等。利用镶铸法可制备出有特殊要求的铸件。

(6)铸件表面可进行涂覆处理,压铸出螺纹、线条、文字、图案等。

但是,压力铸造与其他铸造成形方法一样,也存在如下一些问题。

（1）由于液体金属充型速度极快，型腔中的气体很难排除，会以过饱和气体或气孔形式留存于铸件中，因此普通压铸法压铸的铸件不能进行热处理或焊接（加热时气体膨胀将导致铸件鼓泡而报废），也不适合进行比较深的机加工，以免铸件表面显出气孔。近期发展起来的高真空压铸工艺可以解决此问题。

（2）压铸设备投资高，压铸模具制造复杂，周期较长，费用较高，一般不适合用于小批量生产。

（3）现有模具材料主要适应于低熔点的合金，如锌、铝、镁等合金。对于铜合金、黑色金属等高熔点合金，模具材料存在着较大的问题，主要是模具的寿命非常短。

（4）由于填充型腔时金属液的冲击力大，一般压铸不能使用砂芯，因此不能压铸具有复杂内腔（内凹）结构的铸件，如闭腔结构的铝合金发动机缸体等。

6.1.2　压铸过程及原理

1. 压铸过程

按压铸机的压室位置及状态，压铸分为冷室压铸和热室压铸。根据冲头的位置情况，冷室压铸又分为卧式冷室压铸和立式冷室压铸。下面以卧式冷室压铸机的工作过程为例，对压铸过程进行简单描述。

图 6-1 所示为卧式冷室压铸机的工作过程。在动模和定模合模后，金属液浇入压射室，压射冲头向前推进，将金属液经浇道压入型腔冷却凝固成形。开模时，余料借助压射冲头前伸的动作离开压射室和铸件一起贴合在动模上，随后顶出取件，完成压铸循环。

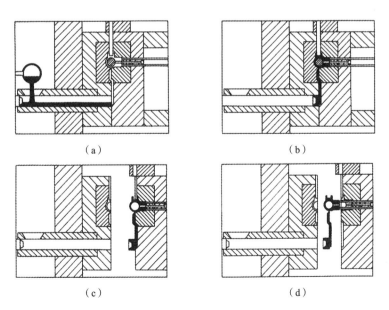

（a）　　　　　　　　　　　　　　（b）

（c）　　　　　　　　　　　　　　（d）

图 6-1　卧式冷室压铸机工作过程示意图

（a）浇注；（b）压射；（c）开模；（d）顶出

2. 压铸过程的充型理论

如前所述,高压和高速填充压铸铸型是压铸的最大特点。液体金属在压铸型腔中的流动也与砂型、金属型及低压铸造有着本质的区别。迄今为止有很多人对压铸型腔内液体金属的流动充型做了较为深入的研究,提出的主要理论有弗洛梅尔(Frommer)理论、布兰特(Brandt)理论、巴顿理论等。

1)弗洛梅尔理论

1925 年,弗洛梅尔首先提出了压铸型腔内金属液流动的理论。他从锌合金压铸的实践经验中推导出结论,认为熔融金属流动遵循流体力学定律。他将金属液流动分为几个阶段。

(1) 金属液压入一个横截面为矩形的型腔,以内浇口的截面形状呈锯齿形流过型腔,射向远离浇口的对面型壁,如图 6-2a 所示。

(2) 如果内浇口与铸件厚度相比较薄,即当 $1/4 \leqslant \delta_内/\delta_件 \leqslant 1/3$ 时,金属射流撞击对面型壁,并在此处聚成一个颤动的"金属池"而形成涡流。金属池填充时,扰动(涡流)更加厉害,其中一部分金属称为"前流",在增长的"金属池"的前面沿型壁流回,如图 6-2b 所示。

(3) "前流"返回填充型腔时产生激烈的涡流和飞溅,如图 6-2c 所示。

(4) "前流"因对型壁的摩擦和热量损耗而速度减慢,最后"金属池"与"前流"会合,如图 6-2d 所示。

(5) 在逐渐向内浇口方向流回的同时,型腔中的气体在内浇口附近最后排除。

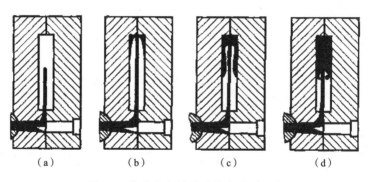

图 6-2　弗洛梅尔的附壁效应充型理论

寇斯特和戈林用电影摄影法记录了玻璃型壁模型内的流动,证实了上述分析结果。日本的加山和市田也再次证实了弗洛梅尔的理论。日本的尾力、尾野等人通过用电磁示波器建立的瞬时热传递值加以证实,也认为弗洛梅尔的理论是正确的。

2)布兰特理论

布兰特提出了"全壁厚"填充方式,他的流动理论要点如下。

(1) 金属液通过内浇口进入型腔时,自内浇口开始,由后向前充满型腔流动,如图 6-3a 所示。

(2) 流动时不产生涡流,型腔中的气体顺序向前,排放充分,如图 6-3b 所示。

(3) 这种流动一直保持到填充最远端,如图 6-3c 所示,而且无论内浇口厚度与型腔厚度之比如何,填充形式都是"全壁厚"填充。

显然,布兰特的全壁厚填充理论忽略了金属液流在模型温度场作用下虽然存在变黏度性,但仍然遵循普朗特边界理论运动这一特点,因此金属液体并不是沿着全壁厚平移前进的。

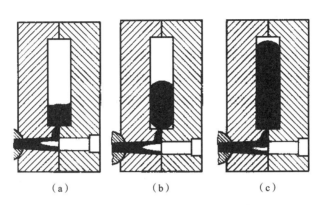

图 6-3　布兰特的全壁厚充型理论示意图

3) 巴顿理论

巴顿更为详尽地讨论了压射压力的影响。他认为金属流动受温度梯度、熔融金属内部阻力以及靠近模型界面的金属层的速度的影响,即填充过程是一个包含着力学、热力学和流体动力学因素的复合问题。金属流过型腔表面的方式很大程度上决定了表面粗糙度、流痕的出现、搭接和其他的缺陷。巴顿的流动理论要点如下。

(1) 金属液射进型腔时,首先撞击对面型壁(图 6-4a),沿型壁表面向各方向扩展到模型表面的大部分地方,在型腔达到热平衡时,最初的金属流形成表皮(图 6-4b);表皮形成后,由于厚截面部位的液流横截面上的单位面积切变最小,金属优先流过该部位,即扰动的金属在流动方向突然转变的地方产生少量积聚,如图 6-4c 所示。

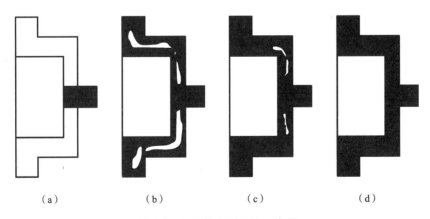

图 6-4　巴顿的充型理论示意图

(a) 金属液射入型腔;(b) 金属液沿型壁表面扩散;(c) 金属液堆积;(d) 充满

(2) 随后进入的金属液沉积在薄壳表面上进行填充直至充满,如图 6-4d 所示。扰动的积聚金属绕着第一阶段形成的核心扩大和合并。迅速流动的金属上层扩展到前沿,并在液

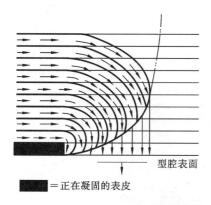

＝正在凝固的表皮

图 6-5　金属液流的最前沿流动状态

流内绕着瞬时旋转中心而转动。当金属流动停止时,它以相当大的力撞击型腔表面,旋转中心就在此层内,其固有的移动是与液流中的平均速度相一致的。在此层内的金属有着垂直于液流流动方向运动的最小分量。液流围绕着这个中心旋转,逐步地将金属从上层带到下层,因而大体上保持了液流的表皮厚度,直至填满,如图6-5所示。

（3）在型腔完全填充的同时,压射力通过铸件内部仍为液态的中心部分均匀地作用在铸件上。巴顿认为第一阶段的压射特点是控制表面粗糙度,第二阶段是密实度,第三阶段是铸件的强度。

这种理论认为,在压铸过程中气体的卷入不可避免,压铸需要控制的仅仅是气孔的均匀分布以及尺寸大小,而不是消除气孔。

从流体力学和传热学角度出发,影响金属液填充形态的主要因素是压力、通过内浇口的流量及金属液的黏度（受温度影响）。现代试验方法均成功地验证了上述三种理论的正确性及适用性。在金属液黏度一定的条件下,当内浇口截面积很小、压射压力大时,金属液的填充形态趋向于弗洛梅尔理论,目前广泛使用的普通压铸机即基于此种理论。而当内浇口截面积大且压射压力不太高时,便可获得布兰特的"全壁厚"填充方式,超低速压铸技术就是布兰特理论的具体应用。

3. 压铸过程中压射压力及速度的变化

压铸过程中作用在液体金属上的压力不是一个常数,它随着压铸过程的不同阶段而变化。液体金属在压射室及压铸模中的运动情况可分为四个阶段。图6-6所示为压铸件不同阶段液体金属所受压力及流动速度的变化情况。

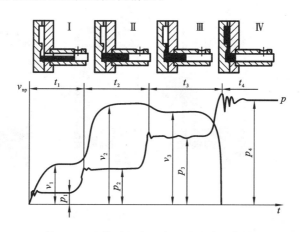

图 6-6　压铸过程中压力和速度变化曲线

第Ⅰ阶段:慢速封孔阶段。压射冲头以慢速 v_1 向前移动,液体金属在较低压力 p_1 作用下推向内浇道。低的压射速度是为了防止液体金属在越过压室浇注孔时溅出和有利于压室中气体的排出,减少液体金属卷入的气体。此时压力 p_1 只用于克服压射缸内活塞和压射冲头与压室之间的摩擦阻力,液体金属被推至内浇道附近。

第Ⅱ阶段:填充阶段。二级压射时,压射活塞开始加速,并由于内浇道处的阻力而出现小的峰压,液体金属在压力 p_2 的作用下,以极高速度在很短时间内填充型腔。

第Ⅲ阶段:增压阶段。充型结束时,液体金属停止流动,动能转变为冲压力,压力急剧上升,此时增压器开始工作,使压力上升至最高值。这段时间极短,一般为 $0.02\sim0.04$ s,称为增压建压时间。

第Ⅳ阶段:保压阶段,亦称为压实阶段。金属在最终静压力 p_4 作用下进行凝固,以得到组织致密的铸件。由于压铸时铸件的凝固时间很短,因此要求压射机构在充型结束时能在极短的时间内建立最终压力,使得在铸件凝固之前压力能顺利地传递到型腔中去。所需最终静压力 p_4 的大小取决于铸件的壁厚及复杂程度、合金的性能及对铸件的要求,一般为 $50\sim100$ MPa。

也有人将上述第Ⅲ、Ⅳ阶段合并为增压补缩阶段,将整个过程称为"三级压射"。

6.1.3　压铸成形主要工艺参数及控制

6.1.3.1　压射压力和填充速度的确定

填充阶段的压射压力和填充速度是压铸工艺中两个重要的参数。而填充速度是与液体流量和内浇口等紧密相关的。在压力铸造过程中,从流体力学的观点来看,存在着两个液流系统:一是液体金属(熔融金属)从压射室被冲头压射入型腔的金属液流动系统;二是压铸机压射机构的液压系统,即液压油从蓄能器到压射缸的液流系统,称为压力液流动系统。现在,运用基本流体力学的原理,可以建立起金属压射压力 p 与金属流量 q 之间的关系,即 p-q^2 关系。

对受压射冲头的推动而由压射室向型腔填充的金属液来说,根据 Bernoulli 方程并应用 Darcy 方程可得:

$$p=\frac{\rho q^2}{2c_0^2 A_n^2} \tag{6-1}$$

式中:p——金属液的压射压力;

ρ——内浇口处液态金属的密度;

q——内浇口处的液态金属流量;

c_0——流量系数;

A_n——内浇口截面积。

式(6-1)揭示了压射压力与流量的函数关系,即压射压力与流量的平方成一次线性关系(变化趋势相同)。这就是模具的浇口系统设计应满足的压力关系线,称为模具需要压力线,简称模具线(图 6-7 中的 DL 线)。它代表了第一个液体流动系统。

对压铸机中由蓄能器向压射缸流动的压力液来说,根据 Bernoulli 方程,可由式(6-2)来表征其流动过程:

$$p_s = \left(\frac{D_g}{D_s}\right)^2 p_0 - 16 p_0 \left(\frac{D_g}{D_s v_0 \pi D_n^2}\right)^2 q_s^2 \tag{6-2}$$

式中：p_s——作用于压射室内金属液的压射压力；

$\quad\quad p_0$——蓄能器的压力；

$\quad\quad D_g$——压射缸直径；

$\quad\quad D_s$——压射室直径；

$\quad\quad v_0$——冲头的空压射速度；

$\quad\quad D_n$——冲头直径；

$\quad\quad q_s$——压射室内金属液的流量。

式(6-2)表明了压铸机能够提供的压射压力与流量的关系，即压射压力与流量的平方成一次线性关系(变化趋势相反)。这就是压铸机能提供的压力关系线，又称为机床的有效压力线，简称机床线(图 6-7 中的 ML 线)，它代表了第二个液体流动系统。

将以上两条 $p\text{-}q^2$ 曲线描述在同一个 $p\text{-}q^2$ 图上，那么它们在 $p\text{-}q^2$ 图上必定会有一个交点，这个交点对应的压力和流量就是压射过程中实际工作压力和流量的推荐值，如图 6-7 所示。$p\text{-}q^2$ 曲线表征了两个液流系统的能量匹配关系，它是压铸工艺中根据铸件选择合适的压射压力和压射速度的指导依据。

在实际中一般根据经验及试模状况选择压射速度，如根据壁厚、填充长度、表面积与体积之比、表面积与壁厚之比等来确定。图 6-8 显示了压铸件壁厚、填充长度与内浇口液流速度之间的关系，可供参考。

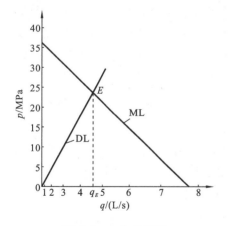

图 6-7　$p\text{-}q^2$ 曲线图

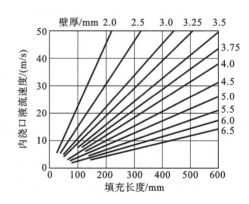

图 6-8　压铸件壁厚、填充长度与内浇口液流速度之间的关系

6.1.3.2　慢压射速度的确定

现代压铸机的控制系统中一般可给出冲头在第一阶段的慢压射的压射速度参考值。压铸过程中压射室中的气体是靠调整慢压射工艺来控制的，若控制不好，也可能将压射室内的气体卷入金属液中。慢压射工艺参数主要包括慢压射冲头速度、冲头加速度、充满度以及压射冲头快速填充的起点位置。合理地使合金液以慢速充满压室前端堆积于内浇口前沿，以最大限度地减少气体被合金液卷入而带入模具型腔，从而减少铸件中的气孔，提高铸件的内

部质量。下面给出慢压射速度的确定原则。

对于通用的圆形截面压射室,从其中心对称面剖开建立如图 6-9 所示的物理模型,压射室和初始液面参数如图 6-9 所示。

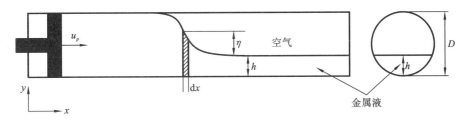

图 6-9　金属液波动理论的压射室示意图

对于图 6-9 所示模型,假设以下条件成立:① 金属液黏性影响忽略不计;② 不考虑重力作用;③ 压射室内金属液无凝固。根据 Lamb 的有限振幅波的经典分析方法可求得冲头速度为

$$u_p = 2\sqrt{g(h+\eta)} - 2\sqrt{gh} \tag{6-3}$$

式中:u_p——冲头速度;

　　h——压射室内的金属液初始高度;

　　η——所在位置金属液波的高度。

在临界状态下,压射室内的金属液恰好触及压射室顶部而不回落,即金属液波的波高恰好等于压射室的直径,即 $D = h + \eta$,代入式(6-3)可得冲头的理论临界速度为

$$u_c = 2(\sqrt{gD} - \sqrt{gh}) \tag{6-4}$$

综上分析可知,影响慢压射冲头速度和加速度的两个关键因素就是压射室直径 D 和压射室内金属液的初始高度 h(亦即充满度)。在压射室直径一定的情况下,压射室内金属液越多(h 值越大),冲头临界速度就越小,在相同的行程下金属液在压射室内的存留时间越长,温度下降越多,黏性越大,因此充型能力变差,甚至会导致生产率下降。所以,实际生产过程要综合考虑各因素影响,选择最优的慢压射工艺参数。确定慢压射工艺参数时应从以下三个方面考虑:① 压射室内金属液的卷气量;② 开始高速填充时前端金属液的温度;③ 金属液在浇注系统内上升的平稳程度。应尽量保证金属液在压射室和浇注系统的运动过程中卷气量最小,最好是能够消除慢压射阶段的卷气,保证金属液在压射室的温度下降最少,停留时间较短,同时要求在充满浇注系统时填充平稳,避免产生强烈的紊流及喷射现象。

6.1.3.3　压铸温度规范

在压铸过程中,温度规范对填充、成形及凝固过程以及压铸模寿命和稳定生产等都有很大的影响,应给予足够重视,并加以控制。

1. 合金的浇注温度

浇注温度通常用保温坩埚中液体金属的温度来表示。温度过高,凝固时收缩大,铸件容易产生裂纹、晶粒粗大及黏模;温度太低,则易产生浇不足、冷隔及表面流痕等缺陷。因此,在保证充满铸型的前提下,采用较低的浇注温度为宜。在确定浇注温度时,还应结合压射压

力、压型的温度及填充速度等因素综合考虑。

实践证明,在压力较高的情况下,可以降低浇注温度甚至在合金呈黏稠"粥状"时进行压铸。但是,对含硅量高的铝合金不宜使用"粥状"压铸,因为硅将大量析出,以游离状态存在于铸件中,使加工性能恶化。

此外,浇注温度还与铸件的壁厚及复杂程度有关。各种压铸合金的浇注温度见表 6-1。

表 6-1　各种压铸合金的浇注温度　　　　单位:℃

类别		铸件壁厚≤3 mm		铸件壁厚>3 mm	
		结构简单	结构复杂	结构简单	结构复杂
锌合金		420～440	430～450	410～430	420～440
铝合金	Al-Si 系	610～650	640～700	590～630	610～650
	Al-Cu 系	520～650	640～720	600～640	620～650
	Al-Mg 系	640～680	660～700	620～660	640～680
镁合金		640～680	660～700	620～660	640～680
铜合金	普通黄铜	870～920	900～950	850～900	870～920
	硅黄铜	900～940	930～970	880～920	900～940

2. 压铸模的工作温度

压铸模的温度一般是指模具表面的温度。压铸模工作温度过高或过低对铸件质量的影响与合金的浇注温度有类似之处。它能影响压铸模的寿命和生产的正常进行。因此,在生产过程中应控制压铸模的温度,使之维持在一定范围内。这一温度范围就是压铸模的工作温度。模具温度因型腔位置不同而有显著差异,所以压铸模的温度控制并不容易。通常在连续生产过程中,若压铸模吸收液体金属的热量大于向周围散失的热量,其温度会不断升高,可采用空气或循环冷却液体(水或油)进行冷却。

在开始压铸前,为了有利于液体金属的填充、成形和保护压铸模及便于喷涂涂料,须将压铸模加热到某一温度。这一温度即为预热温度。

压铸模的工作温度大致可按下式计算确定:

$$t_{型}=t_{浇}/3+\Delta t \qquad (6-5)$$

式中:$t_{型}$——压铸模的工作温度,℃;

$t_{浇}$——合金的浇注温度,℃;

Δt——温度的波动范围(一般取 25 ℃)。

6.1.3.4 填充时间、持压及铸件在压铸模中的停留时间

1. 填充时间

自液体金属开始进入型腔到充满为止所需要的时间称为填充时间。填充时间与压铸件轮廓尺寸、壁厚和形状复杂程度以及液体金属和压铸模的温度等因素有关。对于形状简单的厚壁铸件以及浇注温度与压铸模的温度差较小的情况,填充时间可以长些;反之,填充时间应短些。填充时间主要通过控制压射比压、压射速度或内浇道尺寸来实现,一般为 0.01～0.2 s。

· 178 ·

2. 持压时间

从液体金属充满型腔建立最终静压力的瞬时起,到在该静压力持续作用下铸件凝固完毕的这段时间称为持压时间。在这段时间内应建立自铸件至内浇道及涂料的顺序凝固条件,使压力能传递至正在凝固的金属,以获得组织致密的铸件。这一点在工艺设计时就应予以考虑。

持压时间与合金的特性及铸件的壁厚有关。对熔点高、结晶温度范围宽的合金,应有足够的时间,若同时又是厚壁铸件,则持压时间还可再长些。持压时间不够,容易造成缩松。当内浇道处的金属尚未完全凝固时,由于压射冲头退回,未凝固的金属被抽出,常在靠近内浇道处出现孔穴。对于结晶温度范围窄的合金,若铸件壁又薄,则持压时间可短些。当用立式压铸机时,所需持压时间长,且切除余料困难。

3. 铸件在压铸模中停留时间

从持压终了至开型取出铸件所需要的时间称为停留时间,停留时间的长短实际上决定了铸件出型时温度的高低。若停留时间太短,则铸件出型时温度较高,强度低,自铸型内顶出时铸件可能发生变形,且铸件中气体膨胀会使其表面出现鼓泡;但若停留时间过长,则铸件出型时温度低,收缩大,会导致抽芯及顶出铸件的阻力增大,热脆性合金铸件还会发生开裂。

6.1.3.5　压铸用涂料

为了避免高温液体金属对型腔表面产生冲刷作用或黏附现象(主要是铝合金),以保护压铸模,改善铸件表面质量,减少抽芯和顶出铸件的阻力,以及保证在高温时冲头和压室能正常工作,通常在型腔、冲头及压室的工作表面上喷涂一层涂料。

涂料一般由隔绝材料或润滑材料及稀释(溶)剂组成。对涂料组成物的要求主要如下:

(1) 高温时具有良好的润滑作用,且不析出对人体有害的气体。

(2) 性能稳定,在常温下稀释剂挥发后,使涂料不易变稠,粉状材料不易沉淀,以便存放。稀释剂一般在 $100\sim150$ ℃时应挥发很快。

(3) 对压铸模及铸件没有腐蚀作用。

在涂料组成物中,蜂蜡、石蜡等受热会发气形成一层气膜;氧化铝粉、氧化锌粉为隔绝材料;石墨粉是一种优良的固体润滑剂,而液体润滑剂作用较差。氟化钠由于对金属有腐蚀作用且对人体健康有不良影响,故不建议采用。用水作为稀释剂的涂料,即水基涂料,因价廉、蒸发时可带走压铸模的部分热量,且对人体无害,故应用广泛。常用压铸涂料及其组成可参考相关手册。

在喷涂涂料时应使涂料层均匀并避免过厚。涂料喷涂后应待稀释剂挥发完毕再合型浇注,以免型腔或压室中有大量气体存在,影响铸件质量。在生产过程中应注意对排气槽、转角或凹入部位等容易堆积涂料的地方及时进行清理。

近年来,随着高真空压铸技术和高强韧压铸合金在轿车保安零件上的成功应用,水基和油基压铸涂料已不能满足要求,粉状脱模剂得到了开发和应用。粉状脱模剂主要以石墨粉、滑石粉、陶瓷粉以及少量的有机物等组成,可采用负压和静电方式喷涂在模具表面,有良好的脱模效果且减少了水分的挥发,保证了型腔内的高真空度。

6.1.3.6 压铸工艺及模具简介

影响压铸件质量与性能的因素很多,而且在这些因素中有许多是相互关联的,其中最重要的一个因素是压铸件的工艺方案设计。压铸的工艺方案设计一般包括分型面、压射室、浇注系统、排气槽、溢流槽、冷却系统、顶出机构等的形状确定与配置。图 6-10 为压铸工艺方案示意图,其中标明了各部分名称。通常分型面左边的为动模,右边的为定模。

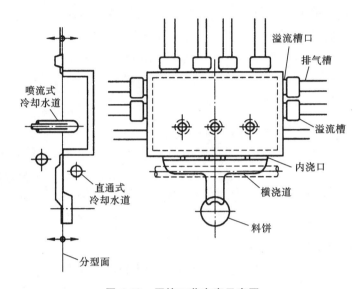

图 6-10　压铸工艺方案示意图

计算机数值模拟技术为铸造工艺方案的设计和优化提供了一个强有力的工具,但在压铸流动和凝固模拟计算精度方面仍有所欠缺。对于复杂压铸件,还需要结合基本的流动理论,依靠大量的实践经验加以修正。更具体的压铸工艺和模具设计方法可参考相关手册。

6.1.3.7 压铸缺陷及对策

在压铸过程中因种种原因会产生很多缺陷,就其类型而言,大致可分为尺寸缺陷、外观缺陷、内部缺陷、材质缺陷和其他缺陷 5 大类。各类缺陷的区分和特征见表 6-2。值得注意的是引起铸件缺陷的原因有很多方面,应根据铸件的具体生产情况加以分析和判别,并采取相应的措施。有关压铸缺陷的对策措施请参阅相关参考书。

表 6-2　压铸缺陷的种类和特征

缺陷类型	缺陷名称	缺陷特征
尺寸缺陷	尺寸不符	由种种原因引起的铸件实际尺寸与图样尺寸不符
	错型	模具装配时动模与定模错位
	型芯偏移	合型时,型芯位置与实际位置有差异
	变形	铸件弯曲或翘曲,与尺寸或公差不符
	多肉/缺肉	铸件上有超出尺寸规定的凸起或凹陷
	欠铸	因流动性不好而引起的金属液未充满型腔

续表

缺陷类型	缺陷名称	缺陷特征
外观缺陷	轮廓不清	流动性不良引起的铸件表面或角落处棱角不齐
	冷隔	两股液流会合时未完全融合所留下的明显纹路
	流痕	铸件表面有与金属流动方向一致的条纹
	裂纹	铸件表面有清晰的稍呈波纹状的缝隙
	缩凹	铸件表面有平滑的凹坑
	起泡	铸件表面有泡鼓起
	机械拉伤	起模时引起的与起模方向一致的伤痕
	黏模拉伤	铸件与模具黏连时产生的拉伤痕迹
	模具伤痕	模具保养维护不当而在模具表面产生的伤痕
	针孔	铸件表面细小的孔,肉眼可见
	内浇道缩松	去除浇道时显露出的孔洞
	碰伤	运输过程不当引起的铸件伤痕
内部缺陷	缩孔	铸件断面上因补缩不足引起的大而集中的孔洞
	气孔	型腔内的空气、金属液及脱模剂挥发等形成的气体存留于铸件中造成的比较大的孔洞
	缩松	铸件断面上因补缩不足引起的细小且分散的孔洞
	厚壁中心位置处的针孔	厚壁中心部位出现的球状小孔
材质缺陷	硬质点	铸件中有硬度高、妨碍正常机加工的颗粒状的物质
	成分偏差	合金成分不合要求
	氧化物	混入的氧化夹杂物
其他缺陷	物理/化学性质	强度、硬度、耐腐蚀性等与要求不符
	试压渗漏	试压时铸件的某一部位渗水或漏水
	后处理失误	后续机加工不当导致产品与要求不符

6.2　高真空压铸工艺与装备

6.2.1　高真空压铸及其特点

普通压铸件不能焊接和热处理,机加工面也不能太深,力学性能相对也比较差,使压铸在结构受力件的应用受到限制。真空压铸是将型腔中的气体抽出,金属液在真空状态下充

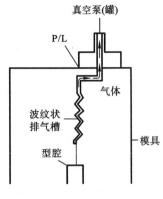

图 6-11 mass venting 法的
真空压铸原理

填成形,以消除或减少压铸件内部的卷气缺陷,提高铸件的力学性能。根据压铸模型腔内真空度的大小,真空压铸可分为普通真空压铸(型腔内绝对气压为 $50\sim80$ kPa)和高真空压铸(型腔内绝对气压为 $5\sim10$ kPa)。

普通真空压铸有激冷排气槽法(mass venting 法),如图 6-11 所示。它采用厚度很薄的波纹状排气槽,金属液在流入排气槽时会迅速凝固使气道堵住而阻止金属液进入真空管道。由于排气道截面积受限制,因此型腔中的真空度波动较大,不稳定。但该方法结构简单,无须另设额外的真空阀,所以在一般真空压铸中应用普遍。

另一种普通真空压铸法采用专有的遮断阀即真空阀法(gas free 法),其工作原理如图 6-12 所示。它利用金属液流动的惯性力使阀芯关闭。当阀芯打开时,型腔中的气体通过侧面的排气道迅速排除;当金属液前端充填到真空阀时,液流由于惯性保持前冲,首先推动阀芯上移,与此同时,液流从左右两侧的排气槽流入。由于排气槽的长度长,所以在液流到达阀芯侧面的气道时,阀芯已关闭,避免了金属液流进入真空系统。真空阀法具有真空度高、稳定,排气道设置灵活的优点。

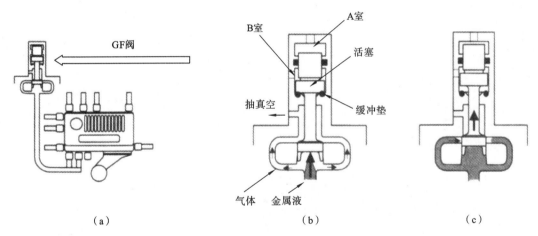

(a) (b) (c)

图 6-12 gas free 法的真空压铸原理

(a) 压铸工艺简图;(b) 抽真空;(c) 阀芯关闭

高真空压铸国外目前主要有两种方法:一种是由德国 Muller-Weingarten 公司和 Vaw 公司联合研发的 Vacural 法,另一种是德国 Alcan-BDW 公司推出的 MFT(minimum fill time)法。图 6-13 所示为 Vacural 法的工作原理。该方法将熔化炉通过升液管和压射室直接相连,抽真空时先将金属铝液吸入压射室内即负压浇注,接着继续抽真空至预定真空度后再压射成形。Vacural 法需要专用压铸机,且技术受专利保护,压铸机价格昂贵。MFT 法则使用普通压铸机,其工艺特点是在装设真空阀的基础上,采用多浇道和大面积内浇口以保证金属铝液在极短时间内充填型腔。图 6-14 为 MFT 法的工作原理示意图。

在国内,高真空压铸技术在近期才得到了较快的发展。真空压铸尤其是高真空压铸技

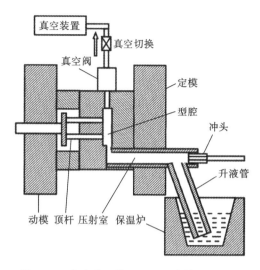

图 6-13　高真空压铸 Vacural 法的工作原理

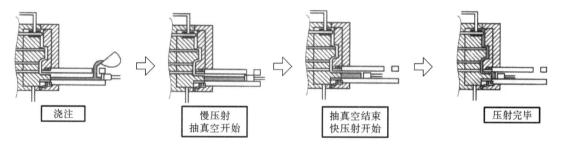

图 6-14　高真空压铸 MFT 法的工作原理

术的瓶颈及难点之一是真空阀的结构及真空系统的设计。真空阀的主要作用一是给型腔中的气体提供一个排除的通道,二是在抽除气体后及时关闭以阻止金属液进入真空管道。目前国内许多压铸厂使用的机械式真空阀大都为瑞士或日本公司开发的真空阀和真空系统,价格昂贵。为此,本书作者团队结合国内实际情况,开发了具有自主知识产权的真空阀以及真空控制系统。该真空阀利用金属液的流动压力和杠杆原理来实现真空气道的开启与关闭,其工作原理如图 6-15 所示。

该真空阀的工作过程如下:① 模具合模后,真空阀处于开启状态(见图 6-15a),当压射冲头封闭压室浇注口时,真空管路上的开关打开,型腔中的气体通过图 6-15a 所示的气道沿箭头所示的方向排出;② 当金属液充满型腔并继续沿排气道进入真空阀时,金属液首先冲击真空阀的主动活塞 6 并在此处形成集聚,当主动活塞 6 端部"沉窝"处容纳的金属液压力(增加阶段)大于主动活塞 6、从动活塞 4 以及杠杆转动的摩擦阻力时,主动活塞 6 前移并驱动杠杆 5 绕转轴 7 转动,杠杆 5 带动从动活塞 4 移动,在金属液到达从动活塞 4 之前关闭真空气道(见图 6-15b),从而防止金属液进入真空阀堵塞真空管路。真空阀的实物图如图 6-16 所示。

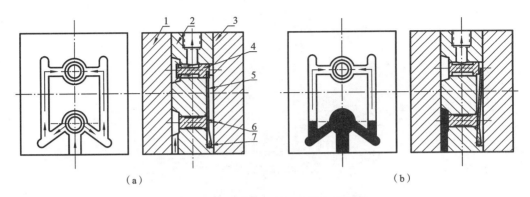

图 6-15 新型真空阀的工作原理示意图

(a) 阀芯打开,抽气;(b) 阀芯关闭,抽气结束

1—阀块 1;2—阀块 2;3—压块;4—从动活塞;5—杠杆;6—主动活塞;7—转轴

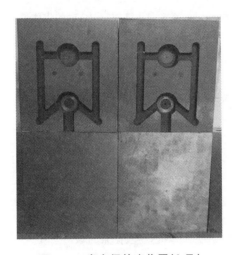

图 6-16 真空阀的实物图(2 只)

6.2.2 高真空压铸装备

除了安装在压铸模具上的真空阀以外,高真空压铸装备还包括真空泵、真空罐及真空控制系统、真空管路等。图 6-17 是某市售商用真空装置的外形图。真空控制系统的工作原理见图 6-18。真空控制系统是完成真空启动与停止、真空阀自锁、真空阀及管路清洗、型腔真空度测量的配套机构,是保证真空阀可靠工作必不可少的一个关键装置。

真空系统的工作过程如下:当控制系统检测到压铸机的冲头封闭压室的浇注口(真空启动信号)时,PLC 发出打开真空管路的信号,开始抽真空,并实时测量型腔中的真空度直至压铸过程结束。当压铸模打开后,真空阀复位。在压铸机取件、喷涂等工序期间,真空控制系统则完成真空阀清洗、真空管路堵塞检测等动作。当压铸模合模时,真空阀的自锁解除,为下一压铸循环做好准备。

现场使用表明,该真空装置工作可靠,稳定性好,具有普通压铸(不用真空阀)、低真空

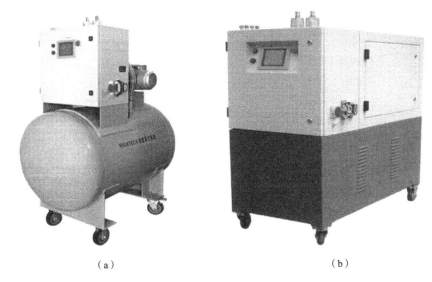

图 6-17　某市售商用真空装置

（a）小型；（b）大型

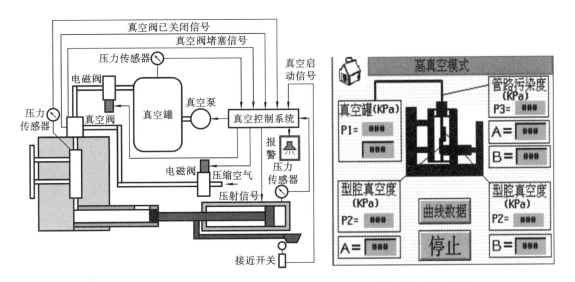

图 6-18　高真空压铸控制系统原理图（左）及显示器的典型控制界面（右）

压铸（使用搓衣板阀）、高真空压铸（使用机械式真空阀）等多项功能，能灵活适应企业的多种工作模式。在低、高真空模式下，该装置可检测、显示真空罐和模具型腔中的真空度，具有自动检测管路堵塞、自动报警功能。

高真空压铸工艺的应用实例见 6.4.1 节。

6.2.3　高真空压铸的效果

6.2.3.1　可热处理性与可焊性

采用高真空压铸工艺的效果十分显著，材料的力学性能比普通压铸明显提高。此外，真

空压铸的零件能够采用热处理工艺进行进一步强化,而内部不会产生膨胀型气泡。图 6-19
给出了两种 ZL101 铝合金压铸件的组织对比结果:真空压铸铝合金试样进行 T6 热处理后,
内部组织致密,无气孔或气泡;而普通压铸铝合金试样由于卷入的气体在热处理时析出、膨
胀,在内部产生了气泡。

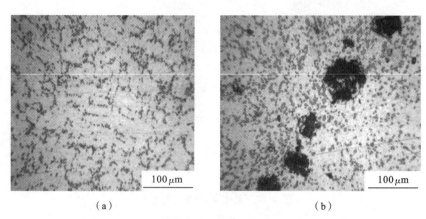

（a）　　　　　　　　　　　（b）

图 6-19　ZL101 铝合金压铸件经 T6 热处理后的组织比较

(a) 高真空压铸件;(b) 普通压铸件

采用高真空压铸工艺的另一个优势是零件可以进行焊接加工。如图 6-20 所示,高真空
压铸试样的焊缝组织致密,没有析出气泡;而普通压铸件在焊接时则相反,X 光检测照片显
示焊缝中有气孔。

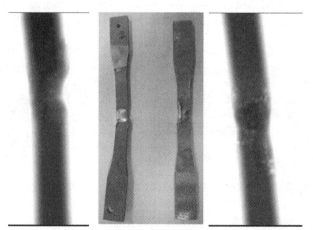

图 6-20　高真空压铸(左)与普通压铸(右)焊缝气孔情况对比

6.2.3.2　真空压铸工艺参数对性能的影响——以变速器部件为例

要获得优质的压铸件,除合理地设计浇注系统,正确地控制工艺参数外,排溢系统的设
计也是极为重要的一个环节。提高压铸件质量、消除局部紊流的重要措施,即设置溢流槽和
排气槽,同时还可以弥补浇注系统设计不合理造成的铸造缺陷。因此溢流槽、排气槽和浇注
系统在模具设计中作为一个整体考虑。

结合高动态响应真空系统(高真空)排气道特点,对铝合金变速器壳体真空压铸工艺进

行优化设计,结果如图 6-21a 所示,压铸件实物如图 6-21b 所示。

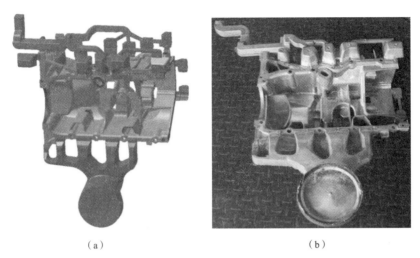

（a）　　　　　　　　　　　　　　　　（b）

图 6-21　变速器部件真空压铸件

（a）高真空压铸工艺;（b）高真空压铸件

1. 不同真空度下压铸件金相组织的对比

在变速器壳体的压铸件本体取样并进行分析,该零件的材质为 YL102 铝合金。图 6-22

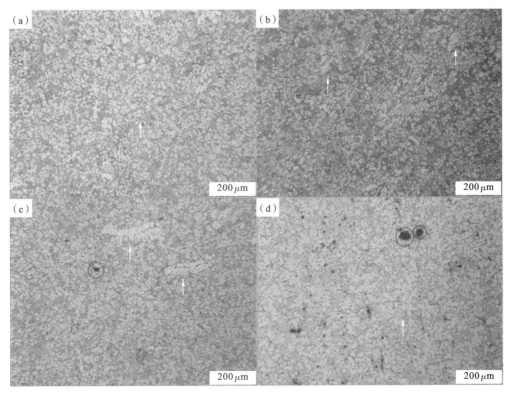

图 6-22　四个不同真空度下缸筒部位的金相组织

（a）10 kPa;（b）15 kPa;（c）20 kPa;（d）50 kPa

为不同真空度下的缸筒部位的试样放大 100 倍的金相组织图。以试样表面 25 mm² 中出现频率最多的孔洞为该试样的孔洞代表,图中已用线圈指示出位置;在试样中观察到大小不一的树枝晶,图中已用箭头指示出位置。

从图 6-22a 中可以看出,铸件组织致密,没有观察到缩孔、缩松等缺陷。随着真空度的降低,微观孔洞开始出现,如图 6-22b 所示,在图中可以看到很细小的、很少的孔洞。真空度继续降低,在图 6-22c 中可以观察到孔洞的大小和数量亦继续增加。图 6-22d 是真空度降低到 50 kPa 时的金相图,图中的孔洞大小明显增大,并且数量也增多,可以观察到的最大孔洞直径为 40 μm 左右。因此,随着真空度的降低,孔洞的大小和数量逐渐增加。

金属凝固结晶时,若固-液界面以树枝方式在空间中迁移,这样形成的晶粒称为树枝晶;若结晶时固-液界面只能在空间中的一个方向自由迁移,其他两个方向受限制,这样形成的晶粒称为柱状晶;若固-液界面能够在空间各个方向自由迁移,这样形成的晶粒称为等轴晶。在实际压铸过程中,铝合金凝固时金属以树枝晶的方式生长是一种主要的生长方式。在图 6-22d 中可以看到存在较粗大的胞状树枝晶,以不规则的方式分布于表面;随着真空度的提高,在图 6-22c 中出现的树枝晶略有减小,可以看到由粗大的一次枝晶分出的二次枝晶;真空度达到 15 kPa 时,图 6-22b 中粗大的一次枝晶基本消除,只能看到部分二次枝晶;图 6-22a 中二次枝晶基本消除,α_{Al} 晶粒数量明显增多,并且细化。晶粒细化后晶粒边界增大,晶界处会有大量的位错和空位等缺陷,造成晶体点阵严重畸变,从而对晶体的受力变形和原子位错形成阻碍,进而提高合金的抗拉强度。即在铝合金变速器部件压铸过程中,随着真空度的提高,缸筒部位的晶粒可以得到一定的细化,缸筒的抗拉强度得到提高。

2. 不同真空度下的力学性能对比

针对 YL102 铝合金变速器壳体的缸筒部位试样的铸态力学性能做了检测,10 kPa、15 kPa、20 kPa 和 50 kPa 真空度下缸筒部位铸件的抗拉强度和延伸率如表 6-3 所示。可以看出,50 kPa 下的铸件性能最低,抗拉强度和延伸率分别为 197 MPa 和 1.55%;真空度提高到 20 kPa 时,抗拉强度和延伸率提高到 228 MPa 和 2.01%,分别提高了 15.7% 和 29.7%;铸件力学性能随着真空度的提高继续增大,10 kPa 时铸件的抗拉强度和延伸率最大,分别为 252 MPa 和 2.19%,相比于 50 kPa 下铸件的抗拉强度和延伸率分别提高了 27.9% 和 41.3%。

表 6-3　10 kPa、15 kPa、20 kPa 和 50 kPa 真空度下缸筒部位的铸态力学性能

真空度/kPa	抗拉强度/MPa	延伸率/(%)
10	252	2.19
15	240	2.07
20	228	2.01
50	197	1.55

前面我们观察了缸筒部位的金相组织,发现 10 kPa 下的铸件组织致密,没有观察到缩孔、缩松等缺陷,随着真空度的降低,铸件中孔洞的大小和数量都逐渐增加。孔洞的存在会极大地降低铸件的力学性能。同时在铝合金壳体件的压铸过程中,随着真空度的提高,缸筒部位的晶粒可以得到一定的细化,缸筒的抗拉强度得到提高,与表 6-3 中的结果一致。

3. 不同真空度下断口形貌的对比

对比观察了不同真空度下缸筒部位所有拉伸断口的宏观形貌,发现它们的宏观形貌基本一致。断口相对齐平并垂直于拉伸方向,没有观察到明显的塑性变形,有山丘起伏状的花纹,断口颜色比较灰暗,有一定的晶粒外形,初步判断为脆性断口。断口表面未观察到明显的铸造缺陷。

脆性断裂从微观晶体破坏的形式上可分为解理断裂和沿晶断裂两类。解理断裂是金属或合金在外加正应力作用下沿某些特定低指数晶体学平面发生的一种低能断裂现象,一般表现出脆性特征,极小的塑性变形,断面会呈现一定的晶粒外形和晶体学平面。沿晶断裂是金属或合金沿晶界析出连续或不连续的网状脆性相时,在外力的作用下,这些网状脆性相将直接承受载荷,易破碎形成裂纹并使裂纹沿晶界扩展,造成试样沿晶界断裂,晶粒特别粗大时形成石块或冰糖状断口,晶粒较细时形成结晶状断口。

图 6-23 所示为不同真空度下缸筒部位的拉伸断口微观形貌。从图 6-23d 中可以发现,断口微观形貌存在解理台阶和河流花样,为典型的解理断口。断口上还发现有微观裂纹,为铸件凝固时所形成,裂纹的存在会极大地降低铸件的拉伸强度,真空度为 50 kPa 时缸筒部位的铸件抗拉强度最低。随着真空度的增大,在图 6-23c 中观察到断口微观形貌开始出现撕裂棱,撕裂棱出现在舌状花样之间,呈细条状紧密分布,并伴随较多的撕裂碎片。撕裂棱的出现表明断口由解理断裂向准解理断裂转化,认为 20 kPa 真空度下缸筒部位的拉伸断口为准解理的断口形貌。真空度继续增大,在图 6-23b 和图 6-23a 中可见撕裂棱和韧窝同时存在,还有以较多的舌状小平面平行分布于断口表面的舌状花样,此断口微观形貌表现为典型的准解理特征。准解理断裂的裂纹源是晶粒内部的孔洞、夹杂物和硬质点,裂纹源向四周的扩散多是局部扩展,从而形成许多准解理小平面。

50 kPa 真空度下的缸筒铸件拉伸断口表现为解理断裂,真空度提高到 20 kPa 后,断口表现为准解理断裂。由表 6-3 可知,真空度由 50 kPa 提高到 20 kPa 后,拉伸强度提高了 15.7%,断口微观形貌上的表现就是解理断裂转化为准解理断裂。真空度由 20 kPa 提高到 10 kPa,力学性能提高不明显,断口微观形貌仍表现为准解理断裂,变化不大。

总结上述结果可知:

(1)可以采用工控机形式控制真空控制系统,运用多组通道分别实现真空阀的开关及型腔内真空度检测。在 0.8 s 内模具内腔真空度优于 10 kPa,真空阀使用寿命大于 3 万模次。

(2)在生产条件下试验得出,不同真空度的铸件中都存在各种孔洞,孔洞的大小和数量都随着真空度的提高而减小。真空度从 50 kPa 提高到 10 kPa,晶粒可以得到一定的细化,合金的二次枝晶间距减小。

(3)真空度由 50 kPa 提高到 10 kPa,铸件力学性能增大,10 kPa 时铸件的抗拉强度和延伸率最大,分别为 252 MPa 和 2.19%,相比于 50 kPa 下铸件的抗拉强度和延伸率分别提高了 27.9% 和 41.3%。

(4)50 kPa 真空度下的铸件拉伸断口表现为解理断裂,真空度提高到 20 kPa 后,断口表现为准解理断裂。

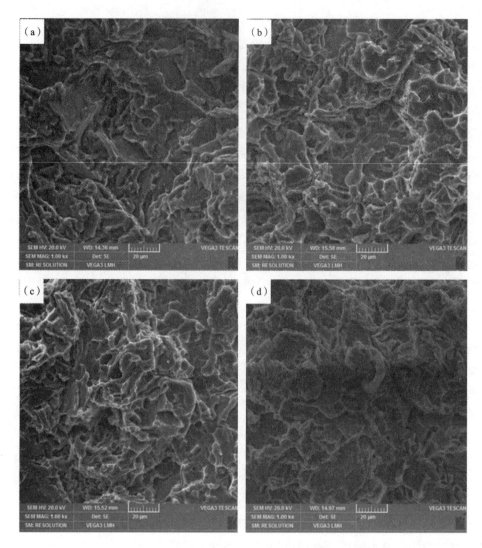

图 6-23   四个不同真空度下缸筒部位的拉伸断口微观形貌

(a) 10 kPa；(b) 15 kPa；(c) 20 kPa；(d) 50 kPa

6.3   一体化压铸成形新技术

6.3.1   一体化压铸的发展历程

一体压铸成形工艺被誉为"汽车车身工程的一场革命"与"压铸界前所未有的一场变革"。2021 年年初特斯拉公司官宣了上海超级工厂在内的全球四座整车工厂都已安装超大型压铸机，用于生产电动车 Model Y 一体成形的超大后底板等。该消息在造车界和压铸界掀起了一股飓风，也使一体压铸工艺、设备及压铸材料的创新与发展迎来了新机遇。

2019 年,特斯拉对 Model Y 车型的生产制造进行改进,引入一台合模力为 6000 t 的超大型压铸机,将 Model Y 车型大部分框架组装成一个大件(长、宽尺寸都在 1.5～2 m),如图 6-24 所示。一体化压铸后底板总成的所有零件一次压铸成形;应用了新合金材料,一体压铸的底板总成不再进行热处理;制造时间由传统工艺的 1～2 h 缩减至 3～5 min,能在厂内直接供货。这意味着以冲压、焊装为主导的整车制造模式将被彻底颠覆。特斯拉上海工厂一体化压铸降低成本约 40%;70 多个冲压或焊接零件变成一个压铸件,1000 多个工业机器人降至 700 个;加固车体,减轻重量,有利于续航;产品一致性也得到提升。车重降低 10%,续航里程可增加 14%。普通电动车电池容量为 80 kW·h,用一体压铸车身减重并保持续航里程不变,电池容量可减少约 10 kW·h。以目前磷酸铁锂电池包成本 600 元/(kW·h)计算,单车成本可降低 6000 元。一体化压铸制造过程极简,不需要开发过多的工装设备,制造精度可控,维护成本极低。压铸材料回收容易,回收利用率极高。

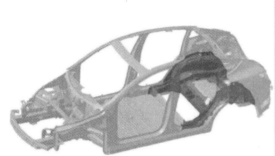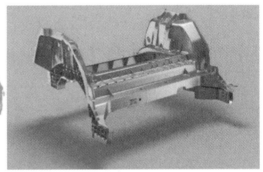

图 6-24 Model Y 白车身(左)及一体化压铸超大后仓(右)

同时,特斯拉宣布下一步计划将应用 2～3 个大型压铸件替换由 370 个零件组成的整个下车体总成,重量将进一步降低 10%,对应续航里程可增加 14%。此外,特斯拉已经申请采用巨型压铸设备一次压铸整个白车身的专利技术。

国内新能源汽车行业也快速跟进,从 2021 年起多个电动车企业制定了一体化压铸汽车零部件的发展规划,有的已安装了大型压铸机,并试制出大型压铸件。例如蔚来、小鹏、理想等新能源车企和传统车企(一汽、二汽、长安汽车等)均正在开发一体化压铸后底板和前机舱等大型一体式铝合金压铸结构件。

下面从一体压铸的零件供应商的角度,简述国内进展情况,如表 6-4 所示。压铸设备主要有国内的力劲、海天、伊之密,国外的布勒、东芝等,合模力从 6000 t 到 12000 t。

表 6-4 一体化压铸件主要生产商及进展情况(截至 2023 年 5 月)

企业简称	压铸装备进展	应用
广东鸿图	2022 年 1 月利用 6800 t 力劲压铸机成功试制新一体化铝合金后底板压铸件;2023 年 1 月 12000 t 力劲超级智能压铸单元安装调试成功	生产一体化前仓总成、一体化后底板总成、一体化电池托盘等
雄邦压铸	2021 年 6 月,6000 t 力劲超大型压铸岛成功试模;2022 年 12 月 9000 t 压铸机安装完成	大型一体化车身结构件、一体化电池盒托盘

续表

企业简称	压铸装备进展	应用
美利信	2022 年 8800 t 海天压铸机试制成功;开展 12000 t 和 15000 t 超大型压铸机项目的技术研发与合作	前后底板、电池包等
一汽铸造	2023 年 2 月 9000 t 伊之密压铸机安装调试完成	大型一体化车身结构件、一体化电池盒托盘
东风汽车	2023 年布局 10000 t 压铸机项目	大型一体化车身结构件、电池盒托盘等
长安汽车	2022 年布局 7000 t 伊之密压铸机项目	大型一体化车身结构件、电池盒托盘等
海威股份	采用 6600 t 力劲压铸机压铸成形,完成 1.4 m× 0.9 m×0.1 m 零件试制,重约 32 kg	新能源汽车前机舱、后车体、电池包等结构件
托普集团	订购 6 台力劲 7200 t 压铸单元	大型汽车结构件一体化成形
精诚工科	订购宁波力劲 8000 t 智能压铸装备	大型、重型部件一体化制造

6.3.2　一体化压铸铝合金材料——免热处理铝合金

传统压铸的汽车减震塔等压铸件,需要对产品进行固溶处理和过时效稳定化处理(T7 热处理),才能使产品在长期服役的条件下形状和尺寸变化保持在规定范围内,以维持其性能稳定。对传统铝合金而言,热处理是保障压铸零部件力学性能的必备手段。一体化压铸件的产品外形太大,热处理过程易引起汽车零部件变形、尺寸变化和表面缺陷。虽然通过一些整形手段可以改善一定的尺寸精度和缺陷,但也会造成废品率的增加,导致加工成本上升。对于一体化压铸必须开发一种新材料与之匹配才行,免热处理铝合金材料使大型一体化压铸结构件成为可能。

免热处理铝合金材料的性能要求:具有需要的强度和韧度,满足车身的需求;充型能力要好,满足成形的需求,生产效率高;能防止材料与模具发生反应,不能黏模(压铸合金的黏模倾向取决于铝合金在液态及固-液两相区时与压铸模具材料的亲和力);在高温熔融状态下,吸气和氧化现象比较少,表面光滑度好。除了这些性能之外,还要质量轻、成本较低、应用范围广泛。

下面介绍几种典型的大型一体化压铸用免热处理铝合金。

6.3.2.1　Al-Si 系

Al-Si 系免热处理压铸铝合金材料的化学成分及力学性能见表 6-5 和表 6-6。Castasil-37(AlSi9MnMoZr)为莱茵铝业开发的成熟商用 Al-Si 系免热处理压铸铝合金材料牌号,该合金具有优异的铸造性能,且铸态下具有高强度和高韧度。合金中通过复合添加 Mo 和 Zr 元素,综合利用其产生的固溶强化和细晶强化来提高合金的强度,同时保证具有较高的延伸率。合金中 Mg 的质量分数控制在 0.06% 以下,以防止铸件发生自然时效而降低零件本体的延伸率,从而有利于保证零件的性能稳定性及可连接性。相比于 AlSi10MnMg,尽管材料成本有所提升,但压铸件生产过程中无热处理工序,同时也可避免热处理过程中零件本身发生的变形及省去后续相关的整形工序,具有一定的综合降本作用。Castasil-37 已成熟应用于奥迪 A8 后纵梁、Jaguar XJ A 柱和减震塔、VW Phaeton 车门内板等部件。

表 6-5　典型 Al-Si 系免热处理铝合金化学成分(质量分数:%)

合金	Si	Fe	Cu	Mn	Mg	Zn	Ti	Sr	Mo	Zr	其他	Al
Castasil-37	8.5~10.5	<0.15	0.05	0.35~0.60	0.06	0.07	0.15	0.006~0.025	0.1~0.3	0.1~0.3	0.10	其余
EZCast™370	6.0~9.0	<0.20	—	0.10~0.80	0.15~0.80	—	0.20	0.025	—	—	0.15	其余
C611	4.0~7.0	<0.15	—	0.40~0.80	0.15~0.25	—	0.10	0.01~0.15	—	—		其余
Aural 5M	6.0~8.0	<0.25	0.03	0.20~0.60	0.10~0.60	3	0.15	0.01~0.07	—	—	0.15	其余

表 6-6　典型 Al-Si 系免热处理铝合金力学性能

合金	壁厚/mm	屈服强度/MPa	抗拉强度/MPa	延伸率/(%)
Castasil-37	2~3	120~150	260~300	10~14
	3~5	100~130	230~280	10~14
C611-F	3	123	268	16
C611-PB	3	159	276	12
Aural 5M-F	3	120	250	16
Aural 5M-PB	3	140	250	13

EZCast™370 为 Alcoa 公司开发的成熟商用 Al-Si 系免热处理压铸铝合金,其中 C611 作为 EZCast™ 中的典型牌号已应用于欧洲市场车型上的减震塔和横梁等部件。该合金铸态下具有优异的力学性能,满足白车身铝合金压铸结构件的高强度、高韧度以及可连接的性能要求。与 Castasil-37 的不同之处是,在适当降低 Si 质量分数的情况下,还保留一定的 Mg 元素来提升合金的强度,同时确保该合金具有一定的烘烤硬化能力。此外 C611 并未采用较昂贵的 Mo、Zr 合金元素,合金本身的成本相比 Castasil-37 有一定的竞争优势。有媒体报道该合金也尝试应用于整车企业的大型一体化压铸铝合金结构开发。此外,Magna 公司开发了新型先进的 Aural 5M Al-Si 系免热处理压铸铝合金,铸态下该合金在不降低强度的条件下具有更好的塑性,同时合金的可制造性能(铸造、连接)优异,并且经过涂装车间烘烤后具有一定的烘烤硬化性能。该合金在大型车身压铸结构件方面具有巨大潜在应用价值。

此外,结合特斯拉申请的压铸结构件用免热处理铝合金压铸件相关专利可知,其用于一体化压铸后底板的铝合金材料也为 Al-Si 系:Si 的质量分数在 6.5%~7.5%,使合金保持一定的流动性;Mn 的质量分数为 0.3%~0.8%,合金具有较好的抗黏模性;同时通过控制一定的 Cu/Mg 比,并添加一定的 Ti、V 等合金元素综合调控基体性能,来保证铸态下兼具良好的强度和塑性。该合金已成功应用于特斯拉大型一体化压铸结构件。除上述 Al-Si 系免热处理铝合金外,也有报道国内单位研制了 Al-Si 系免热处理铝合金,用于大型一体化免热处理压铸结构件,并尝试在相关主机厂推广应用。

6.3.2.2 Al-Mg 系

典型 Al-Mg 系免热处理压铸铝合金材料的化学成分及力学性能见表 6-7 和表 6-8。AlMg5Si2Mn(Magsimal-59)为典型的 Al-Mg 系免热处理压铸铝合金,主要合金元素为 Mg、Si 和 Mn。该合金具有良好的耐腐蚀性能,Mg 元素的质量分数控制在 5%~6%,Mg 固溶于基体,并在 α-Al 基体中析出强化相,提升合金强度;同时通过控制 Mg/Si 元素比例,将合金共晶相的比例控制在 40%~50%,获得一定的铸造性能。Mn 的质量分数在 0.5%~0.8%,使合金具有很好的抗黏模性能。此外,合金中添加少量的 Be 元素使熔体表面形成致密的氧化铍,减少 Mg 的烧损。AlMg5Si2Mn 已成功应用于 Porsche Panamera 的减震塔、车门内板以及 BMW5 系(E60)的减震塔。

表 6-7　典型 Al-Mg 系免热处理铝合金化学成分(质量分数,%)

合金	Si	Fe	Cu	Mn	Mg	Zn	Ti	Be	其他	Al
AlMg5Si2Mn	1.8~2.6	<0.2	0.03	0.50~0.80	5.0~6.0	0.07	0.2	0.004	0.2	其余
AlMg4Fe2	0.2	1.5~1.7	0.20	0.15	4.0~4.6	0.30	0.2	*	—	其余

注:* 表示存在该元素,但含量未知。

表 6-8　典型 Al-Mg 系免热处理铝合金力学性能

合金	壁厚/mm	屈服强度/MPa	抗拉强度/MPa	延伸率/(%)
AlMg5Si2Mn	<2	>220	>300	10~15
	2~4	160~220	310~340	11~22
AlMg4Fe2	2~4	120~150	240~280	10~22

AlMg4Fe2(Castaduct®-42)为莱茵铝业开发的一款新型的 Al-Mg 系免热处理压铸结构件用铝合金。通常 Fe 元素作为铝合金中的杂质元素,易于与 Si 形成 Al-Fe-Si 针状有害相,严重降低合金的力学性能。然而 AlMg4Fe2 合金由质量分数为 4.2% 的 Mg 和质量分数为 1.6% 的 Fe 组成,Fe 的质量分数接近 Al-Fe 共晶成分,合金中严格限制 Si 的质量分数,避免了形成 Al-Fe-Si 相;同时尽管合金中 Mn 的质量分数较低,但 Fe 的质量分数较高,合金同样具有较优的抗黏模性。此外该合金中 Fe 元素质量分数较高,生产过程中更易于回收铝合金材料,对于降低碳排放也有一定的优势。

Al-Mg 系铝合金的强度整体高于 Al-Si 系,但 Al-Mg 系铝合金的铸造性能相对 Al-Si 系要差,对模具、压铸工艺设计以及制造技术要求更高。同时 Al-Mg 系铝合金材料热裂倾向较大,对产品设计要求更高,行业内应用成熟度及应用占比较低,且行业内相应的高水平供应商资源较少。Al-Mg 系铝合金的推广应用相比 Al-Si 系较为落后。

6.3.3　一体化压铸装备

目前,压铸工艺已经是一种高度自动化并向智能化方向发展的制造工艺,其以压铸机为中心,加上许多周边设备或机器人组成压铸岛(或压铸单元),如图 6-25 所示。传统的压铸三要素就是压铸机、压铸合金和压铸模具,因此采用大型压铸机是大型结构件一体化压铸成形的重要条件。

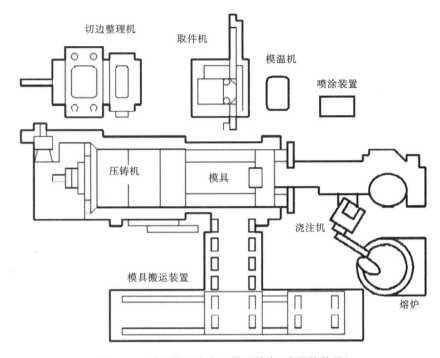

图 6-25　以压铸机为中心的压铸岛(或压铸单元)

　　在 2019 年特斯拉首次订购、采用合模力为 6000 t 的压铸机之前,全球的压铸机主要是 4500 t 以下的压铸机。我国大型压铸机的发展也经历了一个缓慢的过程,2010 年国家"高档数控机床与基础制造装备"科技重大专项才立项进行"3500 吨精密卧式压铸成套设备"研制,2012 年国家发改委智能化专项立项进行"高效智能压铸岛"研发,开发 4000 t 压铸机及其智能化。

　　特斯拉设计了革命性的一体化压铸工艺后,向我国力劲(意德拉)公司订购了 6000 t 的超大型压铸机,如图 6-26 所示。目前国内最大也是全球最大的压铸机是力劲公司生产的 12000 t 压铸机,未来也可能出现更大吨位的压铸机。

　　目前的压铸工艺都是建立在传统的三板压铸机基础上的,随着技术的发展,近年来出现了新的压铸机结构,即两板压铸机。特别是用于一体化压铸的超大型压铸机都会采用两板式结构。如图 6-27 所示,两板压铸机和三板压铸机的区别主要在于合模系统,两板压铸机的合模系统去除了三板压铸机中的尾板,只含有动模板和定模板,故称为两板压铸机,同时在四根大杠尾端增加了随动锁紧机构来取代曲肘机构,锁模力分布更均匀,可防止模具变形。

　　两板压铸机的优点如下:

　　(1)比传统三板压铸机节能 11%～27%;

　　(2)换模时间短,开合模速度快,有效提高了生产效率;

　　(3)占地面积比传统三板压铸机减少 1/3;

图 6-26　锁模力为 6000 t 的超大型压铸机(局部)

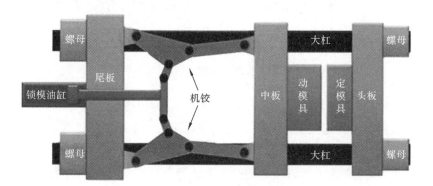

三板（机铰式）压铸机

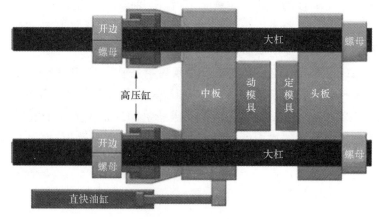

两板压铸机

图 6-27　两种压铸机的对比示意图

（4）活动部件少，维修成本低，减少了润滑油用量；

（5）锁模力分布均匀，模具热膨胀厚度变化自动补偿，减少了飞边。

因此，两板压铸机提供了更为先进的压铸生产手段，将成为大中型高端压铸机的发展方向。

除了压铸机外，一体化压铸装备中还会采用高真空压铸装置，因为模具体积及质量大，还用到了大量的模温机，所用的喷涂机械手也会比小压铸机多 1～2 台。由于浇注铝液的质量大，在浇注机器人及取件机器人等方面都有特殊的要求。

6.3.4　一体化压铸工艺与模具技术

6.3.4.1　一体化压铸工艺优化

一体化压铸技术来源于高压铸造，高压铸造因效率高、零件壁厚小等特点，在汽车车身制造中的运用较多。然而，高压铸造过程中充型速度较高，经常会导致压室及型腔内存在的气体不能完全排到外部环境中，使金属液中掺杂进气体，造成内部气孔或铸件缺陷，使得铸件质量下降，力学性能也一定程度降低。为减少铸件中的气孔等缺陷，大型结构件的压铸工艺设计，真空度、冲头速度、合金浇注温度、模具温度等工艺参数都是一体化压铸中的关键技术问题。

下面以带有浇注系统的大型复杂离合器壳体铸件为例（见图 6-28），叙述一体化压铸件工艺设计及优化中需要注意的技术事项。

一体化压铸件的特点是尺寸超大（1.5～2 m）、结构复杂，因此铝液在充填模具型腔时流动距离很长，需要精密的压铸工艺设计，主要考虑以下几个方面。

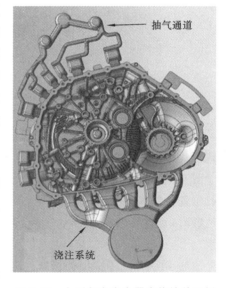

抽气通道

浇注系统

图 6-28　大型复杂离合器壳体铸件示例

1. 严格把控金属液流动路径及状况，避免出现零件时效

大型一体化零件在高压铸造过程中流动通道复杂，边角结构越多越容易导致金属液无法良好充填，甚至出现严重的紊流，从而导致内部缺陷，或带来夹渣和氧化皮风险。

图 6-28 所示示例中设置了多个内浇口，而且分布广泛，几乎在整个下端面都有进料口，这样可以保证铝液浇入后几乎仅向一个方向流动，尽量缩短流动距离。采用非真空压铸的普通压铸方式生产了该离合器壳体压铸件，图 6-29 所示为零件局部及 X 射线检测结果。普通压铸生产的该离合器壳体，经常在轴承孔周边多股金属液交汇处产生大量气孔，如图 6-29a 中椭圆所示区域，导致内部质量达不到 X 射线检测质量要求而报废。因而 X 射线检测时也主要集中在这些部位，图 6-29b 所示为普通压铸生产的离合器壳体内部气孔的 X 射线检测结果。由图可以清楚地看出，普通压铸生产的铸件内部气孔确实较多，产品的品质

较差。因此,为了消除气孔缺陷、提高产品质量,需要采用新型的多向(多点)高速实时控制抽真空系统用于高真空压铸,实现高致密化压铸。

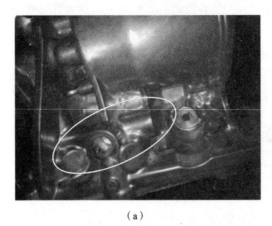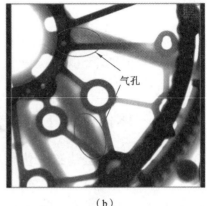

（a）　　　　　　　　　　　　（b）

图 6-29　普通压铸生产的离合器壳体压铸件

(a) 零件局部；(b) X 射线检测结果

2. 排气结构需合理设计,用仿真技术和高真空铸造等技术防止气孔产生

由于模具型腔中原有的气体、金属液流卷入的气体和金属液自身带入的气体都需要排出,因此在工艺设计之初就要考虑通过合理的排气结构来排出气体,甚至采用真空技术等来实现模具中的气体排放。这需要大量的仿真技术和生产过程的技术应用。

图 6-28 所示离合器壳体的压铸工艺设计中采用了高真空压铸技术,通过压铸机设置的压射位置控制高真空系统的开关。抽真空工作过程如下:压铸时,当压射冲头到达启动真空的位置时,真空泵启动,压射冲头继续前进,当压射冲头到达关闭真空的位置后,真空泵抽气结束。

借助 Flow-3D 等模拟分析软件对铸件的充型及凝固过程进行了分析,以了解铸件卷气情况及在冷却凝固过程中气孔缺陷产生的位置及大小。Flow-3D 特有的 FAVOR(部分面积/体积表示法)方法可以定义光滑的曲面,精确地表示复杂的几何形状,避免出现台阶状的表面,以改善流动和热传导分析精度。此外,该软件使用 TruVOF 方法精确地模拟自由表面的位置、运动及对流体的影响,适合计算高速流动状态。在铸件充型过程的模拟中,将液态金属看作不可压缩流体,对液态金属充型的模拟,实际就是求解一组非稳态的流体流动控制方程组。求解后就可获得压铸过程的流动场及温度场,可以分析压铸过程中的卷气、缩孔缩松、浇不足等缺陷。

根据实际的压铸工艺参数设定模拟参数,模拟过程中型腔的真空度设定为 10 kPa,材料为 ADC12 压铸铝合金。根据图 6-28 所示的离合器壳体零件及设计好的浇注系统、排溢系统的三维造型图,浇注质量为 16.4 kg,铸件投影面积为 178200 mm^2,平均壁厚为 3.7 mm,属于结构复杂的大型薄壁压铸件。根据零件的结构特征,所设计的压射工艺参数如下:慢速压射速度为 0.2 m/s,快速压射速度为 4.5 m/s,高速切换点在 0.51 s。

图 6-30 所示为离合器壳体充型过程模拟中金属液的温度变化和卷气情况。由图 6-30a～d

可知,金属液通过设计好的浇注系统能平稳地充填型腔,零件自下而上依次充型。同时,根据模拟结果还可以看出,经多向高速实时控制抽真空系统辅助压铸机抽真空后,在充型过程中卷气含量明显降低,最大值仅有 0.635%,如图 6-30e～h 所示。此外,在最后充型阶段,可以发现存在一些温度较低、卷气量较大的金属液,但均进入了设计好的溢流槽中,零件脱模后可以去除。图 6-31 所示为离合器壳体充型完毕时的温度场及卷气情况。由图

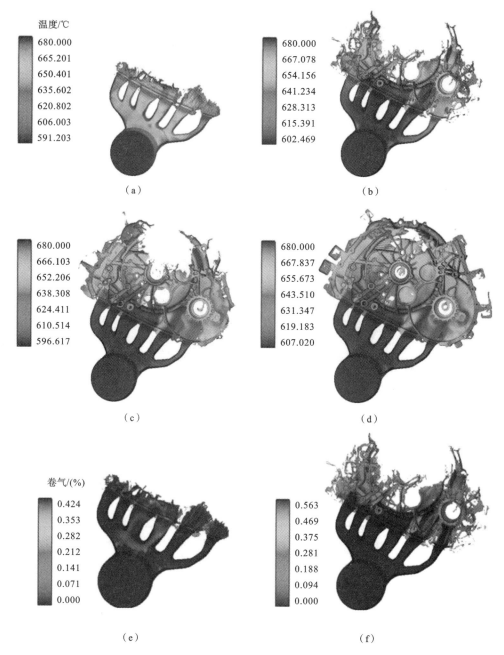

图 6-30　离合器壳体真空压铸充型过程中的温度场(a～d)和卷气情况(e～h)

(a)(e) $t=0.51$ s;(b)(f) $t=0.53$ s;(c)(g) $t=0.54$ s;(d)(h) $t=0.55$ s

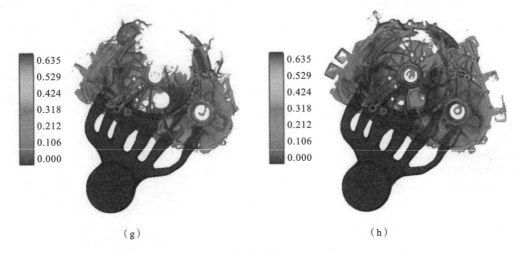

0.635
0.529
0.424
0.318
0.212
0.106
0.000

（g）

0.635
0.529
0.424
0.318
0.212
0.106
0.000

（h）

续图 6-30

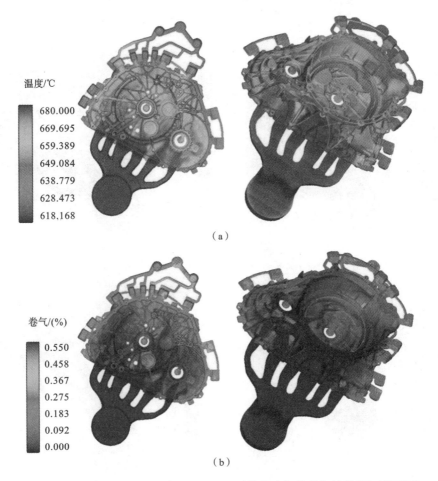

温度/℃

680.000
669.695
659.389
649.084
638.779
628.473
618.168

（a）

卷气/(%)

0.550
0.458
0.367
0.275
0.183
0.092
0.000

（b）

图 6-31　离合器壳体充型完毕时($t = 0.56$ s)的温度场及卷气情况(正、反面图)

（a）温度场；（b）卷气

6-31 可知,充型结束时,零件内部温度较为均匀,且卷入零件内部的气体含量较少。该模拟结果表明真空压铸几乎能完全消除气孔缺陷,实现高致密化压铸。

3. 冷却过程需要液态补缩,避免热孤岛带来缺陷

完成充型过程之后,零件的冷却过程会带来尺寸的收缩,需要准确仿真零件的整个冷却过程,设置最晚冷却的金属液池来补充收缩部分的液体,同时避免出现不合群的热孤岛,否则会在零件的冷却收缩过程中产生缩孔疏松类缺陷。

图 6-32 所示为离合器壳体的金属液凝固模拟结果,图示为完全凝固后零件的温度和缩孔缺陷分布情况。可以看出,所得零件绝大部分区域温度差异较小,仅在左侧复杂结构处存在小范围的过热区域,且在此处最终存在少量缩孔,如图中圈出区域。结合图 6-31 中金属液的温度及卷气特征,充型结束时缺陷处并未有明显的气体残留,因而此处的缺陷主要源于其复杂结构及厚大尺寸,凝固时存在一定程度的收缩,导致最终完全凝固时少量缩孔的形成。为了消除该缺陷,在此处增设冷却水道,降低该处的模具温度,使此处合金液优先冷却凝固。

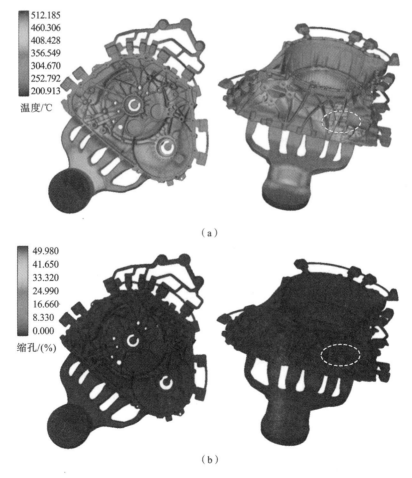

（a）

（b）

图 6-32 离合器壳体凝固完毕时($t=38.31$ s)的温度场与缩孔缺陷(正、反面图)

（a）温度场；（b）缩孔预测

　　综上模拟结果所述,表明采用优化的工艺设计及将多向高速实时控制抽真空系统用于压铸机辅助抽真空,几乎能完全消除气孔缺陷,实现离合器壳体的高致密化压铸。利用数值模拟分析了离合器壳体的卷气发生部位,预测了压铸缺陷的种类及位置,在此基础上优化了抽真空系统的设计,并结合高真空工艺多次试制的试验结果,得出了高真空压铸工艺使用的最优参数。图 6-33 所示为在优化的工艺条件下高真空压铸试制的离合器壳体零件,零件外形完整。图 6-34 为该零件的 X 射线检测照片。由图可知,X 射线检测并未发现明显的缩孔,而且零件外部完整,未发现浇不足等缺陷。相比于图 6-29 所示的普通压铸生产的离合器壳体,真空压铸几乎完全消除了零件内部的气孔缺陷,产品的内部质量明显提高。此外,机加工后产品渗漏等测试结果显示,产品合格率达到 97.5 %,而普通压铸的产品合格率仅为 91.8%,合格率提高了 5.7 个百分点。

图 6-33　高真空压铸的离合器壳体零件(正、反面)

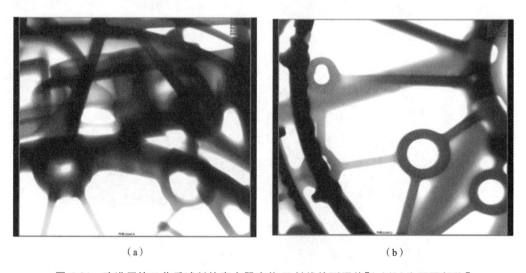

(a)　　　　　　　　　　　　(b)

图 6-34　改进压铸工艺后试制的离合器壳体 X 射线检测照片[(a)(b)为不同部位]

　　前面 6.2.3.2 节关于高真空压铸的研究结果同样适用于大型结构件的一体化压铸工艺,只是大型结构件型腔抽真空时对真空罐及真空阀的能力要求更高一些。此外,Budiarto

探索了真空系统对 ADC12 铝合金材料产品缺陷和微结构的影响。通过观察孔隙率、捕获气压、热点温度、维氏硬度水平等参数,开展 X 射线衍射分析和光学显微镜显微结构分析,发现真空系统在孔隙率和产品产率方面优于溢出系统的作用,受到真空度和热点温度的影响。具有真空系统的产品的硬度优于仅有溢出系统的,相应的位错密度增加,晶格应变增加,产品的晶体尺寸水平减小。Koru 研究了模具温度、铸造温度和动态压射参数(压力、速度和真空施加)对零件力学性能和孔隙率的影响。结果表明:孔隙率因模具温度的提高及真空环境的引入而降低;提高模具温度并对模具型腔施加真空有助于增强力学性能;与提高模具温度相比,提高铸造温度对力学性能的影响较小;增加压射速度会导致孔隙率增加和液态金属表面的湍流,而增加压力会降低孔隙率百分比;与非真空条件相比,因为真空压铸会减少空气混合到液态金属中,压力铸造中的真空应用可以提供更好的压铸结果。

6.3.4.2　一体化压铸模具技术

一体化压铸模具相比传统压铸模具有外形大、质量重的特点。无论对模具材料的锻压和处理,还是加工等都是一个严峻的考验。国内首套 6800 t 一体化压铸模由广州市某模具制造公司自主研制成功,模具质量超过 140 t。广东鸿图的汽车底盘一体化结构件,铸件尺寸约 1700 mm×1500 mm×700 mm,浇注质量约 100 kg,加上抽芯、模厚等模具外形是很大的。大型压铸模具是实现一体化压铸的基础工装设备,也是衡量一个国家工业水平及产品开发能力的标志。大型压铸模具制造对一体化压铸降本增效具有重要意义。

1. 模具材料

一体化压铸对模具的冲击损坏大,模具使用环境恶劣,受各种应力综合影响,这将导致模具过早开裂失效,因此对模具结构、模具选料和热处理有更高的要求。压铸模可分为成形部分、浇注系统、模架部分、排溢系统、温控系统等部分。成形部分是模具的核心,包括模仁(模芯)与其他结构件,中间构成的空间为型腔,形成压铸件的几何形状。模具设计决定了零部件的形状和精度。型芯型腔与合金液接触的部件选用纯净度高、含硫量低的模具钢。为了提高抗高温软化性能,选用含钼量高的模具钢,如热作模具钢 H13、SKD61、8407、8417、1.2344ESR 等。提高模具钢纯净度,降低或消除低熔点杂质,是防止压铸模具提前龟裂的根本有效办法。一体化压铸模结构复杂、制造成本高、制造周期长,对压铸模制造提出了更高的要求。适宜制作压铸模的钢材应具备良好的热强性、抗热疲劳性、抗氧化性和抗液态金属腐蚀的性能。做好模具钢锻造比,配合好的热处理工艺,做好表面镀层和模具使用保养,可以延长模具使用寿命。常用热作模具钢由电渣重熔法精炼,具备纯净而细微的组织,能够满足压铸型芯、型腔的需求。可根据功能要求,合理使用模具钢,降低模具成本。假如模块 A 是零件成形区域,形状复杂并需要高的表面质量,则采用进口优质热作模具钢(W350、DI-EVAR 等);模块 B 与浇注系统接触,可用模具钢 H13。小型压铸模硬度为 50~52 HRC,一体化压铸模具特别大,要具有韧性而不开裂,一般建议硬度在 45~48 HRC。

2. 模具设计与仿真

压铸模具制造难点之一在于设计。大型模具外形很大,投入也很大,模具设计是至关重要的环节。一体化压铸件尺寸大,壁厚较薄且不均匀,形状复杂,压射流程长且压射时间短,加上压铸本身的特性,铸件的收缩变形是不可避免的。大型压铸模具的结构设计、制造及可靠性验证均充满挑战。结构设计依赖大量经验及计算实验,流道设计复杂,壁厚变化较大,加工难度更大,对浇注、溢流、排气、冷却系统设计提出了更高的要求。一体化压铸是在高真空环境下高速充型、高压凝固,对模具的强度、韧性、精度以及密封性等均有更高要求。

在一体化压铸中,在零部件设计和模具设计阶段,CAE仿真具有无法替代的作用,精准的仿真结果是设计优劣的评价依据。网格质量是仿真结果较可靠的重要保障。一体化铸件重约100 kg,壁厚均在3～4 mm,结构中含有大量的加强筋、圆角过渡等特殊结构,要用网格准确描述结构,其型腔网格数量需要1亿个以上,加上模具网格,总体网格数量至少有3亿～5亿个。传统单机版软件受到算法及硬件等限制,要实现精确仿真需要更大能量级硬件或网络规模来支持。

3. 一体化压铸模具热平衡

温度是压铸工艺中的核心要素之一,压铸模具温度控制好坏直接影响其生产质量与效率。压铸工艺中的熔化温度、压射温度、模具温度、冷却水温、油温等都与整个压铸过程有着关联影响。一体化压铸生产中温度场变化更复杂:首先铸件质量接近或超过100 kg,将释放大量热量;其次壁厚较薄、流程较长,使得模具各个部位温度极不均匀。通常情况下,靠近浇口以及浇道附近处模温过高,急需降温散热;而模具末端模温过低,熔体流动性下降,造成铸件冷隔、注射不满等缺陷,急需升温加热。过去的模具设计主要关注浇排系统(浇道、集渣包和排气槽设计),对模具内水路、油路等不够重视,对于较小铸件勉强可以适用,而对大型复杂铸件需要重视每一个环节。

在一体化压铸中模具热管理占有重要地位,模具越大热管理控制难度也越大。合理设计冷却/加热系统是压铸中对模温进行有效调控的前提条件。而一体化铸件尺寸大,必须考虑模具温度热平衡的难题,不仅要借助于压铸仿真软件分析温度分布,还需用技术措施来解决模具热平衡问题,如采用模温机控制、红外线成像检测、模内传感器、3D打印复杂冷却水路等。

6.4　案　例　分　析

6.4.1　高真空压铸成形——轿车后副车架

该轿车后副车架采用Al-Mg系合金(AlMg5Si2Mn)铸造,外形尺寸为1078 mm×367 mm×156 mm(见图6-35),平均壁厚约4 mm,铸件质量为6.3 kg,其力学性能指标为:抗拉强度＞240 MPa,屈服强度＞145 MPa,延伸率＞6%,属于高强度、高韧性、耐腐蚀的大型薄壁复杂零件。由于轿车后副车架是涉及轿车行驶安全的重要部件,即安保件,对内部缺陷的要求非常严格,并要求对铸件做疲劳试验,因此采用常规的压铸技术无法满足其性能要求,只能采用高真空压铸成形。

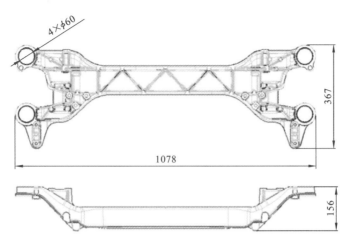

图 6-35　某轿车后副车架示意图

1. 副车架的压铸工艺设计

采用华铸 CAE 模拟分析软件,对副车架的浇注系统进行优化设计,获得了理想的压铸工艺方案。高真空压铸的排气槽结构与普通压铸不同,这是因为为了抽出型腔及压射室中的气体,需要设计合适的排气流道与真空阀相连通。其原则是在各个溢流槽的末端开设大小和长度合理的排气道,排气道最终与真空阀相连接。图 6-36 所示为带浇注系统和排气系统的铸件实物图。

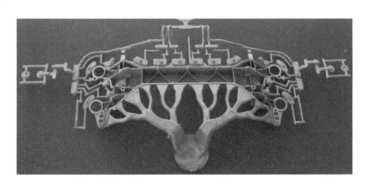

图 6-36　轿车后副车架的铸件(带浇排系统)

采用前述高真空控制装置,可以与普通压铸机匹配,通用性强,经理论计算和实际验证,该控制系统可在 1 s 内将模具型腔真空度抽至 10 kPa 以上。

2. 高真空压铸模具的密封性能

压铸模具型腔的密封是高真空压铸的关键技术之一,模具密封性的好坏直接影响到压铸件的质量。为了达到高真空压铸所要求的型腔真空度(10 kPa 以上),对所有可能漏气的部位均需采取严格的密封措施,特别是顶杆部位。

利用压铸用高真空控制系统的模具密封测试功能,对模具进行了密封测试。测试时,压铸机合模、锁紧,压射冲头运动到适当的位置将压射室浇料口封闭。表 6-9 所示为模具密封测试的结果,可以看出,当抽真空时间达到 1.5 s,测得的平均真空度就达 8 kPa,模具密封效果很好,能达到高真空压铸所要求的真空度。

表 6-9　模具密封测试结果

抽真空时间/s	1	1.5	2	2.5	3
阀 A/kPa	10	9	6	2	2
阀 B/kPa	9	7	5	1	1
平均值/kPa	9.5	8	5.5	1.5	1.5

3. 真空工艺参数对铸件质量的影响

压铸机是锁模力为 25000 kN 的卧式冷室压铸机,并采用压铸模模温及超细型芯针的冷却控制系统,使模具温度保持在 120～220 ℃ 之间。铝合金浇注温度控制在(690±10) ℃。为了使铸件顺利脱模,采用了某脱模剂,稀释比例为 1:80。

1)模具型腔真空度

通过安装在真空管路中的压力传感器可测得模具型腔真空度,真空度反映了压射室和型腔密闭系统中的气体含量。任意时刻的真空度可以通过型腔真空度-时间曲线读取,型腔真空度-时间曲线反映了型腔中真空度随抽真空时间的变化情况。

影响模具型腔真空度的因素有抽真空时间、压射速度、高速切换点、真空系统抽气速度、模具密封情况等。图 6-37 所示为不同真空度下得到的铸态组织,可以看出没有抽真空和真空度为 39 kPa 时铸件均有不同程度的气孔缺陷。经热处理后试样表面有鼓泡现象。随着真空度的提高,模具型腔中的气体减少,铸件产生的气孔缺陷也减少。在高真空状态下,铸件的气孔缺陷可以消除。

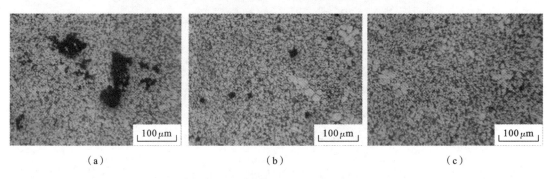

(a)　　　　　　　　　　(b)　　　　　　　　　　(c)

图 6-37　不同真空度下的铸态组织

(a) 未抽真空;(b) 39 kPa;(c) 8 kPa

2)抽真空时间

压射冲头从真空启动位置运动到真空停止位置所用的时间为抽真空时间。影响抽真空时间的因素有真空启动位置、真空停止位置、压射行程、压射速度、真空系统特性等。HVDC-H 型高真空控制系统与普通压铸机匹配,当压射冲头封闭浇注口时,压铸机输出真空启动信号,高真空控制系统中 PLC 接收真空启动信号后,控制抽气管路的电磁阀打开,抽真空开始。

　　参考图 6-18,所用的压铸机控制系统可以根据压射冲头的位置输出真空启动和真空停止信号,所以真空启动位置就是真空系统开始对模具型腔抽真空时压射冲头所在的位置。同理,真空停止位置是真空系统使真空阀关闭时压射冲头所在的位置。

　　在其他参数固定的情况下,分别试验了真空启动位置在 50 mm、110 mm、210 mm 处时铸件的气孔缺陷情况。经 X 射线无损检测,得到靠近浇注系统这一侧的衬套孔处气孔情况,如图 6-38 所示。

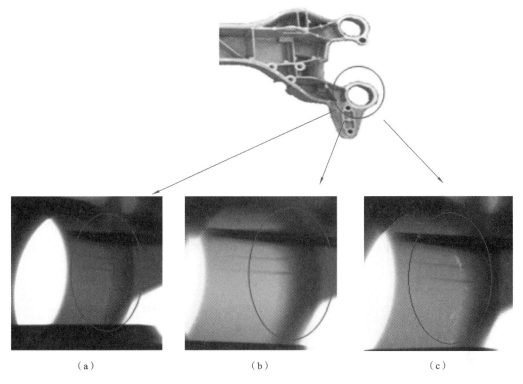

图 6-38　真空启动位置对铸件气孔的影响

(a) 50 mm 处;(b) 110 mm 处;(c) 210 mm 处

　　从图 6-38 可以看出,真空启动位置在 110 mm 处时,铸件该位置内部质量良好,无气孔产生,而真空启动位置在 50 mm、210 mm 处时均有气孔缺陷。真空启动位置在 50 mm 处时,压射冲头还没有完全封住浇料口,外界空气经浇料口吸进型腔,影响抽气效率,型腔真空度为 16 kPa 左右,所以在铸件内浇口侧的衬套孔处有轻微气孔缺陷。真空启动位置在 110 mm 处时,压射冲头刚刚完全封闭浇注口,隔绝了外界空气,压射室与模具型腔形成一个密闭容器,同时真空启动较早,抽真空时间长,模具型腔的真空度为 9 kPa,铝液无卷气现象,无气孔缺陷形成。真空启动位置在 210 mm 处时,铝液在压射室中运动,容易产生卷气,同时缩短了抽真空时间,型腔真空度为 21 kPa,型腔内气体未完全抽除,在铸件内浇口侧衬套孔位置有气孔缺陷产生。因此真空启动最佳位置为压射冲头刚好经过浇料口处并将其封住的位置。

真空停止过早会缩短抽真空时间,降低型腔真空度,使型腔中气体排除不干净,可能产生卷气,造成气孔缺陷。本例中,真空阀的关闭是依靠金属液的冲击力完成的,但当金属液冲击力由于其他原因不能关闭真空阀时,金属液可能进入真空阀,造成真空阀及管路堵塞。所以为提高真空阀的工作可靠性,本试验通过选择真空停止位置,主动关闭真空阀。一般而言,真空停止位置为金属液开始进入真空阀流道时冲头所在的位置。根据压射室有效长度及料饼厚度,可知冲头运动至 700 mm 时,金属液开始进入真空阀流道,故铝合金后副车架真空压铸的真空停止位置选为 700 mm 处较合适。

3)压射速度

在其他工艺参数不变的情况下,分别调整慢压射速度为 0.15 m/s、0.17 m/s、0.19 m/s、0.22 m/s。结果发现当速度为 0.15 m/s 和 0.17 m/s 时,铸件在定模一侧出现冷隔缺陷,速度为 0.19 m/s 和 0.22 m/s 时铸件外观成形良好。抽真空时间分别为 1.84 s、1.67 s、1.49 s、1.33 s,经 X 射线无损检测均无气孔缺陷。说明慢压射速度低于 0.19 m/s 时,铝液在压射室中降温过多,产生冷隔缺陷。

图 6-39 反映了慢压射速度对铸件本体试样力学性能的影响。可以看出随着慢压射速度的提高,本体试样的抗拉强度和延伸率均有所降低,屈服强度变化不明显。慢压射速度提高,抽真空时间减少,不利于排除压射室中的气体,铝液涌起易捕捉到气体,产生涡流包气,使铸件抗拉强度及延伸率降低。

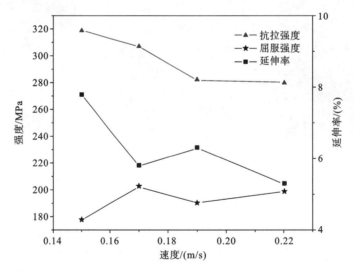

图 6-39   慢压射速度对铸件力学性能的影响

因此为防止冷隔缺陷及保证力学性能,慢压射速度为 0.19 m/s 比较合理,此时抽真空时间为 1.49 s,满足抽真空所需时间要求。

图 6-40 反映了快压射速度对铸件本体试样力学性能的影响。随着快压射速度的增大,本体试样的抗拉强度、屈服强度和延伸率均有所增加。由于高真空压铸在慢压射阶段时模具型腔及压射室中的气体已基本全部排出,因此在提高快压射速度(内浇口速度也随之提高)时,合金熔液虽然呈雾状喷射,但不会产生卷气。同时,底盘部件属于大型薄壁铸件,提

高快压射速度,可提高铝液的流动性,缩短充型时间,有利于铸件凝固组织细化,故抗拉强度、屈服强度和延伸率均得到提升。因此当快压射速度为 5.8 m/s 时,铸件本体的力学性能最好。

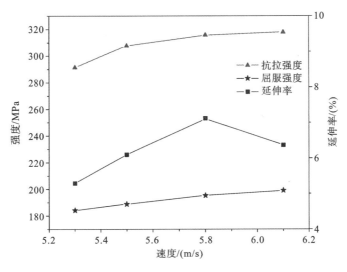

图 6-40　快压射速度对铸件力学性能的影响

4) 高速切换点

经计算,冲头运动至 390 mm 处时,压射室充满;冲头运动至 420 mm 处时,铝液开始进入内浇口。按照普通压铸经验,对于底盘部件的大型铸件,高速切换点应选择在 420 mm 左右。但是对于高真空压铸,按照普通压铸经验值得不到合格的后副车架铸件。表 6-10 描述了不同高速切换点对铸件质量的影响,图 6-41 是对应的缺陷图。

表 6-10　高速切换点对铸件质量的影响

高速切换点/mm	质量描述
≤200	表面光亮,成形良好,但铸件有气孔
240	表面光亮,成形良好,无气孔
280	表面光泽度一般,定模侧有少许分散的小冷隔,无气孔
350	表面有流纹,成形较差,定模侧有少许分散的冷隔块,无气孔
≥420	表面流纹多,成形差,定模侧分散着较大块的冷隔,无气孔

表 6-10 表明该轿车底盘关键部件压铸的最佳高速切换点为 240 mm。当高速切换点小于或等于 200 mm 时,经计算,慢压射阶段的抽真空时间小于 0.5 s,型腔中的气体不能完全抽出,因而在图 6-42 所示铸件位置处形成气孔缺陷。当高速切换点大于或等于 240 mm 时,慢压射阶段的抽真空时间大于 0.7 s,压射室中大部分气体已抽除,高速阶段没有发生卷气现象,铸件无气孔缺陷。X 射线无损检测结果如图 6-42 所示。当高速切换点大于 280 mm 时,高速阶段压射室前端溅起的铝液易被真空系统吸入型腔,首先凝固并黏在模具表面上,与后进入型腔的铝液无法黏合而形成冷隔缺陷。

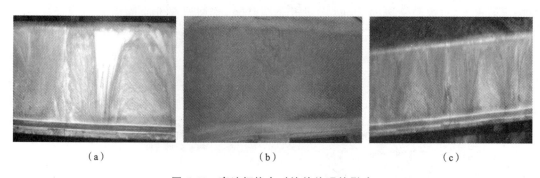

（a） （b） （c）

图 6-41 高速切换点对铸件外观的影响

(a) 280 mm；(b) 350 mm；(c) 450 mm

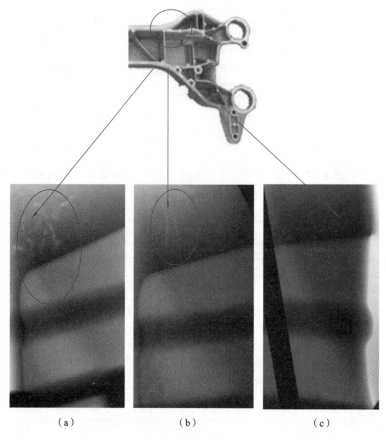

（a） （b） （c）

图 6-42 高速切换点对铸件气孔的影响

(a) 160 mm；(b) 200 mm；(c) 240 mm

综上所述，通过高真空压铸铝合金轿车底盘部件的工艺参数优化，可以获得外观成形良好、内部无缺陷、力学性能优异的压铸件。上述铝合金轿车后副车架的高真空压铸工艺参数如下：抽真空时间为 1.49 s，真空启动位置为 110 mm，真空停止位置为 700 mm，高速切换点为 240 mm，慢压射速度为 0.19 m/s，快压射速度为 5.8 m/s，型腔真空度为 10 kPa 以上。

此时铸态抗拉强度为 312 MPa,屈服强度为 192 MPa,延伸率为 7%,超过技术指标要求。

6.4.2 一体化压铸成形——新能源轿车后底板

图 6-43 所示为某新能源轿车后底板外观。该后底板尺寸为 1330 mm×1280 mm×530 mm,属于一体化设计的大型复杂压铸件。需要说明的是,一体化压铸技术是新能源汽车公司和传统汽车公司的重点开发技术之一,出于保密原因,已公开的资料很少。但是其发展方向及主要技术问题在 6.3 节都已讲述,下面仅提供一些较简单的描述供参考。

参考 6.3 节的内容,后底板零件压铸工艺的整个开发过程主要分为以下一些步骤。

(1)零件结构优化设计。根据压铸工艺的特点,对零件的结构尺寸进行优化,如尽量使壁厚均匀。经过拓扑优化等设计后零件的一些局部结构如图 6-43 所示。

(2)压铸工艺设计。设计浇注系统、溢流系统、抽气通道等,如图 6-44 所示。严格把控金属液流动路径及状况,避免出现剧烈的湍流和不合理的长距离横向流动。

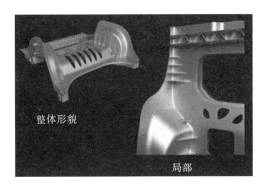

图 6-43 某新能源轿车后底板外观

图 6-44 浇注系统、溢流系统及抽气通道设计

(3)模具设计。包含模具材料选择、模具镶块分配、框架结构设计、模具冷却系统设计,以及模具结构优化,如图 6-45 所示。最后形成可供仿真分析的含压射室、模具及冷却条件的模拟分析系统,如图 6-46 所示。

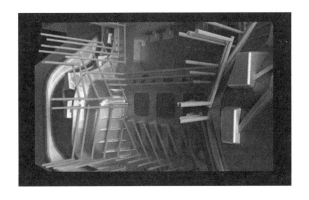

图 6-45 显示定模的模具冷却流道

图 6-46 含压射室、模具及冷却条件的模拟分析系统

（4）充型及凝固过程模拟分析。利用较成熟的模流分析软件进行充型过程、凝固过程分析，观察流动状况，如图 6-47、图 6-48 所示。该浇注系统基本保证了沿同一方向流动、充填，充型平稳。否则应修改浇注系统设计。凝固过程模拟结果如图 6-49 所示，最后凝固的区域都在直浇道及溢流槽内，零件中已没有大的热点，不会产生缩孔缩松。一般仿真分析要反复进行几次，进而优化浇注系统设计。

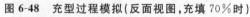

图 6-47　充型过程模拟（充填 10% 时）　　　图 6-48　充型过程模拟（反面视图，充填 70% 时）

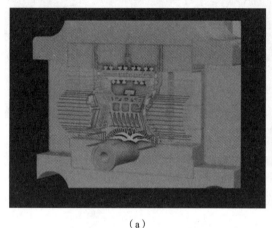
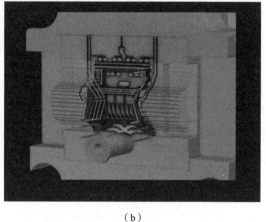

（a）　　　　　　　　　　　　　　　　（b）

图 6-49　凝固过程模拟

（a）刚开始凝固；（b）铸件凝固完毕，直浇道及溢流槽未凝固完毕

（5）模具制造。根据工艺设计及模具设计结果制造模具，购置相应的周边设备，如模温机、喷涂系统等。

（6）试模。采用新的模具对大型压铸件进行试生产，压铸一些实际零件，以检验压铸工艺设计的合理性、周边设备的配合性等。根据试模情况，可对模具及压铸工艺进行修正。

（7）批量生产。在试生产零件检验合格的基础上进行批量生产。

练习与思考题

1. 压铸成形有哪些优点及缺点？

2. 压铸机的主要部件有哪些？压铸过程包括哪几个阶段？

3. 真空压铸的原理是什么? 如何检测及表示真空度?

4. 什么是高真空压铸? 高真空压铸的主要优点是什么?

5. 有哪几种真空截止阀?

6. 高真空压铸用真空系统主要由哪几部分组成?

7. 一体化铝合金压铸对铝合金材料有何特殊要求?

8. 免热处理压铸铝合金的主要特点有哪些? 有哪几种免热处理压铸铝合金?

9. 大型复杂一体化压铸件压铸的主要困难有哪些?

10. 大型复杂一体化压铸件对压铸模具的要求有哪些?

11. 大型复杂一体化压铸工艺有哪些主要适用范围?

第7章 半固态压铸成形和半固态挤压成形技术

7.1 半固态成形的基本原理

7.1.1 半固态成形的概念与特点

所谓半固态金属,是指既有液相也有固相的金属。在图 7-1 所示的 Al-Mg 合金相图上,广义的半固态金属就是温度处于液相线与固相线之间的合金,但适合于半固态成形的合金成分通常只在固、液相线温度区间比较大的区域,如图 7-1 中的阴影区域所示,即偏铝的 Al-Mg 合金或偏镁的 Mg-Al 合金等。半固态浆料的制备也是在阴影所示的温度区间内进行。图 7-2 所示的是轻轻地用刀劈铝合金半固态锭料的情景,表明即使是固相分数很高(约 70%)的半固态锭料在外力作用下也很容易变形及流动。

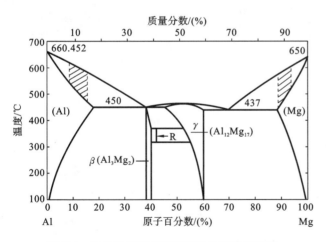

图 7-1 适合于半固态加工的成分区域示意图

图 7-2 变形抗力很低的半固态材料

对于液态成形,合金液在浇注、凝固及冷却过程中流动性是变化的。它会影响铸件或材料的质量,如致密度、成分的均匀性、缩松、夹渣和热裂等都与合金的流动性有关。合金液在熔点以上过热温度较高时,在浇注前或浇注过程中可视为牛顿黏性体。合金液的黏性对充型能力、夹杂物及气体的排除有重要影响。在凝固温度范围内,当合金液析出 20%(体积分数)的晶体时,合金已如同固体般不能流动,枝晶间的补缩很困难,这是铸件或材料产生缩松的根源,长期得不到解决。对于钢锭等型材产品,可采用锻造等再加工方法消除缩松,而对于铸件则难以弥合。

对铸造合金流变性能的研究开始于近三四十年,特别是近十多年研究较多。1972 年,Flemings 等人在研究半固态金属浆料黏性的基础上,提出了一种叫流变铸造(rheocasting)的新的材料成形技术。其工艺过程如图 7-3 所示。将制浆设备通过机械搅拌或电磁搅拌等方法制备的半固态浆料移送到压铸机等成形设备中,然后压铸或挤压至金属模具中成形零件。

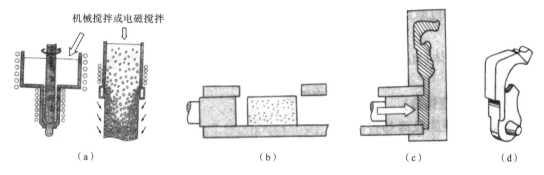

机械搅拌或电磁搅拌

（a）　　　　　　　　　（b）　　　　　　　　　（c）　　　　（d）

图 7-3　金属的半固态流变成形工艺示意图

(a) 半固态制浆;(b) 移送至压室内;(c) 压铸或挤压成形;(d) 成品

7.1.2　半固态成形的研究与发展

20 世纪 70 年代初,美国麻省理工学院博士生 Spencer 等人为了研究半凝固态 Sn-15％Pb 合金高温撕裂的力学特性,使用高温黏度计测量 Sn-15％Pb 合金的高温黏度,偶然发现若在 Sn-15％Pb 合金从高于液相线温度开始缓慢冷却凝固的同时旋转黏度计的外桶,剪切力与过去实验结果相比下降了约三个数量级。此外,通过显微组织观察,发现合金基体中存在球状的微粒结构。Flemings 教授对这一实验现象给予了高度重视并很快意识到其将有许多潜在的实用价值,因此他随即组织人员对此进行了广泛深入的研究,从而创立了半固态金属成形的概念、理论和技术,半固态金属成形技术也就从此诞生。由于该技术采用了非枝晶半固态浆料,与传统的液态成形和固态成形相比具有许多独特的优点,因此被专家们称为 21 世纪新一代的金属成形技术 。其巨大的发展潜力使各国研究者都对其理论和技术的研究给予了高度重视,金属半固态成形技术的应用也随之得到迅速的发展。下面从几个方面简要叙述半固态成形技术的研究现状及进展。

1. 半固态合金材料开发技术

目前成功用于半固态成形的合金主要是几种传统的铸造铝合金(A356,A357)及铸造镁合金(AZ91D),少量的锻造铝合金、锌合金、黑色金属还处于试验阶段,对于钛合金、铜合金及复合材料的研究较少。由于铝合金是半固态铸造应用最成熟和广泛的合金,而其他合金应用均较少,因此本节重点叙述半固态铝合金材料的开发现状。

为满足高性能铝合金零部件的制造需求,国内外科研工作者先后开发了多种高强韧半固态铝合金材料。法国 Garat 等人开发了 Al-6Si-1Cu-Mg 合金;加拿大 Alcan 铝业集团在 B206(Al-5Cu-0.05Si 合金)的基础上进行成分优化,开发了 Al-4.4Cu-0.8Si-0.15Fe 合金,该合金经过 T6 热处理之后抗拉强度能达到 370 MPa,延伸率为 9.5%,屈服强度为 315 MPa;奥地利的 SAG 公司已能小批量或批量提供 2.5～6.0 in(1 in＝2.54 cm)的 Al-Si6Cu3 合金锭。国内对半固态铝合金材料的开发研究也取得了部分成果,如北京有色金属研究总院(现中国有研科技集团有限公司)利用热力学计算方法开发了一种半固态铸造专用 Al_6Si_2Mg 铝合金。随着传统亚共晶 Al-Si 系半固态铸造材料的广泛应用,考虑到半固态制浆技术可以有效改变初晶硅的形貌,科研工作者开始利用该技术制备过共晶 Al-Si 合金。

综上所述,半固态铸造合金材料主要存在的问题有:

(1) 合金材料种类较少,缺乏能满足不同特性需求的合金材料,而且合金的综合力学性能较低。

(2) 缺乏对合金材料流变特性相关的基础理论研究,开发的半固态合金材料晶粒组织的圆整度较差,而且平均晶粒尺寸较大。

(3) 传统热力学方法开发的合金材料与实际试验结果相差较大,缺乏系统的半固态铸造合金材料判据。

2. 新型制浆及流变成形一体化铸造技术

在半固态制浆方面,目前国内外半固态制浆技术主要包括搅拌和倾斜板剪切低温浇注两大类技术。其中搅拌技术包括机械搅拌、电磁搅拌、高能超声波振动等技术。半固态浆料搅拌制备技术虽然操作简单,但是制备的半固态铝合金浆料易产生氧化夹渣及引入新杂质,且制备效率低。而倾斜板剪切低温浇注式制浆工艺虽然制浆工艺及装置较简单,剪切力较大,但是存在浆料飞溅、氧化,挂渣较难清理,连续化程度低,难以实现连续批量制备等问题。另外,由于浆料的制备完全在敞开的环境下进行,半固态浆料温度及固相分数较难控制。

在半固态流变铸造成形方面,目前国内外大多采用半固态制浆和浆料流变成形相互独立的方式。该流变成形方式主要的弊端在于:① 半固态浆料在运输或转移的过程中温度损失较大,浆料的固相分数难以控制、可控性低,而且容易产生氧化夹渣缺陷,质量不稳定;② 整个工艺过程环节多、流程长,生产效率低;③ 需要专门的装置制备半固态浆料,而且设备较复杂,半固态金属铸造成形成本较高。

在半固态制浆及流变成形一体化铸造技术方面,国内外研究较少。日本 Hitachi 金属有限公司的 Shibata 等人提出了一种压室电磁搅拌制浆工艺及流变挤压成形技术,该流变成形技术直接在 250 t 立式挤压铸造机的压室中采用电磁搅拌制备半固态铝合金浆料,然后再将制备的半固态浆料直接用于挤压铸造,完成半固态制浆及流变挤压成形一体化。国内也有单位尝试进行半固态铝合金制浆成形一体化铸造技术研究。

综上所述,半固态浆料制备及其流变成形技术的发展不断向前迈进,逐渐接近于工业应用水平。但总体上讲,新开发的半固态浆料制备及流变成形技术基本被美国、欧盟和日本垄断,国内开发的具有工业应用前景的领先技术很少。因此,为了推动半固态铸造技术在我国的应用,重要任务是加快工业应用进程,开发拥有自主知识产权的新型制浆及流变成形一体化铸造技术。

3. 新型多功能、一体化半固态铸造装备开发

国内外对半固态铸造的研究主要集中于半固态制浆及流变成形技术,对半固态铸造成形装备的研究较少。为了迎合半固态铸造技术的需求,发挥该技术的优势,一些发达国家开始设计并制造半固态铸造专用设备。如瑞士 Buhler 公司于 1993 年生产出了第一台适用于铝合金半固态压铸的 SC 压铸机,与普通的压铸机相比,产品质量提高,工艺周期缩短 20%。我国铸造设备制造整体水平不高,特别是在稳定性、密封元件耐用性、精度重复性等方面与国外先进设备还有较大的差距。最近几年,随着汽车工业的高速发展,大型和高端压铸件需求增加,国产压铸装备技术有所提升,高压射速度、较短的建压时间、实时控制压射系统、自动化周边配套设备和压铸单元等陆续实现突破,拉近了与国外先进设备的差距。如 2012 年福建省瑞奥麦特轻金属有限责任公司自行设计制造了国内首台闭环控制半固态挤压铸造机;2015 年沈阳铸造研究所在国家 04 专项的支持下开发了一种 500 t 级多功能挤压铸造试验原理机,并利用该设备研制了半固态控制臂挤压铸件。尽管如此,我国铸造装备企业仍缺乏自主创新意识,只有少数企业具有自主设计制造铸造设备的能力,大部分铸造装备制造企业主要依靠在国外铸造设备基础上修改关键部件和参数来制造,甚至有些企业完全仿制设备。

此外,有关半固态材料流变铸造的数值模拟,国内外研究者多通过将半固态浆料的表观黏度模型嵌入 Procast、Flow-3D 等商用软件中进行模拟来研究诸如液-固相偏析、表观黏度的数学模型、半固态浆料与铸型表面之间的摩擦等方面的半固态浆料的充型过程。目前,半固态铸造数值模拟技术主要存在的问题如下:

(1) 对半固态金属流变行为的数学物理模型研究不够。

(2) 缺少针对半固态金属成形全过程的数值模拟,包括半固态金属浆料的制备过程、坯料的重熔加热或浆料的均热过程、触变或流变充型及凝固过程。

(3) 半固态铸造合金材料的实际热物性参数较少,导致模拟准确性降低,且缺乏用于半固态铸造模拟的专业化软件。

华中科技大学吴树森教授团队自 2000 年以来一直开展半固态金属成形技术研究。研究工作主要分为两个阶段:① 2000—2006 年,主要开展镁合金半固态技术研究,以机械搅拌制浆技术为主;② 2007—2015 年,主要进行超声波振动制备半固态金属浆料技术研究,材料包括铝合金、稀土镁合金及铝基复合材料等。

2000 年在湖北省重点科技计划项目"半固态镁合金流变注射成形技术与装备"的资助下,团队研究开发出镁合金半固态制浆设备。采用双螺杆机械搅拌方法,获得了较好的半固态镁合金组织形态。研究了半固态制浆工艺与组织及性能之间的关系,结果表明,镁液浇注温度越低,制浆搅拌的剪切速率越低,或搅拌机的筒体温度越低,半固态非枝晶组织的固相分数越高,晶粒越圆整。所制备的 AZ91D 镁合金半固态组织细小、晶粒圆整,晶粒大小为 30~50 μm(见图 7-4),半固态流变压铸试样的抗拉强度和延伸率比液态压铸试样有显著提高。

随后在 2002—2004 年"镁合金半固态流变成形技术及应用"项目获得科技部中小企业技术创新基金的资助,进行了镁合金半固态金属产业化开发,研制出镁合金半固态成形机组样机,并进行了试生产,通过半固态流变压铸成形方法小批量生产出汽车刹车系统推盘

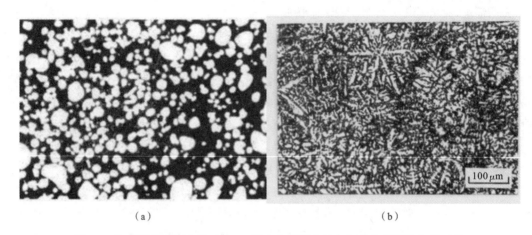

（a）   （b）

图 7-4　机械搅拌法制备的 AZ91D 镁合金半固态组织与液态成形组织的对比

(a) 半固态压铸非枝晶组织；(b) 液态压铸枝晶组织

零件。

2007 年提出超声波振动制备半固态浆料、流变成形等技术思想，获得国家 863 计划"耐热低膨胀高硅多元铝合金及其高能超声半固态制备技术研究"项目及国家自然科学基金项目"高能超声制备半固态浆料的机理及其直接流变铸造成形能力研究"资助。2007 年以来，主要完成了以下内容：

（1）研究出一种新型的超声波振动制备半固态浆料及其流变成形工艺（ultrasonic vibration for semi-solid slurry-making and rheo-forming process，简称 UVSR 工艺）；开发出高能超声波制备半固态浆料的设备样机，并完成了制造，实现了原理试验向工业化样机的转化。

（2）研究出铝合金的高能超声波制备半固态浆料的制备工艺。

7.1.3　半固态金属的流变行为、组织特征与形成机理

7.1.3.1　半固态金属的流变行为

流变铸造是在金属或合金的凝固温度区间给以强烈的搅拌，使晶体的生长形态发生变化，由原本静止状态的树枝晶转变为梅花状或接近于球形的晶粒。这样的如浆料的半固态金属或合金，其流变性发生了剧变，已不再是牛顿流体，而呈现宾汉体（Bingham body）的流变性。宾汉塑流型流体的切应力与速度梯度的关系为

$$\tau = \tau_0 + \eta \frac{\mathrm{d}v_x}{\mathrm{d}y} \tag{7-1}$$

式中：τ——切应力；

$\mathrm{d}v_x/\mathrm{d}y$——垂直于运动方向的速度梯度；

τ_0——开始塑变时的应力；

η——黏度或表观黏度。

在流变学（rheology）等场合，常将稳定态下的速度梯度 $\mathrm{d}v_x/\mathrm{d}y$ 称为剪切速率（shear rate），

以 $\dot{\gamma}$ 表示。如图 7-5 所示,要使宾汉体这类流体流动,需要有一定的切应力 τ_0(塑变应力)。当施加的切应力 τ 小于切应力 τ_0 时,它如同固体,不能流动,可夹持搬动;但当切应力 τ 大于或等于切应力 τ_0 时,即使固相体积分数达到 $50\%\sim70\%$,合金浆料仍具有液态的性质,能很好地流动,施加压力就可充填型腔,该过程称为流变铸造或半固态挤压。

在很宽的剪切速率范围内,计算半固态浆料黏度的经验公式可采用简单而又常用的幂定律模型:

$$\eta_a = K\dot{\gamma}^{n-1} \qquad (7\text{-}2)$$

式中:K——稠密度;

　　　n——幂指数系数。

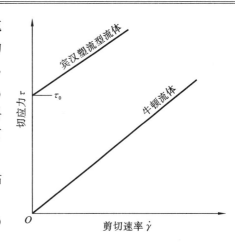

图 7-5　流体的切应力与剪切速率的关系曲线

当剪切速率一定时,浆料的固相分数越大,其表观黏度也越大,如图 7-6 所示。表观黏度的增长速度与剪切速率有关,剪切速率越小,表观黏度的增长速度越快。图中当 $\dot{\gamma}=90\ \mathrm{s}^{-1}$ 时,在浆料的固相分数约为 36% 时,浆料已呈现固态的流变性能,不能流动了。同一金属,当 $\dot{\gamma}=560\ \mathrm{s}^{-1}$ 时,在浆料的固相分数达 56% 时,浆料仍呈现一定的流动性。

图 7-7 所示为半固态金属表观黏度与冷却速度的关系曲线,可见在同一剪切速率下,金属的表观黏度还与连续冷却速度(ε)有关。在半固态浆料的制备过程中,如果金属的冷却速度越小,则半固态金属的表观黏度越低。这可能与金属的晶粒尺寸有关,因为较高的冷却速度容易促进枝晶生长,并导致晶粒致密度差和圆整度差。

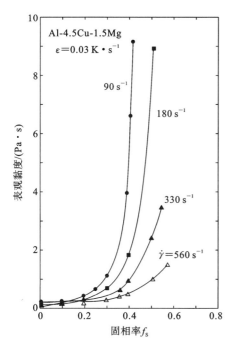

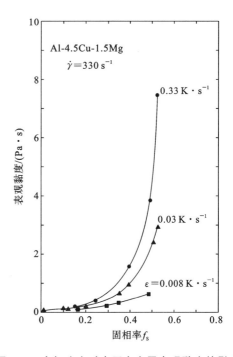

图 7-6　剪切速率对半固态金属表观黏度的影响　图 7-7　冷却速度对半固态金属表观黏度的影响

金属的半固态成形技术具有许多优点。流变铸造或半固态锻造使用的是半固态金属或合金浆料,其中含固态晶粒达50%左右或以上,也就是说50%左右的金属结晶潜热已经消失,这样显著地降低了金属的温度和热量,减少了对金属模具的热蚀作用,能显著地提高压型的寿命,并可压铸高熔点合金。半固态金属浆料有较大的黏性,压铸时无涡流现象,卷入的空气少,可减少甚至消除气孔、夹渣、缩松等缺陷。

金属或合金液中不易掺入强化相,而半固态金属浆料因黏度较大,强化相可容易地加入其中,为制备新型复合材料开辟了一条广阔的道路。向铝合金中加入氧化铝、碳化硅、石墨等进行强化的复合材料已在工程上广泛应用。

7.1.3.2　金属的半固态非枝晶组织的形成机理

在半固态金属的浆料制备过程中,一边进行液体的搅拌(剪切),一边进行着结晶过程,在熔体中生成一部分固相。液相区液体的流动,将改变凝固界面前沿液体的温度场和浓度场,从而对凝固组织形态产生影响。

由大量的试验结果可知,经过激烈搅拌后的金属半固态浆料的凝固组织与未搅拌的半固态浆料的凝固组织之间有明显的区别。后者的淬火组织特点是先析出粗大的枝晶组织,并互相搭接成骨架状结构,如图7-8所示。相反,前者的淬火组织特点(见图7-9)是:淬火前已经凝固的非枝晶初生晶粒均匀地悬浮在母液中,这些晶粒大多呈球状、椭球状或花瓣状,大部分初生晶粒之间并无搭接,但也有部分初生晶粒相互聚集在一起;在有的非枝晶初生晶粒中还存在残留的液相痕迹。

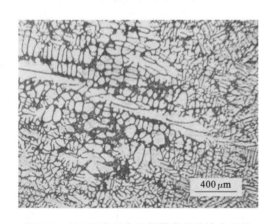
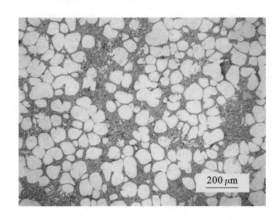

图7-8　Al-7Si半固态无搅拌浆料的淬火组织　　图7-9　Al-7Si半固态搅拌浆料的淬火组织(剪切速率:500 s^{-1})

合金在凝固过程中,如果对其施加强烈搅拌,传统的枝晶状初生晶粒最终会转变为球状、椭球状或花瓣状。这种初生晶粒在搅拌过程中的转变机制是一个十分重要的基础理论问题,对这个问题的解决,有助于加深对半固态组织形成过程的理解,更有效地指导半固态金属或合金浆料(或坯料)的制备。但由于半固态金属或合金组织形成过程研究困难,目前尚未形成统一和确定的理论。已提出了几种半固态初生晶粒转变机制的假说,试图说明或解释初生晶粒在搅拌过程中的转变机制。

1. 正常熟化引起的枝晶根部熔断论

Flemings 等人认为,在搅拌条件下,由于正常的熟化作用,枝晶壁会从其根部熔断,而搅拌引起的流动改变了或促进了晶粒熟化时溶质的扩散,并将枝晶壁带往其他地方。这些熔断的初生枝晶壁在早期生长时会进一步枝晶化,如图 7-10b 所示。随着持续地搅拌剪切,初生枝晶之间的摩擦及其与液体之间的摩擦和冲刷作用,以及初生枝晶壁碎块的熟化作用,使得初生枝晶壁碎块逐渐转变为玫瑰花状,如图 7-10c 所示。随着初生枝晶壁碎块熟化的进行,初生枝晶壁碎块逐渐转变为更加密实的玫瑰花状,如图 7-10d 所示。在较高的剪切搅拌速率和较低的冷却速率下,初生枝晶壁碎块最后会转变为球状或椭球状,如图 7-10e 所示。只要增大剪切速率和固相分数及降低冷却速率,就能够加速从图 7-10a 到图 7-10e 的进程。初生固相晶粒的大小主要与凝固时的冷却速率有关,冷却速率越高,初生固相晶粒越小,但当剪切速率大于某一数值时,初生固相晶粒也随剪切速率的增大而减小。

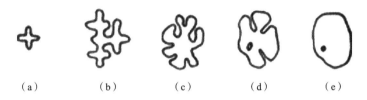

（a）　　　　　（b）　　　　　（c）　　　　　（d）　　　　　（e）

图 7-10　搅拌条件下的球状初生晶粒演化机制示意图

（a）原始枝晶碎块；（b）进一步长大后的枝晶碎块；（c）玫瑰状枝晶碎块；（d）熟化后的玫瑰状晶粒；（e）球状晶粒

2. 枝晶臂塑性弯曲和晶界浸润熔断论

Vogel 等人在 Al-20Cu 合金机械搅拌实验的基础上提出：α-Al 枝晶在熔点温度附近虽然脆弱,但剪切不会使初生 α-Al 枝晶二次枝晶臂立即折断,而是使二次枝晶臂发生塑性弯曲,弯曲又使枝晶臂根部产生附加位错群。这些位错将会因为该枝晶臂弯曲部位的回复和再结晶的发生而转变成晶界,那么该晶界就具有 θ 角大小的取向错误。若枝晶根部的晶界取向错误大于 $20°$,该晶界所具有的晶界能 σ_{gb} 比固液界面能 σ_{sl} 大两倍以上,如 Al 的 σ_{gb} 大小为 $0.6\ \mathrm{J/m^2}$,而 Al 的 σ_{sl} 大小为 $0.09\ \mathrm{J/m^2}$,那么弯曲枝晶臂中的这种大角度晶界最终会被液体薄膜所完全浸润,最后该枝晶臂就会由于晶界引发的熔化而从枝晶主干上脱落下来,如图 7-11 所示。

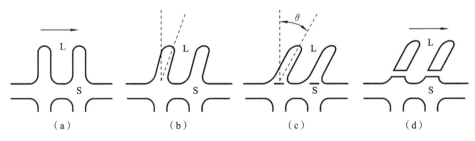

（a）　　　　　　　（b）　　　　　　　（c）　　　　　　　（d）

图 7-11　枝晶断裂过程示意图

（a）未变形的枝晶；（b）枝晶臂弯曲；（c）枝晶臂弯曲产生晶界；（d）晶界被浸润,枝晶脱落

3. 冷却速度与对流速度耦合作用模型

随着人们对非枝晶组织的形成机理认识的深入，出现了一些新的理论，如电磁搅拌作用下的晶粒漂移和混合-抑制机制，认为在固-液两相区枝晶是难以机械断裂的，枝晶碎断并不是非枝晶组织形成的主要原因。由于电磁搅拌在熔体中产生的强烈混合和对流改变了传热和传质过程，因此晶粒在各个方向上的生长条件都相同，发生了类似于等轴晶生长的过程，搅拌冲刷作用使晶粒呈球状。由于金属的不透明性，人们难以对半固态组织形成过程中微观组织的动态演化过程进行直接研究。李涛等人采用丁二腈-5%水透明模型合金，通过实时观察技术对半固态处理过程中的组织形成及演化机理进行了研究。结果表明，球晶是由液相形核长大产生的，而非传统的枝晶断裂机制。因此，作者吴树森等人通过分析搅拌状态

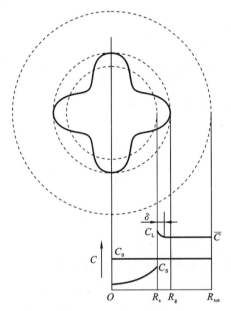

图 7-12　晶粒形状及溶质分布示意图

下晶粒生长的温度场和浓度场条件，将凝固速度（受冷却条件影响）与液体的流动速度（受搅拌的剪切速率影响）作为晶粒生长形态方程的函数，建立了搅拌状态下的冷却速度与对流速度耦合作用数学模型，并且模拟了晶粒在不同的凝固速度与剪切速率下的晶粒形态。

考虑搅拌不充分的情况，晶粒外观形状介于球状与树枝状之间，单个晶粒生长的固液界面的溶质分布如图 7-12 所示。图中：纵坐标 C 表示溶质浓度；R_s 为与晶粒截面积相等的圆的半径；R_g 为晶粒尖端包围圆的半径；R_{tot} 为凝固后的平均晶粒半径。晶粒形状系数 f_i 定义为：与晶粒实际体积相等的球体的体积与晶粒尖端包围圆所形成的球体的体积之比，即 $f_i = (R_s/R_g)^3$。f_i 的值越大，晶粒越圆整，当 $f_i = 1$ 时，晶粒呈球状。

在半固态组织生成过程中，往往伴随着激烈的搅拌，液相中溶质混合均匀，但是在固液界面依然存在一薄层液体，其流速为零，溶质只能借助扩散才能通过。由于扩散层的厚度 δ 远远小于晶粒尺寸，因此可以将固液界面的溶质扩散作为平界面的溶质扩散处理。当晶粒生长达到稳定状态后，固液界面的推进速度 R 可视为常数。

溶质分配特征的微分方程为

$$D_L \frac{\partial^2 C}{\partial x^2} + R \frac{\partial C}{\partial x} = 0 \tag{7-3}$$

式中：D_L——溶质在液相中的扩散系数；

R——凝固速度。

根据图 7-12 所示的模型，利用固相无扩散、液相有对流等边界条件，最后推导得到晶粒形状系数 f_i 与凝固速度 R 和液体对流速度 v 之间的关系为

$$f_i = e^{-\frac{2R}{v}} \tag{7-4}$$

由式(7-4)可知,半固态非枝晶晶粒的形态及圆整度由凝固速度 R 和液体对流速度 v 耦合作用控制。表 7-1 展示了根据上述数学模型所得的模拟结果。从模拟结果可知,在凝固速度保持一定的条件下,随着液体相对运动速度增大,晶粒形状系数增大,晶粒由枝晶状向球状转变。而在液体运动速度一定的条件下,凝固速度越大,晶粒形状系数越小,晶粒倾向于成为枝晶状。

表 7-1　晶粒形状模拟结果

参数	$v=50\ \mu m/s$	$v=100\ \mu m/s$	$v=150\ \mu m/s$	$v=200\ \mu m/s$
$R=4\ \mu m/s$	$f_i=0.85$	$f_i=0.92$	$f_i=0.95$	$f_i=0.95$
$R=12\ \mu m/s$	$f_i=0.62$	$f_i=0.79$	$f_i=0.85$	$f_i=0.89$

对机械搅拌方法制备的 AZ91D 镁合金的半固态组织进行的研究表明,在不同的搅拌速度和冷却速度下,得到了形态各异的半固态组织。图 7-13a、b 对应的冷却条件相同,即具有相同的浇注温度和容器筒体温度,根据实际组织大小及凝固时间得出凝固速度 $R=10\ \mu m/s$。与图 7-13a、b 对应的搅拌下的液体流动速度 v 分别为 $55\ \mu m/s$、$220\ \mu m/s$,图 7-13a 所示虽然是半固态组织,但看得出初晶 α 相仍有较明显的枝晶形态,而图 7-13b 所示的初晶 α 相却是明显的非枝晶组织,且较圆整。根据式(7-4)计算得出 f_i 的值分别为 0.69 和 0.91,参照表 7-1 中凝固速度一定、对流速度变化的结果可知,模拟计算结果与图 7-13 所示的实际结果比较接近。

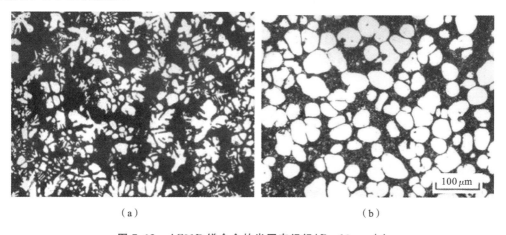

（a）　　　　　　　　　　　　　（b）

图 7-13　AZ91D 镁合金的半固态组织($R=10\ \mu m/s$)

(a) $v=55\ \mu m/s$;(b) $v=220\ \mu m/s$

7.2 半固态浆料制备技术

常规的液态成形方法,如砂型铸造、低压铸造、压铸、挤压铸造等,是将液体金属浇入铸型后,液体金属在固、液相线区间发生连续冷却而获得铸件。而半固态成形的主要区别是,在固、液相线区间有一个半固态浆料的制备过程,通常在制浆时冷却速度较低。

目前半固态成形技术主要包含两种方法。第一种是流变成形法,即合金从液态冷却到固-液共存区域,然后通过机械搅拌等方法得到含部分固相颗粒的浆料,再用压铸或挤压等方法流变成形(rheocasting),俗称"一步法"。第二种是触变成形法,即先熔炼、连铸(搅拌)制备出具有半固态组织的棒状母材,然后用母材下料,将料块加热到半熔融状态,再利用压铸等方法触变成形(thixoforming),俗称"二步法"。不管用哪种方法,都需要先通过半固态制浆及凝固过程制备出具有一定比例非枝晶的半固态组织。

图 7-14 所示为不同成形工艺中熔体温度随时间的变化情况。

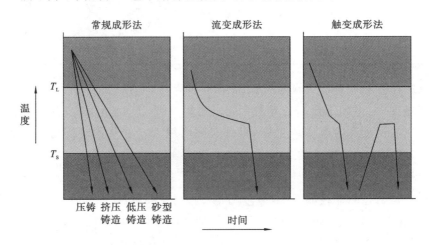

图 7-14　不同成形工艺中熔体温度随时间的变化情况

由于触变成形的半固态金属坯料与半固态浆料相比,其输送和加热较为方便,并易实现自动化操作,因此长期以来半固态成形技术的研究和应用主要集中在触变成形工艺上,使其成为目前工业应用中最主要的金属半固态成形工艺方法。但触变成形与流变成形相比具有如下缺点:

(1)坯料制备成本高。传统的电磁搅拌功率大、效率低、能耗高,相比于普通铸造一般高出约 40% 的坯料制备成本。

(2)半固态重熔加热坯料表面氧化严重,同时伴有"流汤"等损失。

(3)半固态合金坯料的液相分数不能太高,成形复杂件较为困难。

(4)坯料的锯屑、坯料重熔加热时流失的金属、浇注系统和废品不能马上回收利用,必须返回半固态金属坯料制备车间或供应坯料的生产厂,增加了生产成本。

(5)工艺流程较长,零件生产成本高。

虽然半固态流变成形与触变成形相比具有生产效率高及生产成本低等优点,但是流变成形技术难以稳定地确保最终浆料质量,只能在合金从液态温度冷却至预定成形半固态温度期间来控制成形浆料质量,因此需要短时间制备出高质量半固态浆料的工艺,然而目前的半固态浆料制备方法很难以经济的方式达到此目的。因此,流变成形方法成为近期的研究热点之一。

半固态成形加工的第一步,也是非常重要的一步就是制备合金半固态浆料,浆料质量的好坏对后续工序以及铸件质量的影响很大。最早使用的浆料制备方法是机械搅拌法,经过三十多年发展,陆续出现了诸如电磁搅拌、应变诱导激活法、单辊旋转法、振动法、旋转熔平衡设备法、半固态流变铸造法及液相线铸造等制备方法。

本书后面的半固态成形技术主要介绍半固态流变成形技术。此外,重点介绍作者有较多研究的振动法(机械振动及超声振动)及搅拌法制浆技术,兼顾介绍其他制浆方法。

7.2.1　振动制浆方法

按产生振动的方法不同,振动设备可分为机械、气动、电磁及超声振动等类型。机械振动发展较早,其频率从几赫兹到几十赫兹;电磁振动的频率取决于电源的频率,一般为 50 Hz 或 60 Hz,若采用变频器可达 2000 Hz;气动振动最高为 50～60 Hz。在金属凝固领域常用的振动方式为机械振动和超声振动。超声振动的频率很高,可达 20000 Hz以上。

振动按施振方向可分为垂直振动、水平振动、旋转振动;按振动引入部位可分为上部引入(冷或热)、下部引入、水平引入;按振动是否连续可分为连续振动和非连续振动,而非连续振动又包括周期振动和随机振动。振动作用于液态金属的方式主要有两种,一种是通过作用于金属容器底部或侧部来间接作用于金属熔体,另一种是直接作用于金属熔体。而对于超声振动,由于变幅杆直接浸入熔体垂直施振的声能传递效率高并易于控制,因此应用研究中使用该方式最为常见。

7.2.1.1　机械振动制浆方法

1. 机械振动制浆设备

在机械振动中,常见的是将盛有液体的容器放在振动台上,使铸型(容器)与待凝固合金同时受激振动。

自制的半固态浆料制备装置如图 7-15a 所示,这是一种低频机械振动制浆装置,主要由振动台控制柜 1、振动台 2、电炉 3、样杯 4 和 PID 温度控制柜 5 等部分组成。振动台控制柜 1 可以对振动台 2 进行振动时间、频率及振幅控制,PID 温度控制柜 5 可以通过电炉 3 和插入其中的热电偶对样杯 4 的预热温度和保温温度进行控制。电炉 3 可以通过升降杆上下移动,样杯 4 由不锈钢制成,与支撑台面用螺栓紧密连接。图 7-15b 是振动台的结构原理图,它由弹簧、样杯支撑台和振动电机组成。样杯支撑台与振动电机牢固连接,振动电机通电后带动其上的偏心块旋转运动,使得整个系统的重心不断变化,并通过弹簧使样杯支撑台进行振动。各电器的参数如表 7-2 所示。

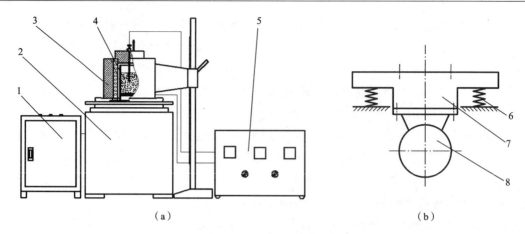

图 7-15 低频机械振动制浆装置示意图及振动台结构原理图

1—振动台控制柜；2—振动台；3—电炉；4—样杯；5—PID温度控制柜；6—弹簧；7—样杯支撑台；8—振动电机

表 7-2 制浆设备中主要电器的参数

电器	振动电机				变频器	计时器	保温炉	
参数	电压/V	功率/kW	激振力/kN	转速/(r/min)	频率范围/Hz	定时范围/s	功率/kW	最高温度/℃
	380	0.12~0.25	0~3.0	0~3000	0~50	1~999	1.5~3	900

当振动电机的激振力一定时，振动台的振幅随着频率的变化而变化。当振动电机的振动频率达到振动台的固有频率（18.3 Hz左右）时，就会发生共振，此时振幅最大，达到 2 mm。当振动频率超过共振频率时，振幅下降，振动频率在 25 Hz左右达到一个比较稳定的状态，此时振幅为 1.2 mm。

2. 浆料制备工艺及成形方法

研究所用材料为亚共晶 Al-Si 合金 ZL101 和过共晶 Al-Si 合金 A390，其成分如表 7-3 所示。ZL101 的液相线温度为 618 ℃左右，固相线温度为 555 ℃，它的固液温度区间都比较大，适合于半固态加工。

表 7-3 试验用铝合金的主要合金元素成分（质量分数：%）

主要元素	Si	Cu	Mg	Fe	Al
ZL101	7.2	—	0.43	0.29	其余

本研究中，使用振动法（包括机械振动法以及 7.2.1.2 节的超声振动法）制备 Al-Si 合金半固态浆料的步骤为：将合金原材料放入铸铁坩埚中，在电阻炉中加热到合金液相线温度以上 50~120 ℃，熔化后将合金熔体冷却到设定的浇注温度保温；打开制浆装置的电炉，将样杯等预热到 550~600 ℃，同时预设好振动参数；从坩埚中取一定量熔体浇入样杯中并启动振动，振动一定时间或振后保温一定时间，然后用内径为 φ6 mm 的石英管抽取少量熔体迅速水淬制备试棒。当需要制作性能试样时，将浆料浇入冷室压铸机的压室，压铸成形。振动制浆及其成形过程流程图如图 7-16 所示。

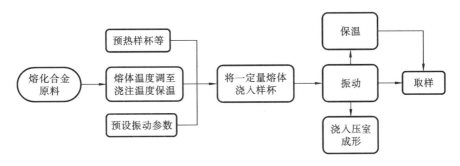

图 7-16　振动制浆及其成形过程流程图

用于浆料流变压铸的压铸机为卧式冷室压铸机。其最大合型力为 2800 kN,最大压射力为 320 kN,最大金属浇入量为 5 kg。设计的流变压铸件为标准的压铸性能试样,如图 7-17a 所示,它由 A 型拉伸试棒(两个)和 B 型拉伸试样以及冲击试样组成。成形该试件的压铸模具实物图见图 7-17b。

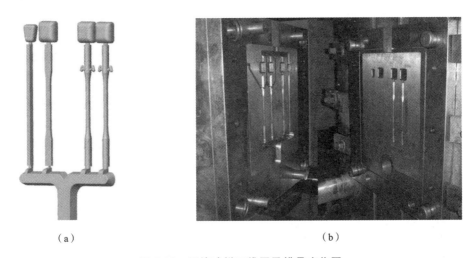

（a）　　　　　　　　　　　　　（b）

图 7-17　压铸试样三维图及模具实物图

半固态组织的检测及分析方法如下。从水淬或压铸得到的试棒上切取长度为 10～15 mm 的棒料制备金相试样,以横截面为金相组织观察面,嵌样后进行粗磨、细磨、精磨和抛光,再用体积分数为 0.5% 的 HF 水溶液或质量分数为 5%～10% 的 NaOH 水溶液腐蚀,然后利用光学显微镜观察其显微组织并用所配数码相机拍摄金相照片,用本课题组开发的半固态组织定量金相分析软件系统对不同条件下的半固态组织进行分析。

检验半固态浆料质量好坏的依据之一是测定初生 α 相的圆整度以及晶粒尺寸。α 相的圆整度通过晶粒的平均形状系数来表征,而晶粒尺寸通过平均晶粒直径来表征。

在半固态组织定量金相分析软件系统中,平均晶粒直径的计算公式为

$$D = \frac{V_f L_T}{N} \tag{7-5}$$

式中:D——平均晶粒直径;

V_f——初生相体积分数；

L_T——测量线总长度；

N——测量线穿截的晶粒个数。

在该软件系统中，形状系数的计算公式为

$$S_f = \frac{4\pi A}{(L_P)^2} \tag{7-6}$$

式中：S_f——形状系数；

A——晶粒的测量面积；

L_P——晶粒的截面周长。

S_f 值为 $0 \sim 1$，当晶粒为球形时，S_f 为 1。S_f 越趋近 1，表明圆整度越好。平均形状系数为一张金相图片上所有晶粒形状系数的平均值，用 S_F 表示。在软件分析中，将 15 μm 以下的颗粒视为淬冷时析出的，将其过滤掉。

3. 低频机械振动效果的模拟研究

为了探索机械振动对流体运动影响的规律，采用聚苯乙烯颗粒-水系统进行了物理模拟试验。将一只直径为 60 mm 的透明塑料杯固定在机械振动台上，向杯中注水至 40 mm 深处，并加入少许密度与水相近的聚苯乙烯粒子作为示踪粒子。模拟试验中，机械振动台的振动频率由 0 Hz 到 50 Hz 变动，由于 42 Hz 后液体运动规律变化不大，因此不做具体研究。

图 7-18 显示了一系列不同频率下水中粒子运动的照片，可以看到，液体流动从液体自由表面激发，然后往下蔓延，并且液面运动最为剧烈，这和已有文献报道的情况一致。当振动频率为 0 Hz 时，液面静止，大部分粒子聚集在水的表面，一些粒子均布于水中；振动频率升至 8 Hz 时，有一部分粒子运动到液体中较深位置，但尚未达到杯底部，液面运动也不太剧烈。振动频率增加到 13 Hz 时，更多粒子运动到距液面更深处，液面也剧烈运动，频率达到

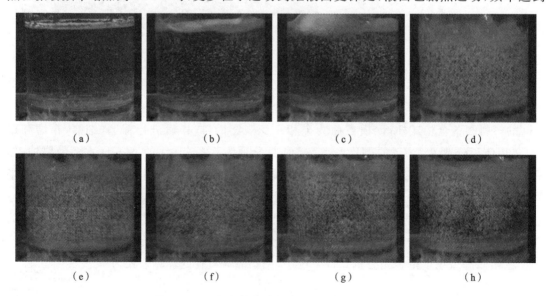

图 7-18　不同机械振动频率下水中粒子的运动

(a) 0 Hz；(b) 8 Hz；(c) 13 Hz；(d) 17 Hz；(e) 20 Hz；(f) 25 Hz；(g) 30 Hz；(h) 42 Hz

17 Hz 后,粒子和水完全混合,整个液体呈白色,这种不稳定的剧烈对流持续到 19 Hz。振动频率调至 20 Hz 后,表面运动趋于稳定,但粒子仍可以完全混合。此后,随着频率的增加,表面愈加趋于稳定,液面处振幅减小,液体的对流速度从液面向下呈减弱的趋势,运动到底部附近的粒子有所减少。但只在 40 Hz 后,比如 42 Hz,底部才出现明显的无粒子区域。尽管如此,液体上部区域中粒子仍然在无规律运动,表明上部液体运动仍为紊流状态。通过粒子测速软件算得频率在 12 Hz 以上时粒子运动速度为 60~150 mm/s。改用直径为 80 mm 的杯子,结果表明,只要水深一样,则粒子运动规律几乎相同,但当水的深度不一样时,粒子运动规律稍有区别。

4. 工艺参数对 ZL101 铝合金浆料微观组织的影响

1) 振动频率的影响

由模拟试验可知,振动频率对流体运动有显著影响,因此在制备半固态合金浆料过程中作为重要工艺控制参数考虑。本研究中,选用未振动和 3 个不同振动频率进行试验,即不振动、12 Hz、20 Hz 和 35 Hz 下进行研究。值得说明的是,经测试该振动制浆装置的共振频率在 15~20 Hz 之间,在该频率段振动制浆装置振幅最大。试验时样杯的预热温度为 550 ℃,熔体浇入温度为 630 ℃,保温温度为 580 ℃,振动时间为 5 min,此时固相分数在 0.45 左右。振动频率对半固态 ZL101 铝合金显微组织的影响见图 7-19。图 7-20 给出了振动频率对平

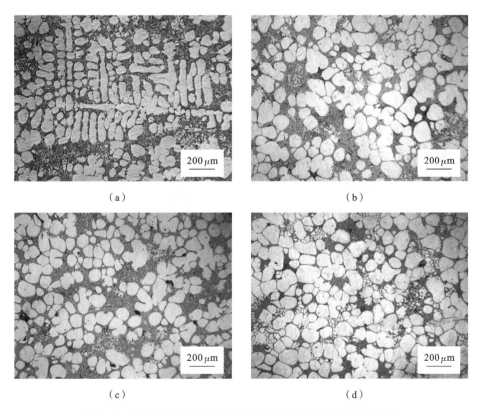

图 7-19　不同机械振动频率处理后的半固态 ZL101 显微组织

(a) 0 Hz;(b) 12 Hz;(c) 20 Hz;(d) 35 Hz

均晶粒直径和平均形状系数的影响。通过以上两图可以看出,当未振动时,初生 α 相为粗大的枝晶,其平均形状系数很低。随着振动频率靠近共振频率,平均晶粒直径显著降低,当振动频率高于共振频率时,平均晶粒直径有所增大,但增加幅度较小,与共振频率下的晶粒大小相差不大。从图 7-19 还可以看出,在各个频率下制备的半固态浆料中的初生 α 相分布都比较均匀并且晶粒较细,特别是当频率处于或高于共振频率时。这充分说明利用该机械振动制浆装置可以制备出合格的半固态浆料。

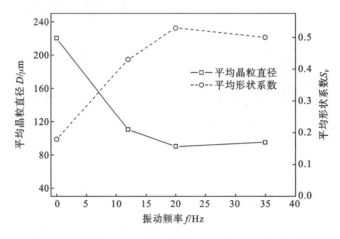

图 7-20　振动频率对平均晶粒直径和平均形状系数的影响

2）浇注温度的影响

浇注温度对浇入样杯后熔体的形核与晶粒的生长有很大影响。图 7-21 显示了在不同浇注温度下浆料的组织。浇注温度的高低主要影响熔体冷却到半固态温度区间的冷却速度。

(a)　　　　　　　　　　　(b)　　　　　　　　　　　(c)

图 7-21　不同浇注温度下的 ZL101 半固态浆料微观组织(振动 3 min,振动频率 20 Hz)
(a) 660 ℃;(b) 650 ℃;(c) 640 ℃

从图 7-21 可以看出,当浇注温度为 660 ℃时,经过保温振动后浆料的微观组织基本上为树枝晶形态以及玫瑰状初生 α 相;将浇注温度降低到 650 ℃,浆料的组织有所改善,但是仍然以玫瑰状形态为主;当浇注温度进一步降低到 640 ℃后,α 相的形态发生了较大改变,以颗粒状为主。对比可知,浇注温度对半固态浆料的质量影响较大,浇注温度越低,半固态非枝晶组织越细小圆整。

浇注温度及样杯预热温度对熔体质量的影响规律为：浇注温度低，或样杯预热温度低，过热度小，熔体在样杯内形核量大，并能保存下来，形成半固态非枝晶组织；浇注温度高，或样杯预热温度过高，过热度大，生成的晶核很容易被重熔，浆料组织则趋向于向树枝晶发展。但是这两个温度值不能太低，否则会导致熔体冷却速度过大，保温温度降得太低，固相分数过高。

在试验中，为了保证一定的过冷度，样杯预热温度应在熔体的液相线以下，使得熔体浇入样杯后能尽快地冷至半固态保温温度，而浇注温度也不能太高，二者需要相互匹配。为达到相同的保温温度，高的浇注温度应匹配低的样杯预热温度，低的浇注温度应匹配高的样杯预热温度。

3）保温温度的影响

保温温度亦可称为制浆温度，它对半固态浆料的固相分数影响较大，在其他试验条件相同的情况下，保温温度越低，固相分数越高。但是除了固相分数外，它对晶粒尺寸以及圆整度也有重要影响。

试验的结果如图 7-22 所示。使用金相软件分析图 7-22 a、b，它们的平均晶粒直径和形状系数分别为 70 μm、0.33 和 88 μm、0.40。

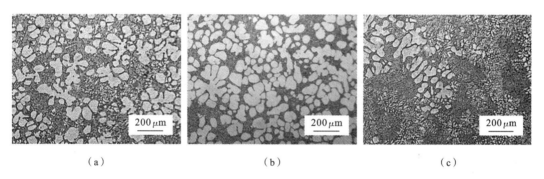

（a）　　　　　　　　　　（b）　　　　　　　　　　（c）

图 7-22　不同保温温度下的 ZL101 半固态浆料微观组织（保温时间 3 min，振动频率 33.3 Hz）
(a) 595 ℃；(b) 605 ℃；(c) 615 ℃

从图 7-22a 中可以看出，保温温度为 595 ℃时浆料的初生相不够圆整，存在大量的玫瑰状晶粒。这是由于保温温度低，熔体的过冷度较大，晶粒趋向于树枝状生长，而且生长迅速，即使经过保温振动也难以有效消除其树枝晶形态。另外，当保温温度低于 595 ℃时，熔体的固相分数较高，晶粒出现聚集，样杯下部固相分数比上部固相分数高，造成半固态浆料的固相分布不均匀。

保温温度为 605 ℃时，半固态浆料的微观组织较为圆整，但是晶粒的平均晶粒直径有所增大，如图 7-22b 所示。

而在 615 ℃保温，熔体温度在液相线附近，熔体刚浇入样杯时过冷生成的晶核大部分被重熔，而且在振动过程中也因保温温度过高熔体内部形核数量少，最终在熔体内生成少量的粗大树枝状或玫瑰状晶粒，如图 7-22c 所示。

4）ZL101 铝合金流变压铸件组织特征及性能

通常液态压铸的试样组织为发达的树枝晶，而半固态浆料压铸成形件组织中的初生

α-Al 为非枝晶组织,如图 7-23 所示,它由 3 种形态组成,即 α-1,α-2 和 α-3。α-1 为制浆过程中生成的初生颗粒,对比图 7-19 所示的同一条件下的抽样水淬组织可知,它比浆料组织的初生 α-Al 更细小。α-2 为压室中形成的枝晶,压铸后接近非枝晶组织。更应注意的是,在模具型腔里形成的 α-3,称之为二次凝固组织,其形态为细小的等轴晶粒。

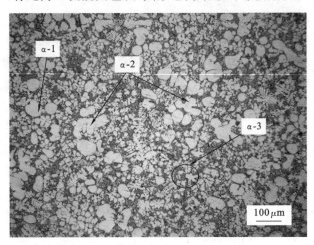

图 7-23　ZL101 流变压铸试样成形组织

分别使用半固态流变压铸以及液态压铸的方法压铸 ZL101 试样。其中半固态制浆的工艺条件为振动频率 33.3 Hz,振动时间 3 min,保温温度 605 ℃;液态压铸的浇注温度为 690 ℃左右。对试样进行力学性能的测试,所得结果如图 7-24 所示。与液态压铸件相比,半固态流变压铸件的抗拉强度提高了 6%,延伸率提高了 11%。半固态流变压铸件的密度与液态压铸件相比,没有太大的变化。显然,半固态流变压铸件相比液态压铸件性能的提高,应归因于其缺陷的减少以及其组织的变化。

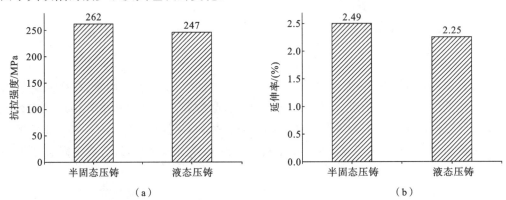

图 7-24　ZL101 铝合金流变压铸件与液态压铸件力学性能比较
(a) 抗拉强度;(b) 延伸率

7.2.1.2　超声振动制浆方法

1. 超声制浆设备

超声振动一般指频率在 15~20 kHz 或以上的声波振动。超声波用途很广,主要分为两大类。第一类是用来采集信息,特别是材料内部的信息。这是由于它具有几乎能穿透任何材料的特点。第二类是利用它的能量来改变材料的某些状态,为此需要产生比较大能量的超声,即大功率超声,简称为功率超声,亦称为功率超声振动(或超声振动)。功率超声对提高产品质量、降低生产成本、提高生产效率等具有特殊的潜在能力。目前功率超声已广泛应用于机械加工、材料成形与制备、化学、医药卫生、纺织、节能环保以及生物工程等许多重要领域。

产生功率超声的方法主要有两种,一种是利用电声换能器产生,另一种是利用流体动力来产生。常用的是电声型换能器功率超声产生系统。

如图 7-25 所示的超声振动制浆装置主要由超声波发生控制器 1、保温电炉 2、超声波变幅杆 3、超声波换能器 4、样杯 6 和电炉温度控制柜 9 等部分组成。其中,超声波发生控制器的最大功率为 1.2～2.8 kW,发振频率为 20 kHz,其主要参数如表 7-4 所示。超声振动制浆装置中电炉参数与表 7-2 中的一致。超声波换能器采用纵向夹心式压电振子,其作用是将电能转化为声能。超声波变幅杆采用两级形式,第一级采用铝合金材料,起聚能作用;第二级采用钛合金材料,起振幅放大作用,两级变幅杆用螺栓牢固连接。为了叙述方便,我们将换能器和两级变幅杆构成的部分称为超声振动头,超声振动头可以通过升降杆 7 上下移动。超声波发生控制器 1 可以对超声振动头的振动时间、振动间歇时间及振动次数进行预设,电炉温度控制柜 9 和电炉 2 的作用与机械振动制浆装置中的一样。样杯盛液区的尺寸为 $\phi 68$ mm×90 mm,试验中一般浇入 60 mm 深的金属熔体,生产时根据零件重量而定。

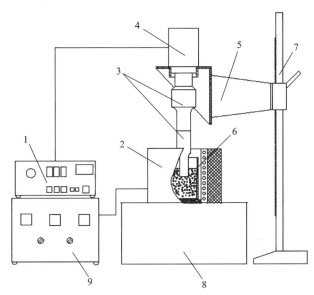

图 7-25　超声振动制浆装置示意图

1—超声波发生控制器;2—保温电炉;3—超声波变幅杆;4—超声波换能器;5—振动头支撑架;

6—样杯;7—升降杆;8—支撑台;9—电炉温度控制柜

表 7-4　超声波发生控制器主要参数

功率	频率	间歇时间	工作时间	次数
0～2.8 kW	20～25 kHz	0～99 s	0～999 s	0～99

超声波发生器又叫作超声电源，它的作用是将工频交流电转换为超声频电振荡信号，以供给工具头端面振动的能量。换能器的作用是将高频电振荡信号转换成机械振动。根据其转换原理不同，有磁致伸缩式和压电式两种。目前功率超声中应用最广的是压电换能器，尤其是夹心式纵向压电换能器。超声波变幅杆又称为超声变速杆或超声聚能器，其作用是放大换能器所获得的超声振幅，以满足超声加工的需要。

超声振动作用于液态金属的方式主要有两种，一种是通过作用于金属容器底部或侧部来间接作用于金属熔体，另一种是直接作用于金属熔体。不同的振动导入方式有各自的优缺点。直接作用于熔体的方式能量利用率高，但要考虑插入熔体的探头是否耐熔体腐蚀。Dobatkin 和 Eskin 在试验中使用能量密度为 $7\sim20$ W/cm² 的超声波，发现碳钢超声振动器在铝合金中迅速溶解，即使是含 18%Cr-9%Ti 的钢材料超声振动器其寿命也只有 $1\sim2$ min。铌合金是一种被证明具有较好抗腐蚀性的材料，但价格较高。钛合金声学性能好，其抗腐蚀性能比钢好，价格又比铌合金便宜，因此试验中常采用。作用于容器的传振方法没有耐腐蚀问题，但由于振动源与容器结合不紧密及容器对振动的衰减，振动能量利用率大大降低。

2. ZL101 铝合金的超声振动制浆工艺

超声振动制浆工艺的影响因素主要有超声功率、超声频率、超声作用时间、超声作用方式（连续或间歇）、超声处理温度等。在下面所介绍的研究工作中，超声功率为 1.2 kW，超声频率为 20 kHz，间歇式超声的空振比（间隔时间与工作时间之比）为 1:1。下面主要介绍超声导入温度及超声作用时间对半固态浆料组织的影响。

1）超声导入温度对浆料组织的影响

（1）640 ℃（液相线以上）开始施加超声的组织。

温度为 640 ℃的铝液熔体浇入样杯后，由于金属熔体与样杯和振动头之间的热传递，迅速降温至液相线附近，随后继之以 6 ℃/min 的速率冷却，直到仪器因熔体黏度太大而不能正常工作为止。停止振动时的温度为 585 ℃，对应温度的固相分数为 0.4。图 7-26a 所示为冷却至 610 ℃时的抽样水淬组织，可以看到晶粒很少但细小圆整，说明初生晶粒最初即以近球状形式生长。图 7-26b 所示为冷却至 600 ℃时的抽样水淬组织，其晶粒数目有所增加，但晶粒圆整度与图 7-26a 相比没有明显变化，晶粒大小也变化不多。图 7-26c 所示为停止振动后（585 ℃）的铁模浇注试样组织，其晶粒有所增大，但较好地保持了圆整度，并且未出现明显聚集。通过软件分析，水淬试样的平均晶粒直径为 $70\sim80$ μm，平均形状系数为 $0.7\sim0.8$。铁模浇注试样的晶粒直径为 100 μm 左右，平均形状系数约为 0.6。因此，在超声作用冷却过程中，晶粒保持圆整细小并不发生聚集。这正是超声强烈搅拌产生的作用。

（2）冷却至 610 ℃（液相线以下）施加超声的组织。

在无超声振动作用下熔体降温至 610 ℃，即固相分数达 0.1 左右后再施加超声，其组织演化如图 7-27 所示。超声作用前熔体中长出的 α-Al 呈枝晶状（图 7-27a）；超声作用 60 s后，温度降至 604 ℃，此时的组织中可见有部分粒状 α-Al 形成，但大部分 α-Al 为玫瑰状枝晶（图 7-27b）；超声作用 120 s 后，熔体温度为 598 ℃，晶粒几乎都粒状化，此时的平均晶粒直径在 90 μm 左右（图 7-27c）。Jian 等人的试验中振动的最长时间为 20 s，振动后随炉冷却，结

(a)　　　　　　　　　　　(b)　　　　　　　　　　　(c)

图 7-26　ZL101 铝合金熔体温度为 640 ℃ 时施加超声场冷却至不同温度的微观组织

(a) 610 ℃;(b) 600 ℃;(c) 金属模凝固组织(585 ℃)

果发现组织保持枝晶状。而我们的研究结果与其不同,这是振动时间和取样方式的差异造成的。

(a)　　　　　　　　　　　(b)　　　　　　　　　　　(c)

图 7-27　ZL101 铝合金熔体冷却至 610 ℃ 及开始施加超声场后的微观组织

(a) 处理前(610 ℃);(b) 60 s(604 ℃);(c) 120 s(598 ℃)

(3) 冷却至 600 ℃ 施加超声的组织。

在无超声振动作用下熔体冷却至 600 ℃,即固相分数达 0.25 左右后再施加超声,其组织演化如图 7-28 所示。超声作用前析出的初生 α-Al 呈粗大枝晶状(图 7-28a);经过 60 s 的超声作用后,温度降至 598 ℃,此时形成细小的树枝晶,并出现一些玫瑰状的晶粒,但主要部分仍是树枝晶(图 7-28b);超声作用 120 s 后,温度降至 595 ℃,出现了一些粒状化的晶粒,此时的组织以玫瑰枝晶为主(图 7-28c)。

值得一提的是,该温度下导入超声的前 10 s 左右,空化噪声较弱(通过人耳听觉判断),10 s 后空化噪声有所增强,表明黏度有一定降低,这有可能是超声作用前长成的发达树枝晶被超声部分破碎的缘故。但即便如此,当温度降为 595 ℃ 时,超声振动已非常微弱,不能正常起振。与温度从液相线以上连续超声作用可至 585 ℃ 相比,说明枝晶对超声有很强的阻碍和衰减作用。

2) 超声作用时间对浆料组织的影响

半固态制浆时保温温度设为 600 ℃,浇入金属熔体后,立即放下振动头进行振动,振动 36 s 后,用石英管抽取少量熔体淬冷,之后每隔 36 s 抽样一次。不同超声振动时间所对应的

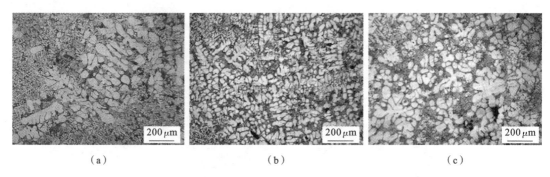

图 7-28　ZL101 铝合金熔体冷却至 600 ℃及开始施加超声场后的微观组织

(a) 处理前(600 ℃);(b) 60 s(598 ℃);(c) 120 s(595 ℃)

微观组织形貌见图 7-29,通过金相分析软件系统对它们的晶粒大小和平均形状系数进行分析,结果如图 7-30 所示。从图中可以看出,随着振动时间的延长,其平均晶粒直径从 72 μm 增加到 90 μm,呈增长趋势,平均形状系数从 0.30 增加到 0.53,也呈增大趋势,晶粒变得越来越圆整。与机械振动制备半固态浆料相比,超声振动可在更短时间内制备出合格的半固态浆料。

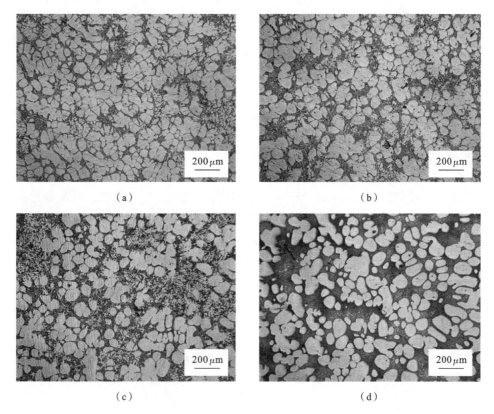

图 7-29　不同超声振动时间对应的半固态 ZL101 铝合金浆料组织

(a) 36 s;(b) 72 s;(c) 108 s;(d) 144 s

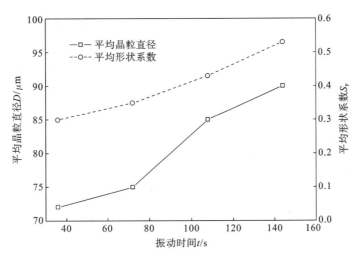

图 7-30　不同超声振动时间对组织的影响

3．超声振动制备半固态浆料的机理

1）超声振动的物理模拟

通过聚苯乙烯颗粒-水模型和 NH_4Cl-水溶液模型分别模拟了超声空化和声流对流体运动及对晶粒形核和长大的影响。模拟试验的直观认识和定性研究可以为超声振动制备金属浆料试验的工艺参数设置提供指导，并为超声振动制备金属半固态浆料机理研究提供参考。

（1）聚苯乙烯颗粒-水模型模拟。

超声振动模拟装置与制浆装置相似，只是将金属样杯换为 $\phi60$ mm 或 $\phi80$ mm 的透明塑料杯，不用电炉。为了研究超声振动对液体的影响，向装有一定量水的塑料杯中加入少量比水重的聚苯乙烯颗粒(平均粒径约为 950 μm，相对密度为 1.1)作为示踪粒子，将振动头浸入水中，浸没深度为 15 mm 左右，然后施以不同功率的振动，并变换振动头的位置，改变浸入深度等。

在研究不同振动功率的影响时，超声发生器使用三个功率值，分别为 400 W、800 W 和 1.2 kW。图 7-31 是功率为 400 W 时超声振动一个周期(1 s 内)粒子运动过程图。图 7-31a 为施加超声前的照片，由于粒子比水稍重，因此全部沉在杯底。图 7-31b 为施加超声开始时的照片，可以看出，粒子被声流卷了起来，并且两边粒子多，中间偏少。图 7-31c 所示为粒子继续向上升的阶段，粒子分布仍呈两边多、中间少的状态。图 7-31d 显示粒子几乎均布于整个液体中。试验中对示踪粒子的运动进行了仔细观察，发现振动使液体中的粒子运动变得剧烈，特别是振动头的正下方，粒子运动呈现出紊乱状态。这说明在半固态制浆过程中，若超声振动前生成的固相颗粒沉于底部，超声振动形成的声流也可卷起这些颗粒使其均布于液相中。在关于声流宏观流动形态方面的研究中，研究人员通过 200 ms 的图片叠加，显示出了更为清晰的声流形态。

超声振动功率越大，整个液体运动越剧烈，振动开始时显示的旋涡越明显，范围越大。但在振动头端部以上，明显可以看到离液面越近粒子运动速度越小，而液面几乎保持静止，只在功率很大时才有些许波动。但总的来说，相比下部的运动，液面的运动显得很小。以上

(a)　　　　　　　　　　　　　　(b)

(c)　　　　　　　　　　　　　　(d)

图 7-31　超声振动一个周期(1 s 内)水中粒子的运动

(a) 振动前;(b) 振动开始;(c) 振动进行;(d) 振动结束

现象与之前的机械振动台水模拟试验中振动引起的液体运动现象(越接近液面,液体运动越剧烈)正好相反。

(2) 超声振动对水溶液中 NH_4Cl 结晶状况影响的模拟。

NH_4Cl-水模拟系统已成功地用来模拟研究铸造中的众多问题。试验采用 99.9% 分析纯固体 NH_4Cl 和蒸馏水配制成质量分数为 30% 的 NH_4Cl 水溶液,其液相线温度为 33 ℃。图 7-32 所示为无振动时冷却过程中在玻璃杯底部结晶析出的 NH_4Cl 晶体,可以看到此时 NH_4Cl 呈树枝晶形貌。这表明,在不振动的条件下,温度降至液相线以下时,溶液的底部处由于散热较快,产生较大的过冷,而在液体没有对流的情况下,等轴晶前端凸出的部分迅速伸入过冷的液体中,长大成发达的树枝晶,最后连接到一起。若在结晶之前插入振动头, NH_4Cl 将从振动头浸入液体的部分上长出,并伸入液体内。由于振动头良好的导热性,其上的树枝晶越来越发达并相互交连。

当向已生成树枝晶的液体(图 7-33a)插入振动头,将在振动头上生长出树枝晶。启动超

图 7-32　无振动情况下 NH_4Cl 水溶液冷却过程中形成的枝晶

声振动后,生成的树枝晶在 5 s 内迅速被破碎,破碎的晶粒分散于整个液体中,液体呈现一片灰白色(图 7-33b)。在振动下继续降温的过程中,整个溶液内部也看不到有树枝晶的生成。值得注意的是,只有预设功率达到 320 W 以上时,才能正常开始振动,但振动的热效应使液体温度少量升高。

(a)　　　　　　　　　　　　　　　　　(b)

图 7-33　超声振动打断并分散枝晶

(a)振动前;(b)振动后

2) 超声振动制备半固态浆料的机理

超声波对半固态微观组织形成的影响机理主要源自超声波作用于熔体时产生的两个主要效应,即声流效应和声空化效应。

超声波在熔体中传播时,由于声波与液体黏滞力的交互作用,超声波在流体中的有限振幅衰减使液体内从声源处开始形成一定的声压梯度,导致液体的流动。当声压幅值超过一定值时液体中将产生喷射现象。此喷流直接离开变幅杆端面并在整个流体中引起一个整体环流,这便是声流,如图 7-34 所示。声流的速度能达到流体热对流速度的 5~10 倍,因此,声流对破坏边界层,加速传质、传热以及促进初生晶粒分散等起到关键作用。声强较高时,

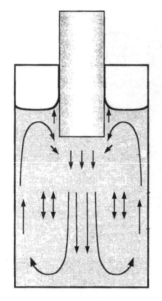

图 7-34 超声振动引起的
熔体对流示意图

声流在局部液体中以旋涡形式出现,这种旋涡对固相颗粒进行搅拌,使其难以成团。此外高能超声产生的紊乱在宏观上使固相晶粒做宏观移动,并在微观上使颗粒做不规则运动,使颗粒在不同位置受不同大小和方向的作用力而难以成团。同时,液体与固相颗粒的相对运动改变了晶体的生长形态,使其容易生长成为非枝晶组织。

空化是液体中的一种物理现象,是空化泡的形成长大与崩溃。声空化是指超声场在液体中引起的空化现象。通常液体中存在一定量的微气泡,它们可以作为声空化的核心,在超声振动场的作用下,液体分子和微气泡受到周期性交变正负声压的作用。当微气泡处于声波的稀疏相内时,微气泡受到负压作用,若其所受负声压大于所受液体压力时,它就会膨胀形成空化泡。这些空化泡在液体的压力下也可能发生收缩以及再膨胀。在随后来临的声波稠密相内,这些微小的空化泡受到正压作用,将以极高的速度崩溃,形成射流,如图 7-35 所示。这种射流加强了液体内部由于液体分子的碰撞而产生的瞬时局部高压,超声空化泡崩溃时做功也会引起局部高温。声压幅值越大,引起的冲击波压力越大,局部温度也越高,将引起较大的温度起伏。

图 7-35 微小空化泡的成长变化及崩溃引起射流的示意图

在超声振动制备半固态浆料时,金属熔体从液相线温度以上冷却至固相线和液相线之间的某个温度时,熔体中开始形核。在形核过程中,空化效应可能从以下两个方面对其产生影响:一方面空化激活熔体的不溶物,比如氧化物或金属间化合物的超细粒子,使它们成为形核基底;另一方面,超声波作用下空化泡的长大和内部液体的蒸发使空化泡的温度降低,导致空化泡表面的金属液体过冷,从而在很微小的气泡上形核。随着晶核长大成晶粒,晶粒附近不断有空化泡长大和崩溃,这样产生的高压冲击波和形成的微流以及伴随的液体射流,使正在形核和长大的晶胚脱落下来漂移到熔体中,并且使凝固前沿的溶质不至于堆积,从而阻碍了枝晶的生长,增加了形核率。此外,声空化效应也阻碍了晶粒在生长过程中的集聚。

因此,利用高能超声在金属熔体中产生的声空化和声流共同作用,可制备出晶粒细小、均匀分布和圆整的半固态浆料。

7.2.2　搅拌制浆方法

搅拌法主要包括机械搅拌法和电磁搅拌法两大类,其浆料制备示意图如图 7-36 所示。机械搅拌法是最早采用的浆料制备方法,其原理是利用机械旋转的搅拌元件在金属液冷却凝固过程中进行强烈的搅拌来改变凝固中金属的初生晶粒的生长,从而获得初生晶为非枝晶并均匀悬浮在母液中的半固态浆料组织。机械搅拌装置一般可分为间歇式和连续式两类。机械搅拌法的装置结构简单、造价低、操作方便并且剪切速率容易控制。但其生产效率低、搅拌室和搅拌元件的寿命短,熔体易受到污染,难以制备出高质量的半固态浆料。因此,机械搅拌法在工业生产中很少采用,主要用于试验室研究。

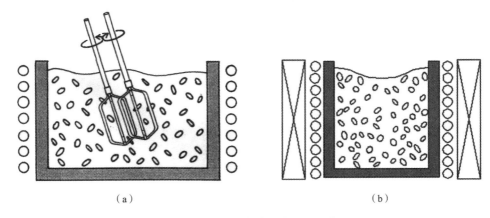

图 7-36　搅拌法制备半固态浆料示意图
（a）机械搅拌法；（b）电磁搅拌法

在目前发明的半固态金属浆料的制备方法中,电磁搅拌法无疑是应用最为广泛和工业化的一种方法。该方法是在电磁感应原理的基础上发明的,其原理是:变化磁场(如旋转电磁场)作用在金属液中,在其中产生感应电流,有感应电流的金属液在磁场中受到洛伦兹力的作用而产生运动,从而达到对金属液进行搅拌并使其凝固的初生枝晶转变为非枝晶的目的。迄今为止,有两种产生旋转电磁场的方法:一种是在单相、双相或三相线圈绕组中通交变电流;另一种是旋转永磁体。旋转永磁体方法是法国的 Vives 在 1993 年发明的,其优点是电磁感应器由高性能永磁材料组成,其内部产生的磁场强度高,通过改变永磁体的排列方式,可使金属液产生明显的三维流动,提高了搅动效果。

电磁搅拌法制备的半固态铸件组织的晶粒尺寸一般可达 60 μm,且为非枝晶组织。与机械搅拌法相比,电磁搅拌法的优点是:由于电磁搅拌力属于非接触式的体积力,合金熔体不会受到污染,并且搅拌均匀,从而保证了浆料的质量;电磁搅拌过程容易控制调节。其不足之处是电磁搅拌能源消耗大,存在集肤效应,效率低,浆料制备成本较高。

7.2.2.1　半固态镁合金的机械搅拌制浆技术

由于镁合金熔体对钢铁材料的腐蚀作用很小,或者说钢铁材料的合金元素不容易溶解进入镁合金熔液,因此采用以钢铁材料制作搅拌器的机械搅拌方法制备镁合金半固态浆料

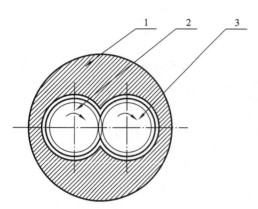

图 7-37 双螺杆搅拌机的工作原理
1—筒体;2—螺杆 1;3—螺杆 2

是可行的。

作者等人研制了一种半固态镁合金的双螺杆制浆装置,其工作原理如图 7-37 所示。双螺杆以独特的双输出减速器来驱动,转动时两根螺杆同向转动。两根等长平行螺杆安装在两个相互连通的 8 字形的通腔内。在螺杆 1 的螺槽中的镁合金,随着螺杆的转动而运动,在螺杆 2 的螺棱的挤压下镁合金被分流,其中大部分进入螺杆 2 的前一条螺槽中,小部分进入后面的螺槽中。在这个过程中,由于啮合处间隙小,镁合金不会通过间隙,加上啮合处两螺杆的运动方向相反,螺棱棱面处与螺槽底部的线速度不同,所以镁合金全被螺杆 2 剥离,形成很好的自清洗效果和强烈的剪切作用。镁合金转到下方时,又被剥离到螺杆 1 的螺槽中,但在轴向推移了一个螺距。随着双螺杆的同向转动,镁合金呈 8 字形旋转、剪切和输送,受到很好的剪切、分散和混合作用。其剪切速率随着螺杆转速的提高而增大。

特殊双螺杆结构设计的主要目的是获得超高剪切速率,从而制备出具有超细晶粒的半固态组织。特殊双螺杆结构可产生十分强烈的物料传递交换、分流掺和和强力剪切捏合作用,可获得 $2000 \sim 20000 \text{ s}^{-1}$ 的超高剪切速率,而目前国内外常用的电磁搅拌和单螺杆搅拌制备半固态浆料的剪切速率一般仅有 $100 \sim 1000 \text{ s}^{-1}$。其设计原理说明如下。

半固态加工的基础是半固态浆料在较高的剪切速率(γ)的作用下表观黏度(η)减小,从而表现出很高的流动性:

$$\eta = \tau / \gamma \tag{7-7}$$

式中:τ——切应力,Pa。

对于普通的筒形搅拌器或螺旋搅拌头或叶片搅拌器,剪切速率可由下式计算:

$$\gamma = 4\pi n / (d_t / d_e - d_e / d_t) \tag{7-8}$$

式中:n——搅拌器的转速,r/s;

d_t——容器直径,mm;

d_e——搅拌器等效直径,mm。

计算表明,当转速为 800 r/min(即 13.3 r/s)时,即使搅拌器与筒壁间隙小到 5 mm,若容器直径为 50 mm,则剪切速率 γ 等于 805 s^{-1},小于 1000 s^{-1}。

当采用双螺杆搅拌器时,剪切速率的计算公式为

$$\gamma = k\pi n (D/\delta - 2) \tag{7-9}$$

式中:D——螺杆的外径,mm;

δ——螺杆外表面与筒体内表面的间隙,mm;

k——物料特性系数,$k = 1 \sim 2$,对半固态金属材料,取 $k = 1.25$。

当 D/δ 在 $50 \sim 500$ 范围内变化时,若转速同样为 800 r/min(即 13.3 r/s),则剪切速率 γ

可达到 2100～21000 s^{-1}。因此,超高剪切速率为半固态浆料的流动性、储存与输送提供了保障。

根据镁合金半固态流变压铸成形工艺的特点和技术要求,作者等人自行研制的双螺杆搅拌机如图 7-38 所示。该机主要由控制系统、电机、双输出减速器、筒体、加热器、双螺杆等部件组成,实现镁合金半固态浆料的制备和输送。

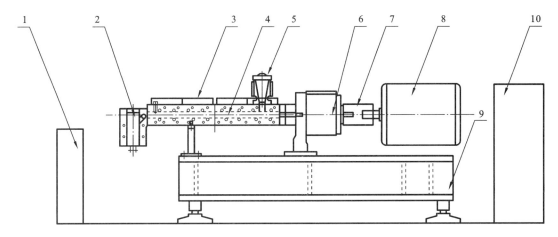

图 7-38　双螺杆搅拌机结构简图

1—气体保护装置;2—半固态浆料储存、输送装置;3—加热器;4—筒体及螺杆;
5—定量输送器;6—减速分配齿轮箱;7—联轴器;8—电机;9—机座;10—控制柜

半固态流变压铸成形工艺流程如图 7-39 所示。

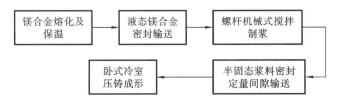

图 7-39　半固态流变压铸成形工艺流程

7.2.2.2　搅拌制浆工艺对镁合金半固态组织及性能的影响

原材料选择 AZ91D 合金,即镁-铝-锌压铸镁合金。它具有一定的固液相温度区间,液相线温度为 595 ℃,固相线温度为 470 ℃左右,适合进行半固态加工。所使用的 AZ91D 镁合金的化学成分如表 7-5 所示。

表 7-5　AZ91D 镁合金的化学成分(质量分数:%)

元素	Al	Zn	Mn	Be	Si	Cu	Fe	Ni	Mg
含量	9.03	0.64	0.33	0.0014	0.031	0.0049	0.0011	0.0003	其余

半固态流变压铸是先将镁合金原材料加入电阻坩埚炉中熔化,镁合金熔化时通入 N$_2$＋0.1%SF$_6$混合气体进行保护,以防止镁合金的氧化燃烧。搅拌机内及输送过程中通入 Ar 气

来保护。然后将 650 ℃左右的镁合金熔液,由镁液定量输送泵送入螺杆搅拌制浆机生成半固态浆料,再将镁合金浆料直接送入冷室压铸机压铸成形,制备成 ϕ50 mm 的试棒。液态压铸则直接将 650~700 ℃的镁液输送至 DCC280 型冷室压铸机压铸成 ϕ50 mm 的试棒,压铸工艺参数:压铸机合模力为 2800 kN,压射力为 110 kN,压射比压为 40 MPa。压铸模通过模温机预热到 180~200 ℃。

在本制浆方法及装置中,影响半固态制浆质量的工艺因素主要有三个:镁液浇注温度、搅拌速度(剪切速率)和搅拌机筒体温度。剪切速率由搅拌速度决定。

1. 镁液浇注温度的影响

AZ91D 镁合金的液态压铸试样的显微组织如图 7-40 所示,呈现典型的枝晶结构,白亮色的为枝晶组织,暗黑色为 α-Mg 相与 β 相($Mg_{17}Al_{12}$)的共晶组织。

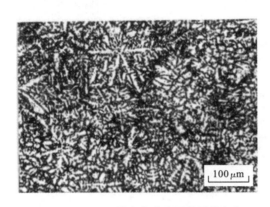

图 7-40　AZ91D 镁合金液态压铸显微组织

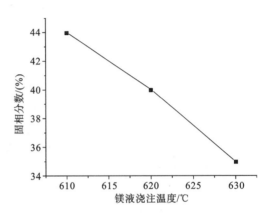

图 7-41　固相分数与镁液浇注温度的关系

非枝晶半固态组织的固相分数与镁液浇注温度的关系如图 7-41 所示。在相同的剪切速率(转速)及筒体温度下,若镁液浇注温度越低,则制备出的半固态浆料温度也越低,半固态浆料中的固相分数越高,同时固相晶粒也变得细小和圆整。图 7-42a 中有少量粗大枝晶组织,图 7-42b、c 中无枝晶组织,非枝晶组织的平均晶粒尺寸为 40 μm 左右。固相分数随浇注温度降低而升高的主要原因是,镁液带入的热量减少,冷却速度加快,使半固态浆料的温度降低,固相分数升高。随着固相分数的升高,对浆料的机械搅拌作用进一步加剧,因而也使晶粒变得更加细小圆整。

2. 筒体温度的影响

筒体温度对镁合金半固态组织的影响如图 7-43 所示。在相同的镁液浇注温度(610 ℃)、螺杆转速(240 r/min,即剪切速率 5470 s^{-1})作用下,当筒体温度为 590 ℃时,固相分数为 29%;当筒体温度为 580 ℃时,固相分数为 35%;当筒体温度为 575 ℃时,固相分数为 48%。可见筒体温度相差 15 ℃,固相分数相差近 20%。从图 7-43 可见,三种情况下得到的都是比较均匀的非枝晶组织,初生晶粒的平均晶粒尺寸为 30~50 μm。搅拌机筒体温度越低,筒体对浆料的冷却作用越大,制备出的半固态浆料温度也越低,半固态浆料的固相分数越高,同时固相晶粒也变得细小和圆整。

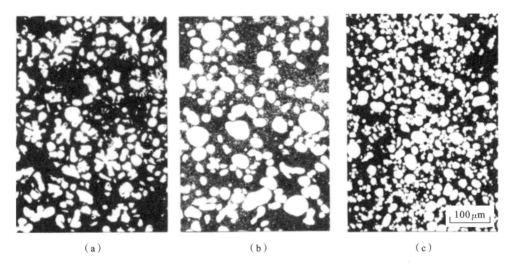

（a）　　　　　　　　　　　（b）　　　　　　　　　　　（c）

图 7-42　浇注温度对半固态组织的影响

（筒体温度为 580 ℃，搅拌转速为 300 r/min，即剪切速率为 6840 s^{-1}）

（a）630 ℃；（b）620 ℃；（c）610 ℃

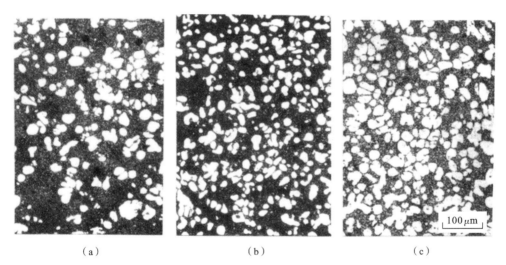

（a）　　　　　　　　　　　（b）　　　　　　　　　　　（c）

图 7-43　筒体温度对半固态组织的影响

（镁液浇注温度为 610 ℃，螺杆转速为 240 r/min，即剪切速率为 5470 s^{-1}）

（a）590 ℃；（b）580 ℃；（c）575 ℃

3. 螺杆转速（剪切速率）的影响

搅拌机螺杆转速越高，剪切速率越大，半固态组织越细小。同时，螺杆转速（即剪切速率）越低，意味着对半固态浆料的输送速度越慢，浆料在搅拌机内的停留时间也越长，因此制备出的半固态浆料温度也越低，半固态浆料的固相分数越高。典型的组织如图 7-44 所示。在相同的浇注温度（610 ℃）及筒体温度（590 ℃）下，当转速为 180 r/min 时，固相分数为 47%，而当转速为 300 r/min 时，固相分数为 32%。在较低浇注温度（610 ℃）下，从图 7-44

可见几种情况下固相晶粒都比较细小和圆整,主要差别是螺杆转速提高,固相分数降低。图中的平均晶粒尺寸为 $30\sim50\ \mu m$。

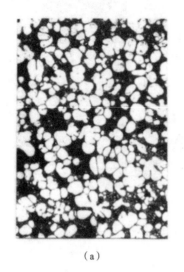 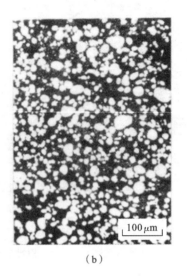

（a） （b）

图 7-44 不同螺杆转速下的半固态组织(镁液浇注温度为 610 ℃,筒体温度为 590 ℃)

(a) 180 r/min(4100 s^{-1});(b) 300 r/min(6840 s^{-1})

4. 适宜的制浆工艺参数

合适的浆料质量主要是指固相分数在 $10\%\sim50\%$ 范围内,非枝晶组织晶粒细小、圆整,平均晶粒尺寸为 $50\ \mu m$ 以下。从正交试验结果整理得出适宜的制浆工艺参数如下:镁液浇注温度为 $610\sim620$ ℃,筒体温度为 $575\sim590$ ℃,螺杆转速为 $180\sim300$ r/min。

试验结果表明,当镁液浇注温度过高时,例如大于或等于 630 ℃,组织中容易出现枝晶组织,且晶粒变得粗大,如图 7-42a 所示。若筒体温度过低,例如低于 575 ℃,则半固态组织中固相分数偏高,有的固相分数甚至达到 60%,给后续压铸成形工序带来困难,如压铸成形时难以充填满型腔等。在试验所采用的 $180\sim300$ r/min 螺杆转速范围内,都能够获得较满意的半固态组织,但转速低时固相分数高晶粒较粗大,转速高时固相分数低晶粒细小,可根据需要及工件的壁厚等具体情况进行选择。

5. 力学性能

力学性能试验结果如表 7-6 所示。半固态压铸试样的抗拉强度比液态压铸试样提高 34%,延伸率提高 44%,硬度相当。半固态压铸试样通过热处理后可进一步改善和提高力学性能,抗拉强度和延伸率都有显著提高,克服了普通液态压铸不能进行热处理的缺点。

表 7-6 不同成形条件下 AZ91D 镁合金的力学性能

试验条件	抗拉强度 σ_b/MPa	延伸率 δ/(%)	硬度/HB
液态压铸	138	3.2	62
半固态压铸	185	4.6	63
半固态压铸＋T6 热处理	248	7.6	65

铸件的力学性能与铸件的壁厚有很大的关系。文献[106]给出了 AZ91D(或 ZM5)镁合金铸件的壁厚对拉伸性能的影响。从中可知,当壁厚为 45 mm 时,抗拉强度仅为壁厚为 15 mm 时的 68.5%。本研究的试样壁厚较大,为 50 mm,因此,若铸造更细小的试样,如直接压铸壁厚为 10 mm 以下的试样,力学性能的绝对值会更高。

7.2.3　半固态浆料的其他制备方法

7.2.3.1　低过热度浇注法

低过热度浇注法是通过控制合金浇注温度和凝固冷却速度来制备半固态金属浆料或坯料,该方法一般不采用任何搅拌,所以制备工艺简单。其缺点在于效率低,并且组织均匀性较差。Pan 等人用此法研究了浇注温度对 AlSi7Mg 合金组织的影响。日本日立金属有限公司研究了近液相线温度浇注对 Al-Si 合金组织的影响,取得了与 Pan 等人类似的成果。毛卫民等人也研究了低过热度浇注对 AlSi7Mg 合金显微组织的影响,并探讨了浇注高度对凝固组织的影响。此外,刘丹等人研究了液相线浇注(更小过热度)制备 2618 变形铝合金的半固态坯料的规律。

7.2.3.2　倾斜冷却板法

用倾斜冷却板制备半固态浆料的工艺如图 7-45 所示。金属液体通过坩埚倾倒在内部具有水冷装置的冷却板上,金属冷却后达到半固态,流入模具中制备成半固态浆料。倾斜冷却板装置简单、占地面积小,可以方便地安装在挤压、轧制等成形设备的上方。其缺点在于浆料易卷气和夹渣。

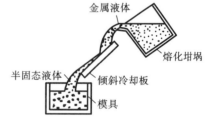

图 7-45　倾斜冷却板法

7.2.3.3　SEED 制备法

SEED(swirled enthalpy equilibration device)法,即旋转熔平衡设备的制备方法,其主要思想是使浇入容器的金属液体与金属容器迅速达到热平衡以使熔体成为半固态浆料,然后排除部分液体以提高固相分数。其工艺流程如图 7-46 所示。首先将容器倾斜,再浇入定量金属熔体,然后进行一定时间的旋转,最后排除一定量液体,产生高固相分数浆料。该法的优点是温度控制简单,设备投资小,可用于半固态温度区间窄的合金的浆料制备,浆料不受污染。其缺点是工艺操作麻烦,浆料成分难以得到准确控制。

7.2.3.4　低过热度和弱搅拌相结合制备法

美国麻省理工学院的 Flemings 和 Martinez 等人提出一种新的流变成形技术,即 SSR (semi-solid rheocasting)技术,该技术中制备浆料的工艺路线是:将低过热度的合金液浇注到制备坩埚中,利用镀膜的铜棒对坩埚中的合金液进行短时弱搅拌,使合金熔体冷却到液相线温度以下,然后移走搅拌棒,让坩埚中的半固态合金熔体冷却到预定的温度或固相分数。其工艺过程如图 7-47 所示。从整个工艺流程看,这种制备方式简单、便于过程控制。

此外,还有低过热度浇注弱电磁搅拌式流变成形法,可用于铝合金制浆的方法还有单辊旋

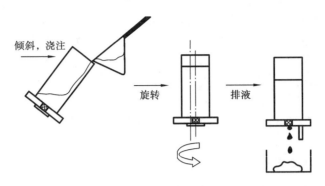

图 7-46　SEED 法制备浆料工艺过程

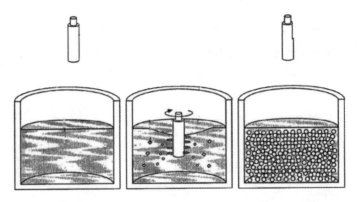

图7-47　低过热度浇注和短时间弱机械搅拌制备半固态合金浆料示意图

转法、紊流效应法、固液混合法、金属熔体混合法、CRP(continuous rheoconversion process)法等。

7.3　半固态流变压铸成形技术

7.3.1　金属半固态流变压铸工艺

半固态金属的流变压铸是在一般液态金属压铸的基础上发展起来的一种新型压铸工艺,这种新型压铸工艺克服了传统液态金属压铸的最大缺点,可以获得非常致密的和可以进行热处理强化的压铸件。半固态金属流变压铸的工艺流程主要包含半固态金属浆料的制备和半固态浆料的压铸成形。

半固态流变压铸是在传统的压铸机设备上进行的。半固态金属的流变压铸工艺与一般液态金属的压铸工艺比较接近,但有一些因半固态浆料性质而产生的变化。

7.3.2　金属半固态流变压铸工艺参数的控制规律

从前文的分析可知,金属半固态流变压铸成形工艺具有许多优势,这些流变压铸工艺优势的获得,依赖于正确的流变压铸工艺参数。若流变压铸的工艺参数选择不合理,则流变压铸的技术优势得不到发挥,压铸件的质量将得不到保证,甚至比传统的液态金属压铸件的质量还差。因此,流变压铸工艺参数的控制规律对压铸过程的稳定性和压铸件的内在和外在质量都具有重要的影响。

一般来说,影响压铸工艺的参数主要包括半固态合金坯料的液相分数或半固态合金坯料的温度、冲头的压射速度或浇道中半固态金属浆料的流动速度、动态压射压力和静态增压压力、压射室和压铸模的预热温度、浇注系统的设置等。另外,半固态金属浆料的制备工艺也会影响金属半固态流变压铸的工艺过程。下面分别论述这些工艺参数的控制规律。

1. 半固态合金浆料的制备工艺及其优化

半固态合金浆料的制备工艺方法在本章前面已有详细叙述,此处不再赘述。需要注意的是,不同的制浆方法与压铸机的连接方式不同,有的设备转移浆料至浇入压射室的速度快,而有的速度较慢;不同的制浆方法对熔体的剪切速率不同,有的方法中浆料在浇入压射室时内部还有对流,而有的已没有对流;有的制浆方法制备的浆料初生晶粒细小,而有的晶粒粗大。上述这些因素都会对后续的压铸及充型过程产生影响。因此,在采用不同的制备方法时,需要对相应的制浆工艺进行优化,达到最佳的制浆效果,以利于浆料的流变压铸成形。

2. 半固态合金浆料的固相分数

在合金半固态流变压铸过程中,半固态浆料的固相分数是一个关键控制参数,它对半固态浆料的转运输送和流变成形及铸件质量具有极其重要的影响。

从半固态浆料的输送角度看,固相分数应控制得较低一些,以便于即使输送时温度降低、固相分数增加浆料也能够流变压铸充型。但是低固相分数的浆料收缩率大,易产生疏松等缺陷,因此固相分数不能太低。

从流变压铸的角度看,半固态金属浆料的表观黏度与固相分数呈指数关系,随着半固态金属浆料固相分数的增高,其表观黏度急剧升高。所以,为压铸完整的铸件和降低成形抗力,或压铸形状复杂的铸件,应使浆料的固相分数控制得低一些,此时半固态金属的表观黏度较低,流动阻力下降,充型就比较容易;反之亦然。

对于不同的流变压铸方式,浆料的浇注温度可能有较大的差别,如 A356 铝合金的半固态流变压铸,其浆料的浇注温度经常控制在 600～610 ℃,所对应的固相分数为 10%～30%,这种流变压铸方法主要用来生产复杂薄壁或大型压铸件。

另外,对 A380 铝合金、905 铜合金、Sn-15% Pb 等合金进行半固态流变压铸实验,检测半固态流变压铸件的显微组织,并对铸件的内部致密度进行 X 射线检查,实验结果表明:过热的液态金属压铸件内部存在许多的孔洞,铸件很不致密,但随着半固态流变压铸时固相分数的增加,压铸件的致密度逐渐增大;当固相分数达到 0.50 时,压铸件中探测不到显微孔洞的存在,压铸件的致密度达到很高的程度。因此,确定浆料的固相分数时也应考虑压铸件致密度的要求,对于有高致密度要求的压铸件,应选择较高的固相分数,而对于较低致密度要求的压铸件,则可以选择较低的固相分数,以便于流变成形。

3. 压铸机压射冲头的速度和压射压力

在半固态金属流变压铸中,压铸机压射冲头的速度或内浇道中半固态金属的流速和压射压力对压铸件的成形、内部质量和外部质量具有极其重要的影响。

在流变压铸充填过程中,半固态金属包含一定数量的球状初生固相,它是一种两相流体,其表观黏度比同种液态金属的黏度高 1～3 个数量级,因此,半固态金属在充填时的流动状态与液态金属压铸时的流动状态不一样。Schott-man 和 Flemings 等人利用一半透明的压铸模和高速摄影技术,分别拍摄了过热 25 ℃的液态 Sn-15％ Pb 合金和固相分数为 0.55 的半固态 Sn-15％Pb 合金压铸充填时的流动状态。在金属流速为 3.66 m/s 的条件下,当 Sn-15％Pb 合金为过热液态时,合金不是平稳地流入压铸模型腔,而是在压铸模型腔的拐角处产生激烈的紊流现象,液态合金被喷入压铸模型腔,这样就会将型腔内的部分气体裹入压铸件,导致压铸件的致密度下降。但当 Sn-15％Pb 合金为半固态浆料时,在流变压铸充型时,半固态合金平稳地流入压铸模型腔,即使在型腔的拐角处也未产生紊流现象,压铸模中半固态 Sn-15％Pb 合金的流动前沿呈现固态金属的流动前沿状态,流动自由表面光滑,因此合金熔体不会发生喷溅,大大减轻了流变压铸件中的裹气现象,压铸件的致密度大大提高。

半固态金属充型时必须具有足够的冲头压射速度或浇道内金属的流速,才能将压铸模型腔充满。一些关于压射冲头速度或浇道内金属的流速对半固态金属触变压铸充填长度的影响的实验证明了这一点,所需速度一般比液态金属压铸高 50％～100％。此外,压射压力及增压压力比传统的液态金属压铸略高一些。

4. 浇注系统的设置原则

在金属半固态流变压铸工艺中,浇注系统的设计与传统的液态金属压铸相似,主要的差别在内浇口的尺寸。

内浇口尺寸的设计首先应该保证半固态金属尽可能以层流充填型腔,因此内浇口的厚度一般比液态金属压铸的内浇口厚一些,宽度也大一些,这样可减少半固态金属进入型腔时的湍流及避免卷气。为保证凝固补缩,内浇口的厚度可与压铸件的厚度相当,以借助增压进行凝固补缩。如果内浇口的厚度过薄,内浇口将先于压铸件凝固,阻断凝固补缩通道,可能造成压铸件补缩不良。

5. 压铸机压射室和压铸模的预热温度

在金属半固态流变压铸前,压铸机的压射室和压铸模要预热到一定的温度。预热的目的:一是减轻压射室和压铸模对半固态金属的激冷作用,避免半固态浆料提前凝固、充填不足及冷隔等缺陷的产生,如有实验表明,压铸模预热温度的高低对半固态金属充填型腔长度的贡献率为 20.5％,这直接说明了压铸模预热温度对半固态金属流变压铸的重要性;二是减轻高温半固态金属对压射室和模具的热冲击,延长压射室和压铸模的使用寿命。压射室和压铸模预热的方法很多,可以采用煤气喷烧、煤油喷烧、电热丝或热油,甚至采用液态合金的预压铸来预热压射室和压铸模。

在连续生产中,压射室和压铸模温度还会不断升高,尤其是流变压铸高熔点合金时,压射室和压铸模的温度升高更快。如果压射室和压铸模温度过高,将会导致半固态金属产生黏性、铸件冷却缓慢、铸件晶粒粗大和铸件力学性能下降。因此,在压射室和压铸模温度过高时,应该采取冷却措施。压射室和压铸模通常采用水、压缩空气或循环油进行冷却。

目前,关于压铸机压射室和压铸模的工作温度尚未有统一的规定,一般在流变压铸 A356、A357 等合金时,压射室和压铸模的工作温度可以取 180～300 ℃;在流变压铸 A380 铝合金时,压铸模的工作温度约为 204 ℃;在流变压铸 A6082、A7075 铝合金时,压射室和压铸模的工作温度可以取 180～190 ℃;在流变压铸 AlSi4Cu2.5Mg 铝合金时,压射室和压铸模的工作温度可以取 210～270 ℃;在流变压铸 AZ91D 镁合金时,压射室和压铸模的工作温度可以取 230～260 ℃。

7.3.3　半固态压铸成形的缺陷

1. 剪切带

在半固态浆料压铸过程中,先进入型腔的浆料在模具表面形成激冷层,后面的浆料在其表面继续流动,且浆料固相分数较高时,外层与内层之间的滑动带最后凝固,形成断面不均匀的半固态组织,这样的组织称为剪切带(shear band)缺陷,如图 7-48 所示。可通过适当提高充型速度、适当提高浆料温度等措施减少或消除剪切带组织不均匀性。

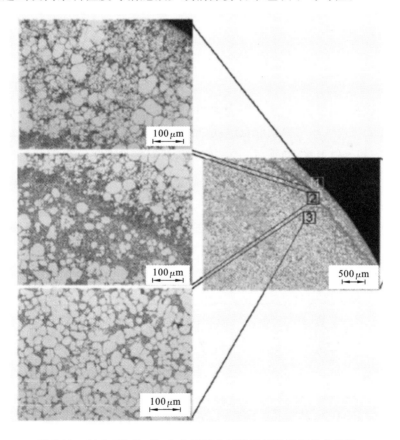

图 7-48　Al-5.7Si-2.3Cu 合金半固态压铸时靠近表层的剪切带

除剪切带外,在厚大部位等位置也可能产生半固态组织的微观偏析或偏聚。在凝固最后阶段的高压压制过程中会产生相集中现象,迫使共晶体进入前收缩区,恰好在注射口里面。

2. 充填不满

充填不满是半固态流变压铸成形中最易出现的缺陷,主要是由充填能力不足引起的。影响充填能力的主要因素是浆料的温度、压铸模温、压射压力和压射速度。提高浆料的温度,可降低浆料的固相分数,降低浆料的黏度,很大程度上提高浆料的流动性;压铸模温的提高,可以降低压铸模对浆料的冷却速度,延长浆料的凝固时间,从而提高浆料的充填能力;加大压射压力和压射速度,都有利于改善、提高浆料的流动充填能力,防止充填不满。

3. 变形

对于薄板类零件易生产变形缺陷。影响半固态流变压铸件变形的主要因素有浆料的温度、压铸模温和留模时间。浆料的温度越低,浆料的固相分数越高,浆料冷却收缩越小,变形的可能性越小。浆料的温度和压铸模的温度越低,浆料冷却凝固越快,压铸件的强度建立越早,抵抗变形的能力越大。留模时间对变形的影响是两方面的,留模时间过短,压铸件的强度发挥不充分,顶出时易产生变形;留模时间过长,压铸模对压铸件的收缩阻碍作用大,顶出时与压铸件的相互作用力大,易引起压铸件变形。降低浆料温度和压铸模温,采取一定的留模时间,可以减少变形。

4. 裂纹

裂纹是镁合金半固态流变压铸生产中常见的缺陷之一,依据裂纹的特征可分为热裂和冷裂。裂纹形成的原因很复杂,影响的因素很多。预防的基本措施有:防止铝合金、镁合金氧化,避免氧化夹渣进入压铸模型腔;选取适宜的浆料温度,保证浆料有良好的流动性;选择一定的压射压力和压射速度,确保浆料平稳充型;选取合理的压铸模温和留模时间,控制压铸件的冷却速度,减少其应力、变形。

5. 缩孔

半固态压铸工艺可以减少缩孔缺陷,但在壁厚不均或厚大部位,即使半固态压铸成形也有可能产生缩孔或疏松缺陷,如图 7-49 所示。无论是通过成分的设计还是控制模具和浆料

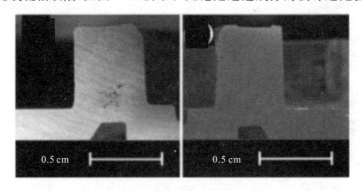

图 7-49 ZL101 铝合金半固态压铸的缩孔(左)与健全部位(右)

的温度状况,都有可能促进直接固化,阻止缩孔的产生。半固态加工最后施加在固化金属上的挤压压力可以消除易产生缩孔区域和外壳铸型之间的半固态结构,补缩缩孔。

7.4　半固态流变挤压成形技术

7.4.1　流变挤压成形的技术特点

从 7.2 节的介绍可知,金属的半固态成形可分为流变成形和触变成形,同理,半固态挤压成形也分为流变挤压成形及触变挤压成形。合金的触变挤压成形也称为半固态模锻(semi-solid forging,SSF),或称为触变模锻。半固态模锻具有如下的优点:

(1) 可实现高度自动化。对各项工艺参数的测量与控制严格精密,整条模锻生产线,从铸坯装炉、加热、剪切、搬运、锻造到出模等工序已全盘计算机化与自动化,产品性能有高的再现性,成品率几乎是 100%。

(2) 半固态模锻温度比压铸等铸造工艺的低,锻件留模时间短,可延长模具寿命。

(3) 由于自动化程度高和工艺周期短,因此生产率高。大型零件(汽车轮毂)的生产率为每小时 90 件(表 7-7),小型电器零件的生产率高达每小时 300 件。

表 7-7　半固态模锻和金属型铸造铝合金汽车轮毂性能比较

工艺	毛料质量/kg	净质量/kg	生产率/(个/h)	合金牌号	热处理状态	抗拉强度 σ_b/MPa	屈服强度 $\sigma_{0.2}$/MPa	延伸率 δ/(%)
半固态模锻	7.5	6.1	90	357	T5	290	214	10
金属型铸造	11.1	8.6	12	356	T6	221	152	8

(4) 金属在压力下充填型腔,特别是模锻终期的高压作用可使薄壁部分得到很好的充填,既可显著提高零件的品质,又可生产薄壁零件。零件具有细小的晶粒、致密的组织,品质既高又稳定。半固态模锻轮毂的抗拉强度与屈服强度分别比金属型铸造轮毂的高 31.2% 与40.8%,前者的延伸率也比后者的提高了 2 个百分点。

(5) 半固态模锻零件的尺寸接近成品尺寸,可显著节约原材料与资源,大大减少加工余量,材料利用率得到极大的提高。例如,一种电器零件过去是用挤压 6262 合金圆棒切削加工的,毛料质量为 245 g,净质量仅 23 g,切削加工量高达 90.6%,材料利用率只有 9.4%;改用半固态模锻后,不但生产率提高了 50%,而且毛料质量只有 25 g,只约为机械加工法毛料质量的 1/10,材料利用率高达 92%。再如,半固态模锻汽车铝合金轮毂,根据尺寸的不同相应地比铸造轮毂轻 15%～35%。

(6) 半固态模锻的加热温度仅比固相线温度高一些,如加工铸造合金只比共晶温度高几度即可,比传统液态铸造温度低得多,可节约能源 35% 左右。

(7) 适用合金范围宽,可生产各种各样的零件。半固态模锻已在铝合金、铜合金、镁合金、钢、高温合金零件生产中投入了商业性生产,对变形铝合金与铸造铝合金全面适用,零件质量可小到 20 g,大到 15 kg,已为汽车、摩托车、家用电器、电子产品、通信器材、航空航天器生产了大批零件,成为生产近成品尺寸零件最经济的工艺。

(8)半固态模锻时不会卷入气体,零件中不会出现气孔,因有固相存在,液/固收缩小,不会产生疏松,组织致密。同时常规锻造零件的性能是各向异性的,而半固态模锻零件则各向同性。

半固态挤压成形的主要缺点是:设备投资大,只适合用于生产批量大的产品,批量小,模具费用大,成本高;生产线自动化程度高,温度需精密控制,对工作人员的技术素质要求高;目前,还不能生产过大或过小的零件,可生产零件质量为 20 g~15 kg;半固态模锻需要预制适用于半固态模锻的锭坯,原材料费用高。当然,半固态流变挤压成形可采用半固态浆料直接成形,可省略预制半固态锭坯的过程,材料成本大幅度降低。

7.4.2　流变挤压成形工艺参数对成形性能的影响

7.4.2.1　加压参数的影响

1. 比压

压力因素是半固态成形成败的关键,常用比压值来衡量。比压的大小主要与下列因素有关。

(1)与加压方式有关。平冲头压制比压高于异形冲头压制比压。

(2)与制件几何尺寸有关。实心件比压高于空心件比压,高制件比压高于矮制件比压。

(3)与合金特性有关。逐层凝固合金选用的比压高于糊状凝固的合金。

一般来讲,利用材料触变性实现充填流动后,进一步的成形过程主要是高压下凝固和塑性变形密实过程的复合。主要考虑后者,比压值选为 40~60 MPa 为宜。

2. 加压开始时间

加压开始时间是半固态坯料或浆料置入模腔至加压开始的时间间隔。从理论讲,半固态坯料置入模腔后,从速加压为宜。

3. 保压时间

升压阶段一旦结束,便进入稳定加压,即保压阶段。稳定加压直至加压结束(卸压)的时间间隔为保压时间。

保压时间长短与合金特性和制件大小有关,可按下述情况进行选用。

铝合金制件:壁厚在 50 mm 以下,可取 0.5 s/mm;壁厚在 50~100 mm,可取 0.8 s/mm;壁厚在 100 mm 以上,可取 1.0~1.5 s/mm。

铜合金制件:壁厚在 100 mm 以下,可取 1.5 s/mm。

4. 加压速度

加压速度指加压开始时液压机行程速度。加压速度过快,浆料易卷入气体和产生飞溅;加压过慢则自由凝固结壳太厚,会降低加压效果,或者无法实现半固态模锻。

加压速度的大小主要与制件尺寸有关。对于小件,取 0.2～0.4 m/s;对于大件,取 0.1 m/s。

7.4.2.2　温度参数的影响

1. 转移温度

针对触变模锻,转移温度实质上指二次加热温度,必须科学选定。温度过高,坯料没有足够强度,机械手(或人工)很难将其夹持移入模具中;温度过低,将增加自由凝固结壳厚度,或者使下一步加工转变为固态加工。因此,二次加热温度控制严格、搬运平稳、时间短是保证半固态加工顺利实现所必需的。

针对流变挤压成形,转移温度实质上指制浆完毕时浆料的温度。若浆料温度太低,则容易凝固结壳,甚至难以倒入型腔。通常应使浆料温度适当高一些。

2. 模具温度

模具温度低,会使半固态浆料迅速结壳,或增加冷隔,或导致半固态加工无法实现;模具温度高,容易黏焊,加速模具磨损。模具温度选用与合金凝固温度、制件的尺寸和形状有关。

对于铝合金,预热温度为 150～200 ℃,工作温度为 200～300 ℃;对于铜合金,预热温度为 200～250 ℃,工作温度为 200～350 ℃。

对于薄壁制件应适当提高模具温度,尤其是小型薄壁件,模具温度偏低将导致无法完成加压成形。

在大批量连续生产时,模具温度往往会超过允许范围,必须采用水冷或风冷措施。

3. 模具涂层和润滑

半固态模锻模具受热腐蚀和热疲劳严重,为此常在模具与半固态金属直接接触的模腔部分涂覆一层"隔热层",该层与模具本体结合紧密,不易剥落。压制前,在隔热层上再喷上一层润滑层,以利于制件从模具中取出和冷却模具。这种隔热层复合润滑层效果最好。但目前,多数不采用隔热层,而是直接涂覆润滑层,效果也不错,尤其对于有色合金半固态模锻,效果更佳。

从各国应用情况看,半固态模锻使用的润滑剂和压力铸造基本相同。

7.5　案　例　分　析

7.5.1　超声振动铝合金半固态流变压铸成形工艺技术

7.5.1.1　过共晶铝硅合金半固态压铸件的组织特征

图 7-50 所示的汽车铝合金链轮类压铸件带有浇道及压射料饼,去掉了溢流槽,材质为 ADC14 过共晶铝硅合金(类似于 A390 铝合金),具有较好的耐磨耐热性。但由于壁厚较大,且壁厚不均,局部厚大,容易出现缩孔、疏松类缺陷,且初晶 Si 颗粒易分布不均,强度经常不

达标。采用半固态铝合金流变压铸成形工艺可以很好地解决上述问题。

（a） （b）

图 7-50 汽车铝合金链轮类压铸件（去掉了溢流槽）

（a）正面；（b）背面

下面以 A390 铝合金的半固态压铸为例进行说明。A390 属于过共晶 Al-Si 合金，其成分为 Al-17Si-4.5Cu-0.6Mg，液相线温度为 650 ℃，固相线温度为 505 ℃，其初生相是初晶 Si 相。铝液浇入浇包的浇注温度为 680 ℃，超声振动温度为 650～630 ℃，振动时间为 30～180 s，振动功率为 1200 W。

图 7-51a 显示的是 A390 铝合金经过 P 变质后的压铸组织，虽然初晶 Si 颗粒较细，但聚集比较严重。仅超声振动制浆而没有进行 P 变质的半固态流变压铸组织如图 7-51b 所示，其组织明显不同于液态压铸，图中显示除圆整而较大的初生 Si-1 外，还有形状不规则的 Si-2 和较多的细小 Si-3 及等轴状 α-Al。

液态压铸件和半固态压铸件在初生晶粒的大小和分布方面都有不同。初生 Si 和共晶 Si 的变化与前文中所述浆料组织的变化规律一致。液态压铸件的初生 Si 呈长块状，聚集明显，而超声浆料成形的压铸件初生 Si 呈颗粒状。需要注意的是，半固态压铸成形件组织里有很多细小的 Si 颗粒（Si-3），这有可能是在压铸充填完毕后才形成的，而个别条状的 Si 粒（Si-2）有可能是在浆料转移和压室中没有超声作用下形成的。此外，无论是变质还是不变质的液态压铸件，边界都有无初生 Si 层，并且有一些孔洞。而半固态压铸件的边界却不存在无初生 Si 层。

图 7-52 所示为 A390 铝合金液态和半固态压铸试样组织的 SEM 图，从 SEM 图中可以清晰地看到金相显微照片显示不清楚的 Al_2Cu 相。对两图进行分析发现，未经超声处理时

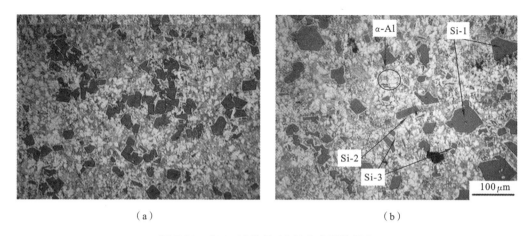

（a）　　　　　　　　　　　　　　（b）

图 7-51　A390 过共晶 Al-Si 合金压铸组织

（a）P 变质铝合金的液态压铸；（b）未经 P 变质的半固态流变压铸

Al_2Cu 析出量多，且相互连接，聚集严重，而在半固态流变压铸试样中，Al_2Cu 析出偏少，并且较细，比较分散。

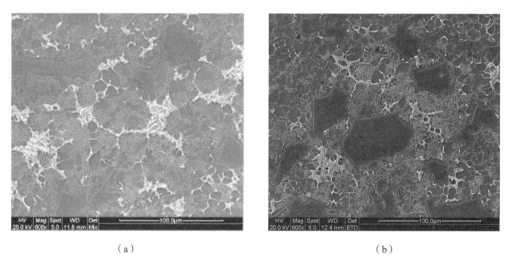

（a）　　　　　　　　　　　　　　（b）

图 7-52　A390 铝合金液态压铸和半固态压铸试样组织的 SEM 图

（a）液态压铸；（b）半固态压铸

7.5.1.2　浆料制备及成形工艺因素对零件性能的影响

1. 浆料超声振动时间对压铸试样力学性能的影响

从前面的叙述可知，超声振动时间对 A390 过共晶 Al-Si 合金浆料组织有显著影响，因此超声振动时间对力学性能也应有影响。在熔体浇注温度为 680 ℃，样杯预热温度为 550 ℃的条件下制浆，然后压铸成形为力学性能试样，检测结果如图 7-53 所示。在 30～120 s 范围内，试样抗拉强度随振动时间的延长而增加，在超声振动 120 s 时达到 260 MPa 以上，当振动时间延长至 180 s 时抗拉强度稍有所减小。

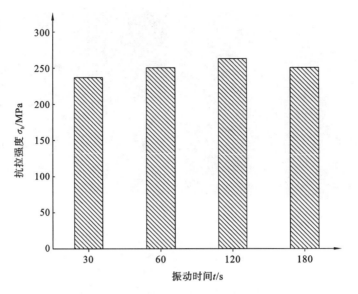

图 7-53　超声振动时间对抗拉强度的影响

2. 浆料成形温度对压铸试样力学性能的影响

半固态浆料成形温度是指制备的浆料在浇入压室时所测的温度。虽然前面研究了金属液体浇入制浆装置时的温度(浇注温度)对浆料组织的影响,但由于在压铸成形过程中伴有熔体的冷却,因此有必要探讨适宜的浆料成形温度范围。

图 7-54 所示为 A390 铝合金流变压铸试样抗拉强度与浆料成形温度的关系。从图中可以看出,随着浆料成形温度从 576 ℃上升到 600 ℃,强度亦逐渐增大,从 199 MPa 增大到 259 MPa;当温度继续上升到 618 ℃时,强度变化不大,之后抗拉强度随着温度的上升而逐渐降低,从 262 MPa 降至 236 MPa。

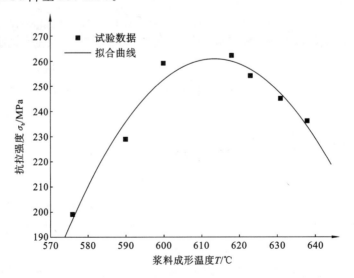

图 7-54　A390 铝合金流变压铸试样抗拉强度与浆料成形温度的关系

由于 A390 铝合金固相分数随温度变化曲线突变点在 565 ℃，因此尽管其固相线温度为 505 ℃，若成形温度太低，在压入型腔之前固相分数即达到很高，则会导致充型不足。随着浆料成形温度的升高，浆料在固相分数突变前可充满型腔，压力也可以传递到整个试样，使试样渐趋致密，从而强度升高。但过高的成形温度使浆料充型类似于液态充型，浆料充型过程中会卷气，最后使成形试样中出现气孔和硬质点夹杂等缺陷，从而降低试样的抗拉强度。由此可见，成形温度在 600～620 ℃ 是较合适的。

3. 浆料成形温度对试样密度的影响

A390 铝合金流变压铸试样密度与浆料成形温度的关系如图 7-55 所示，成形温度低于 590 ℃ 时，成形试样密度小，并且保持在 2.5 g/cm³ 左右。当成形温度从 590 ℃ 上升到 600 ℃ 时，密度急剧上升，而超过此温度后，密度变化亦不大，保持在 2.73 g/cm³ 左右。由此可认为，在本研究条件下，当 600 ℃ 左右的浆料移入压室后开始压射之前，温度已降低 30 ℃ 左右，使得固相分数急剧上升，从而浆料的流动充型性变差，压力在传递至型腔的过程中遭到严重削减，因此压铸件密度急剧下降。

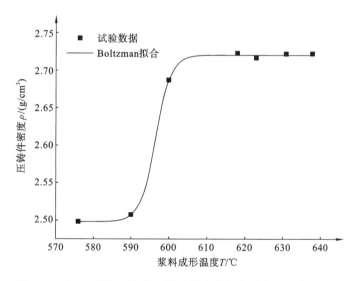

图 7-55　A390 铝合金流变压铸试样密度与浆料成形温度的关系

由于在浇注量一定的情况下，初生 Si 相的平均晶粒尺寸受超声作用时间影响很大，浇注温度次之，而受样杯预热温度影响小，因此，通过改变超声作用时间和浇注温度的方法，可以得到不同大小的初生 Si 晶粒。制浆时的样杯预热温度设为 550 ℃，超声作用时间为 1 min，熔体浇注温度在 660～700 ℃ 之间，压铸工艺参数保持不变。

初生 Si 平均晶粒直径对试样抗拉强度的影响如图 7-56 所示。当初生 Si 平均晶粒直径为 35 μm 时，试样的抗拉强度达到 262 MPa，随着平均晶粒直径的增加，试样抗拉强度逐渐降低，当平均晶粒直径为 65 μm 时，抗拉强度为 206 MPa。Si 相的细化使其对基体的割裂作用减弱，有利于材料力学性能的提高。对图 7-56 中的试验数据进行线性回归分析，得出试样抗拉强度与初生 Si 平均晶粒尺寸的数学模型为

$$\sigma_b = 318 - 1.64D \quad (35 \ \mu m \leqslant D \leqslant 65 \ \mu m, \text{相关系数 } R = 0.97) \tag{7-10}$$

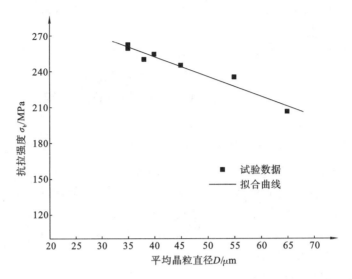

图 7-56　A390 铝合金流变压铸试样抗拉强度与初生 Si 平均晶粒直径的关系

式中：D——初生 Si 平均晶粒直径；

　　　σ_b——流变压铸试样极限抗拉强度。

4. 液态压铸件与超声制备的浆料流变压铸件性能比较

为了详细研究超声制备的浆料流变压铸件的特性，在相同压铸条件下进行了 A390 铝合金的液态压铸（浇注温度为 695 ℃）和半固态流变压铸（半固态浆料的压铸温度为 615 ℃，超声作用时间为 2 min）。表 7-8 所示为液态压铸件和超声制备浆料流变压铸件的力学性能。从表中可以看出，液态压铸件的抗拉强度为 214 MPa，硬度为 90 HB；半固态流变压铸件的抗拉强度为 268 MPa，硬度为 134 HB；延伸率均小于 1%。结果表明，半固态流变压铸相比液态压铸，抗拉强度增加了 25.2%，硬度增加了 48.9%。

表 7-8　A390 铝合金压铸件力学性能对比

力学性能	抗拉强度 σ_b/MPa	延伸率 δ/(%)	硬度/HB
液态压铸	214	0.2	90
半固态流变压铸	268	0.4	134

由于 A390 铝合金压铸中会生成 Al_2Cu 相，故可借助热处理得到强化。参考一般铸造 A390 热处理工艺规范，设定固溶处理温度为 490 ℃，保温 8 h；时效温度为 180 ℃，保温 10 h，并保证炉腔温度误差不大于 ±2 ℃。液态压铸件和半固态流变压铸件经热处理后表面外观如图 7-57 所示，半固态流变压铸件表面光滑，而液态压铸件表面出现很多鼓泡，特别是端部，出现了直径为 1 mm 左右的鼓泡，通过金相显微镜观察，可以看到如图 7-58 所示的很多孔洞。这是液态压铸过程中卷入的气体在热处理时膨胀所导致的。这也证明半固态流变压铸件可通过热处理进一步强化，而液态压铸件通常不能进行热处理。

T6 热处理后的液态压铸件和半固态流变压铸件的 SEM 图像见图 7-59，可以看到，相比于热处理之前的组织，无论是液态压铸件还是半固态流变压铸件组织都有很大变化，初生 Si

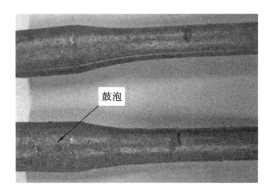

图 7-57　液态压铸件(下)和半固态流变压铸件(上)

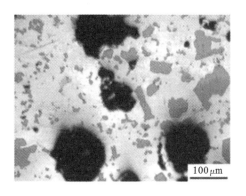

图 7-58　液态压铸件热处理后的金相组织

晶粒的轮廓有一定程度钝化,但大小没有大的变化。同时,铸态时的针状、短杆状共晶 Si 都转变为均匀分布的细小颗粒状共晶 Si。Al_2Cu 形态也发生了改变,数量都减少很多。液态压铸件中的 Al_2Cu 呈短絮状,而半固态压铸件中的 Al_2Cu 呈点状。

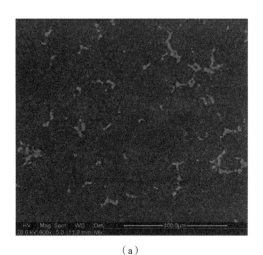

(a)

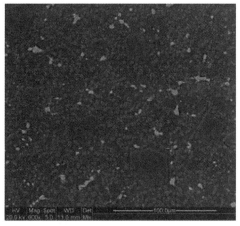

(b)

图 7-59　热处理对 A390 铝合金压铸件组织的影响

(a) 液态压铸;(b) 半固态流变压铸

T6 热处理后的液态压铸件和半固态流变压铸件性能如表 7-9 所示。热处理后,半固态流变压铸件与液态压铸件相比,抗拉强度提高了 34.2%,延伸率提高了 105.6%,硬度提高了 45.5%。将表 7-9 和表 7-8 对比还可发现,热处理后与热处理前相比,在抗拉强度和延伸率方面,半固态流变压铸件的增加幅度比液态压铸件的大,而两者的硬度均变化不大。

表 7-9　T6 热处理后压铸件力学性能对比

力学性能	抗拉强度 σ_b/MPa	延伸率 δ/(%)	硬度/HB
液态压铸	228	0.72	88
半固态流变压铸	306	1.48	128

7.5.2　半固态铝合金流变压铸通信设备壳体等零件

1. 电子产品壳体件

采用 7.2.1.2 节所述的超声振动制备半固态浆料的方法及设备制备半固态浆料,再将浆料浇注到压铸机的压室内压铸成形为零件。本方法已制造出工业用零部件。图 7-60 所示为采用 5052 铝合金制造的电子产品壳体件(表面已预处理),平均壁厚为 1 mm,浇注重量为 400 g 左右。5052 铝合金的韧性较好,并适合于阳极氧化等表面处理,其化学成分(质量分数)为:2.8% Mg,0.4% Si,0.3% Cr,0.25% Fe,0.1% Zn,0.1% Cu,0.1% Mn,其余为Al。5052 铝合金的固相线温度为 607 ℃,液相线温度为 649 ℃。采用半固态压铸成形的零件充型完整,组织细小,而其最大的优势是组织更致密,强度更高。

 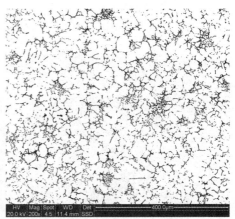

图 7-60　铝合金壳体件(表面已预处理)及微观组织

图 7-61 所示为国内某企业采用铝合金半固态流变压铸方法生产的带散热筋片的通信设备壳体件。铝合金材质为 Al-10Si-2.5Cu-Mn-Mg,半固态制浆方法为激冷棒＋弱搅拌的

图 7-61　带散热筋片的通信设备壳体件

方法(7.2.3.4 节),在压铸机前方采用专用制浆设备制浆,然后立即浇注、流变压铸成形。筋片充型完整,内在质量好,表明半固态浆料的充型性较好,并有利于该类零件的散热功能。

2. 新能源汽车铝合金电池箱部件

图 7-62 所示的新能源汽车铝合金电池箱部件,采用铝合金半固态流变压铸成形。材质为 ADC12,净重为 7.55 kg,浇注重量为 9.43 kg。半固态制浆方法为激冷棒＋弱搅拌的方法(7.2.3.4 节),在压铸机前方采用专用制浆设备制浆,然后立即浇注、流变压铸成形。该部件采用锁模力为 30000 kN 的压铸机生产,压射工艺参数如下:慢压射速度为 0.2 m/s,快压射速度为 4 m/s,增压压强为 80 MPa,模具预热温度为 200 ℃。

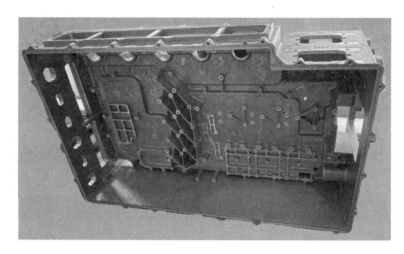

图 7-62　新能源汽车铝合金电池箱部件

7.5.3　汽车空调机铝合金斜盘的半固态流变挤压成形

1. 高硅铝合金斜盘

汽车空调长期工作在振动、高温、狭小而有灰尘的空间,压缩机在正常情况下转速为 4000～5000 r/min,对作为压缩机关键零件的斜盘要求有高的强度和耐磨性,以适应长期高速运转和恶劣的工作条件,提高空调的可靠性和延长使用寿命。目前铝斜盘主要采用 A390 铝合金热锻成形,零件形状见图 7-63,锻件技术要求见表 7-10。

图 7-64 所示为斜盘压缩机的工作原理。斜盘的高速转动迫使活塞在气缸内做往复运动,改变气缸工作容积,从而提高气体压力。这就要求斜盘具有高的强度和耐磨性以及低的膨胀系数。因此,开发高硅铝合金零件的挤压铸造技术,以取代目前所用的铸铁或热锻铝件。这对简化生产工艺、减轻零件重量、降低生产成本、提高生产效率具有重大意义。

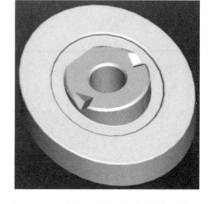

图 7-63　空调压缩机斜盘零件立体图

表 7-10　斜盘锻件技术要求

技术指标	宏观质量	微观组织	抗拉强度/MPa	布氏硬度/HB
指标要求	无隔层、裂纹等缺陷	初生硅粒径＜50 μm 共晶硅呈点状或杆状	≥275	130～150

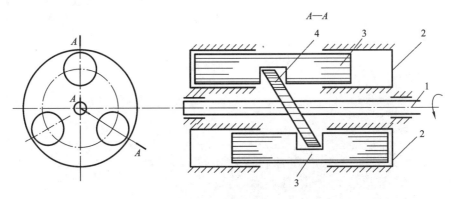

图 7-64　汽车空调斜盘压缩机工作原理示意图

1—主轴；2—气缸；3—活塞；4—斜盘

2. 半固态挤压成形工艺

采用 Al-20Si-Cu-Ni-Mg 合金及其半固态挤压成形工艺，以获得更高的耐磨性及高温性能。生产中将高硅铝合金熔化、除气，熔体静置后，调温至 780 ℃备用。采用超声振动工艺制备半固态浆料。熔体于 710～690 ℃间进行超声振动一定时间后，获得具有一定固相分数的半固态浆料，停止振动，将半固态浆料浇入挤压模具中，成形汽车空调压缩机斜盘零件。半固态挤压成形的比压为 80 MPa，挤压速度为 50 mm/s，模具温度控制在 200 ℃左右，上冲头保压 5～7 s，下冲头保压 12～15 s 后取出斜盘零件。为了对比超声半固态作用的影响，将等质量的铝合金熔体于 790 ℃浇入模具中液态挤压成形为零件。

超声制浆、半固态挤压成形的斜盘零件及液态挤压成形的斜盘零件的实物如图 7-65 所

(a)　　　　　　　　　　　　　　(b)

图 7-65　挤压成形斜盘零件(高硅铝合金)的实物照片

(a) 液态挤压成形；(b) 半固态挤压成形

示。半固态挤压零件的外观清晰、成形性能好,机加工之后如图 7-66 所示。该零件加工性能好,组织致密,完全可以取代 A390 铝合金热锻件。

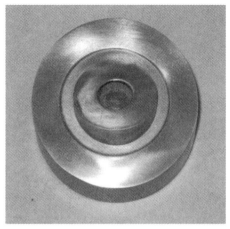

图 7-66　半固态成形并机加工之后的斜盘零件(正、反面)

高硅铝合金斜盘的铸态组织如图 7-67 所示,超声制浆、半固态挤压成形的斜盘零件的初生 Si 晶粒比液态挤压成形的更细小,分布更均匀。液态挤压合金的初生 Si 晶粒还有团聚现象。

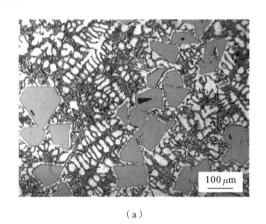

（a）　　　　　　　　　　　　　　　（b）

图 7-67　高硅铝合金斜盘的铸态组织

（a）液态挤压成形;（b）半固态挤压成形

高硅铝合金斜盘的 T6 热处理组织见图 7-68,半固态挤压成形斜盘的初生 Si 分布均匀,颗粒细小,组织致密。

优化的挤压铸造工艺参数如下:比压为 80 MPa,压铸模预热温度为(200±10) ℃,半固态浇注温度为 690~700 ℃。

T6 热处理工艺参数为 490 ℃×8 h+180 ℃×8 h;铸件的强度达到 344 MPa,布氏硬度达到 146 HB。零件金相组织中初生硅晶粒尺寸在 30 μm 以内,共晶硅细小圆整、分布均匀。挤压件经 T6 热处理后的抗拉强度、硬度等技术指标符合相关技术要求。

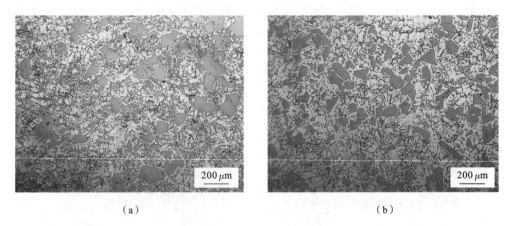

图 7-68 高硅铝合金斜盘的 T6 热处理组织

(a) 液态挤压成形；(b) 半固态挤压成形

7.5.4 稀土镁合金的半固态挤压成形组织与性能

1. 材料及半固态制浆与成形方法

采用含有稀土元素钇的 Mg-6Zn-1.4Y(ZW61)镁合金,该合金虽然可以有少量自生准晶 I 相(Mg_3Zn_6Y 相)强化,但合金元素含量较高,容易在晶间生成粗大第二相,或使组织不均匀。因此,采用半固态成形方法具有重要意义。

半固态制浆采用超声振动制浆方法(装置见图 7-25),其中超声振动功率、振动时间、间歇时间以及全程时间均可调节。制浆前,将浇杯放入保温炉中预热,预热温度为 600 ℃。随后取体积约为 200 cm^3 的熔体置于浇杯当中,将变幅杆浸入熔体液面以下距端面 15～20 mm 处,待熔体冷却至液相线温度以上 10～20 ℃时开始超声振动。为防止熔体氧化,在制浆过程中通入氩气保护。ZW61 合金超声振动制备半固态浆料的最佳工艺参数如下:体积功率为 6 W/cm^3,施振时间为 1 min,振歇比为 1。

流变挤压成形过程中所使用的挤压铸造设备为立式四柱液压机,其公称力为 2000 kN,顶出力为 630 kN,最大滑块下行速度为 200 mm/s,最大顶出速度为 90 mm/s。为了研究高压对零件组织与性能的影响,将最终成形零件设计为较为简单的圆棒状零件。挤压过程中,将超声振动制备的半固态浆料倒入预热好的挤压模具中,挤压模具预热温度为 200 ℃,随后从上下两个方向同时加压,保压 1 min 后顶出铸件。挤压铸造圆棒零件尺寸为 ϕ30 mm × 100 mm。

2. 挤压压力对流变成形合金组织中初生相的影响

图 7-69 所示为不同挤压压力下 ZW61 合金流变挤压成形组织。经对比可以发现,随着挤压压力从 0 MPa 增大到 200 MPa,ZW61 合金组织中的 α_1-Mg 和 α_2-Mg 晶粒在大小和形貌上都发生了明显的改变。图 7-70 所示为对图 7-69 中的 α_1-Mg 平均晶粒直径和平均形状系数的定量分析结果,可以发现流变成形组织中 α_1-Mg 晶粒随着压力的增大变得更为细小圆整。其中,未施加压力(P_s = 0 MPa)时,α_1-Mg 晶粒的平均直径和平均形状系数分别为

140 μm 和 0.59,而施加 50 MPa 压力后,α_1-Mg 晶粒变得细小圆整,其平均直径和平均形状系数分别为 80 μm 和 0.69。随着压力的继续增大,α_1-Mg 晶粒进一步细化,在压力为 200 MPa 时平均直径和平均形状系数分别变为 45 μm 和 0.75,与 ZW61 合金半固态浆料组织中固相晶粒的大小和形状系数相近。

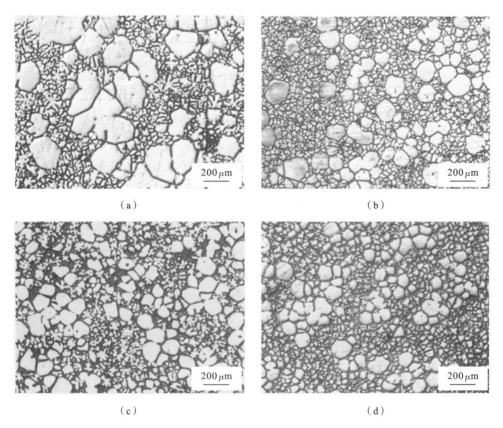

(a)　　　　　　　　　　(b)

(c)　　　　　　　　　　(d)

图 7-69　不同挤压压力下 ZW61 合金流变挤压成形组织
(a) 0 MPa;(b) 50 MPa;(c) 100 MPa;(d) 200 MPa

由于 α_2-Mg 晶粒的形核与长大都在后期凝固过程中发生,因而挤压压力对 α_2-Mg 晶粒形貌与大小的影响更为明显。从图 7-69a 可以看到,未施加挤压压力时,α_2-Mg 晶粒基本为较为粗大的枝晶。当挤压压力为 50 MPa 和 100 MPa 时,组织中 α_2-Mg 晶粒除了一部分枝晶外,还出现了较多的细小球状晶。而当压力增大到 200 MPa 时,组织中 α_2-Mg 主要为细小球状晶,平均晶粒直径为 20 μm 左右。因此,随着挤压压力的增大,α_2-Mg 晶粒形貌由等轴枝晶向球状晶转变,且晶粒尺寸也越来越小。

3. 挤压压力对流变成形 ZW61 合金性能的影响

图 7-71 所示为不同挤压压力下流变成形 ZW61 铸件的铸态力学性能。可以看出,随着挤压压力的增大,合金的屈服强度 σ_s、抗拉强度 σ_b 和延伸率 δ 都呈不断上升的趋势,尤其是从 0 MPa 增加到 50 MPa 时性能的提升最为明显。未施加压力时,ZW61 合金的室温性能为:屈服强度 σ_s=99 MPa,抗拉强度 σ_b=176 MPa,延伸率 δ=8.7%。施加 50 MPa 挤压压

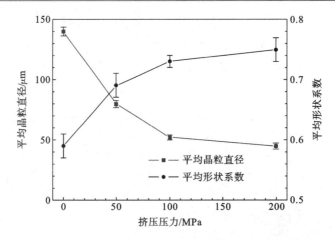

图 7-70　挤压压力对 ZW61 组织中 α₁-Mg 平均晶粒直径与平均形状系数的影响

力后,合金的屈服强度 σ_s=120 MPa,抗拉强度 σ_b=228 MPa,延伸率 δ=17.5%,相对于 0 MPa 时分别提高了 21.2%、29.5% 和 101.1%。而随着挤压压力进一步提高,性能的提升幅度明显减小,当挤压压力为 200 MPa 时合金的屈服强度 σ_s、抗拉强度 σ_b 以及延伸率 δ 分别为 129 MPa、243 MPa 和 18.5%。当挤压压力从 0 MPa 增大到 50 MPa 时,合金性能显著提升的主要原因是铸件中缺陷的减少以及致密度的提高。而随着压力的增大,合金性能得到进一步的提升则归功于组织中 α-Mg 晶粒的细化。

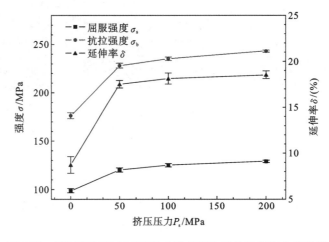

图 7-71　不同挤压压力下流变成形 ZW61 铸件的铸态力学性能

图 7-72 所示为不同固溶工艺参数对流变成形 ZW61 合金 T6 热处理态力学性能的影响,此时挤压压力为 50 MPa。可以看到,固溶温度为 460 ℃ 时合金的屈服强度和抗拉强度比 440 ℃ 和 480 ℃ 时都要高,且在固溶时间为 6 h 时达到峰值。所以,当固溶工艺为 460 ℃ ×6 h 时,T6 热处理态合金的强度最高,其屈服强度和抗拉强度分别为 194 MPa 和 298 MPa,相较于铸态强度(屈服强度为 120 MPa、抗拉强度为 228 MPa)分别提高了 61.7% 和 30.7%。此外,T6 热处理后合金的延伸率都有所下降,固溶工艺为 460 ℃ ×6 h 时合金延伸率为 11.1%,相较于铸态延伸率 17.5% 下降了 36.6%。可见,高温固溶(固溶温度略高于 I

相相变温度)能显著提高 ZW61 合金的强度。

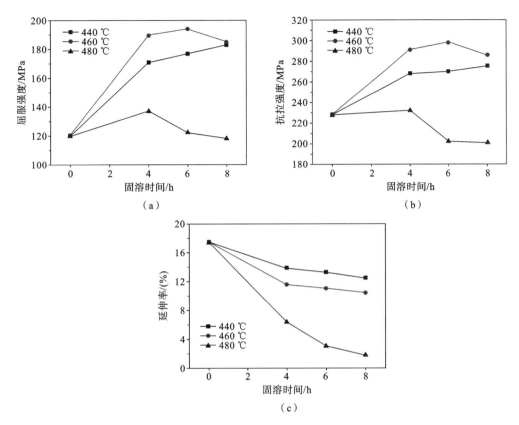

图 7-72　不同固溶工艺参数对流变成形 ZW61 合金 T6 热处理态力学性能的影响
（a）屈服强度；（b）抗拉强度；（c）延伸率

练习与思考题

1. 半固态金属成形的主要优点是什么？有哪些局限性？

2. 半固态浆料的制浆方法有哪几种？

3. 半固态浆料的流变性是什么？如何表征？

4. 半固态金属显微组织的表征参数主要有哪几个？

5. 哪些金属或合金材料适合采用半固态成形方法？

6. 超声振动制浆法的主要原理是什么？其有哪些优点？

7. 电磁搅拌制浆法的主要优点及缺点是什么？

8. 半固态金属浆料的成形工艺有哪几种？

9. 半固态金属浆料在压铸成形工艺设计时主要应注意哪些技术问题点？

10. 半固态金属浆料挤压成形的优点是什么？有哪些局限性？

11. 金属半固态成形技术适合于哪些种类或具有哪些特点的零件的成形制造？

参 考 文 献

[1] 吴树森,柳玉起. 材料成形原理[M]. 3 版. 北京:机械工业出版社,2017.

[2] 傅恒志,郭景杰,刘林. 先进材料定向凝固[M]. 北京:科学出版社,2008.

[3] 陈光,傅恒志. 非平衡凝固新型金属材料[M]. 北京:科学出版社,2004.

[4] 徐瑞. 合金定向凝固[M]. 北京:冶金工业出版社,2009.

[5] 马幼平,崔春娟. 金属凝固理论及应用技术[M]. 北京:冶金工业出版社,2015.

[6] 傅恒志. 航空航天材料定向凝固[M]. 北京:科学出版社,2015.

[7] 霍苗. 单晶高温合金的微观组织及小角晶界[M]. 北京:中国石化出版社,2021.

[8] 谢建新,黄继华,康永林,等. 材料加工新技术与新工艺[M]. 北京:冶金工业出版社,2004.

[9] 梁爽. 镍基单晶高温合金[M]. 长春:吉林大学出版社,2020.

[10] 黄乾尧,李汉康. 高温合金[M]. 北京:冶金工业出版社,2000.

[11] 陶春虎,张卫方,施惠基,张宗林. 定向凝固高温合金的再结晶[M]. 北京:国防工业出版社,2007.

[12] 郭建亭. 高温合金材料学 制备工艺(中册)[M]. 北京:科学出版社,2008.

[13] 中国航空发动机集团新闻中心. 皇冠上的明珠 航空发动机[M]. 北京:航空工业出版社,2021.

[14] 张定华,汪文虎,卜昆. 涡轮叶片精密铸造模具技术[M]. 北京:国防工业出版社,2014.

[15] 闻雪友,翁史烈,翁一武. 燃气轮机发展战略研究[M]. 上海:上海科学技术出版社,2016.

[16] 樊自田,杨力,唐世艳. 增材制造技术在铸造中的应用[J]. 铸造,2022,71(1):1-16.

[17] 赵火平. 微喷射粘结快速成形铸造型芯关键技术研究[D]. 武汉:华中科技大学,2015.

[18] 唐世艳. 分层挤出成形铸造用陶瓷型芯的精度控制及特性研究[D]. 武汉:华中科技大学,2019.

[19] 杨力. 精密铸造陶瓷型/芯双头挤出直接成形的材料及精度研究[D]. 武汉:华中科技大学,2020.

[20] 龚小龙. 压力铸造用水溶性盐芯的性能强化及回用技术研究[D]. 武汉:华中科技大学,2021.

[21] 姜鹏. 水溶性复合硫酸盐砂芯的性能及硬化工艺研究[D]. 武汉:华中科技大

学，2016.

［22］贾鸿远. 光固化 3D 打印陶瓷型芯微观组织与性能研究［D］. 沈阳：沈阳理工大学，2019.

［23］卢秉恒. 增材制造技术——现状与未来［J］. 中国机械工程，2020，31(1)：19-23.

［24］董云菊，李忠民. 3D 打印及增材制造技术在铸造成形中的应用及展望［J］. 铸造技术，2018，39(12)：2901-2904.

［25］张海鸥，王元勋，翟文正，等. 微铸锻铣复合超短流程制造［M］. 北京：科学出版社，2022.

［26］王君衡. 增材制造让铸造简单化柔性化——广东中立鼎智能科技有限公司致力于提升铸造企业的柔性化生产［J］. 铸造，2022，71(10)：1322-1325.

［27］庄绪雷，安庆贺，史兴利. 水溶性陶瓷芯在航空铝合金熔模铸造中的应用［J］. 中国铸造装备与技术，2016(1)：52-53.

［28］张文光，刘海峰，张宏奎. 盐芯开发及其在高压铸造中的应用［J］. 铸造，2017，66(4)：372-376.

［29］王广春. 增材制造技术及应用实例［M］. 北京：机械工业出版社，2014.

［30］赵世鑫，龚雨波，周起. 3D 打印陶瓷型芯研究进展［J］. 热加工工艺，2023：1-7.

［31］赵代银. 基于 3D 打印的重型燃机透平叶片快速制造技术研究［R］. 德阳：东方电气集团东方汽轮机有限公司，2021.

［32］李琴，张硕，赵代银. 3D 打印空心叶片用氧化硅陶瓷型芯工艺及应用研究［C］. 武汉：2019 中国铸造活动周，2019.

［33］杨树川，佘永卫. 熔模铸造的工艺过程及防止缺陷产生的方法［J］. 农机化研究，2005(4)：192-194.

［34］TANG X P，CHEN X H，SUN F J. The current state of CuCrZr and CuCrNb alloys manufactured by additive manufacturing：a review［J］. Materials & Design，2022：111419.

［35］LI F，XU J，WU Z X. Digital light processing 3D printing of ceramic shell for precision casting［J］. Materials Letters，2020，276：128037.

［36］宋珊珊，李毅，彭松松. 一种水溶性型芯材料及其制备方法：CN115780726A［P］. 2023-03-14.

［37］杨曼利，刘浩然，王倩. 陶瓷型芯和可溶型芯配合制备复杂空心型腔铸件的方法：CN107116183B［P］. 2019-12-24.

［38］SONNENBERG F. Lost foam casting made simple：AFS division 11 committee-fost foam casting［R］. American Foundry Society，Lost Foam Division，2008.

［39］黄乃瑜. 消失模铸造原理及质量控制［M］. 武汉：华中科技大学出版社，2004.

［40］黄乃瑜，罗吉荣，叶升平. 面向 21 世纪的消失模铸造技术［J］. 特种铸造及有色合金，1998(4)：39-42.

［41］赵生才. 21 世纪的材料成形加工技术与科学［J］. 中国基础科学，2002(6)：55-56.

[42] 梁光泽. 我国实型(消失模)铸造的应用与发展[J]. 特种铸造及有色合金,2003(2):54-55,50.

[43] 刘立中,刘宁. 消失模铸造工艺学[M]. 北京:化学工业出版社,2019.

[44] 杨军生. 干砂消失模铸造铝合金充型特性研究[D]. 北京:清华大学,1995.

[45] 吴志超. 负压干砂消失模铸造铸铁件充型与凝固特性的基础研究[D]. 武汉:华中理工大学,1998.

[46] 魏尊杰. 消失模铸造充型过程研究[D].哈尔滨:哈尔滨工业大学,1996.

[47] FASOYINU Y, GRIFFIN J A. Energy-saving melting and revert reduction technology (E-SMARRT): lost foam thin wall-feasibility of producing lost foam castings in aluminum and magnesium based alloys[R]. Advanced Technology Institute,2014.

[48] 杨家宽. 消失模热解特性及其废气净化的研究[D]. 武汉:华中理工大学,1999.

[49] 黄乃瑜,万仁芳,潘宪曾. 中国模具设计大典:铸造工艺装备与压铸模设计[M]. 南昌:江西科学技术出版社,2003.

[50] CAMPBELL J. The concept of net shape for castings[J]. Materials & Design,2000,21(4):373-380.

[51] 廖德锋,樊自田,蒋文明,等. 消失模壳型铸造的高强型壳研究[J]. 铸造,2010(12):1333-1336.

[52] 铁道部武汉工程机械厂,华中工学院. 真空密封造型:负压造型[M]. 北京:中国铁道出版社,1982.

[53] 董选普,李继强,廖敦明. 铸造工艺学[M]. 2版. 北京:化学工业出版社,2022.

[54] 雷波. V法铸造过程管控模式优化研究[D].武汉:华中科技大学,2018.

[55] KUMAR P, SINGH N, GOEL P. A multi-objective framework for the design of vacuum sealed molding process[J]. Robotics and Computer-Integrated Manufacturing,1999,15(5):413-422.

[56] 潘宪曾. 压铸模设计手册[M]. 北京:机械工业出版社,2006.

[57] 万里. 特种铸造工学基础[M]. 北京:化学工业出版社,2009.

[58] 杨元鹏,万里. 计算机技术在绘制 p-Q2 图上的应用[J]. 特种铸造及有色合金,2007(1):44-45,10.

[59] 吴春苗. 压铸实用技术[M]. 广州:广东科技出版社,2003.

[60] 邹海峰,万里,向立,等. 铝合金压铸用粉状脱模剂的开发与应用[J]. 特种铸造及有色合金,2007(11):850-852,817.

[61] 万里,林海,刘后尧,等. 真空压铸用真空阀及真空控制装置的开发[J]. 特种铸造及有色合金,2011,31(3):222-225.

[62] 胡泊,熊守美,村上正幸,等. 真空压铸中型腔真空压力的理论计算及试验研究[J]. 铸造,2007(3).

[63] 万里,加藤锐次,野村宏之. 局部加压铝合金的宏观组织与成分偏析[J]. 铸造,2004,53(4):266-270.

［64］ WAN L，NAKASHIMA T，KATO E． Local pressurization during solidification of Al-Si-Cu alloys［J］． International Journal of Cast Metals Research，2003，15(3)：187-192．

［65］ 刘后尧，万里，黄明军，等． 压铸中局部加压技术的开发与应用［J］． 特种铸造及有色合金，2008，28(12)：943-946．

［66］ 李世钊，吴树森，方健儒，等． 汽车变速箱壳体的压铸过程模拟及工艺优化［J］． 特种铸造及有色合金，2011，31(4)：315-317．

［67］ 虞康，万里，方健儒，等． 大型变速箱壳体压铸模具的温度场数值分析［J］． 热加工工艺，2011(7)：174-176．

［68］ 林海，万里，刘后尧，等． 高真空压铸铝合金轿车底盘部件的压射工艺试验及优化［J］． 铸造，2011(1)：42-46．

［69］ 赵芸芸，万里，潘欢． 一种高真空压力铸造用压铸模的密封结构：200720085341.9［P］． 2007-06-21．

［70］ 万里，赵芸芸，潘欢，等． 铝合金高真空压铸技术的开发及应用［J］． 特种铸造及有色合金，2008(11)：858-861．

［71］ BEALS R，NIU X P，BROWN Z． Development of advanced aluminum alloy for structural castings［M］//Light metals 2022． Cham：Springer International Publishing，2022：73-82．

［72］ CASAROTTO F，FRANKE A，FRANKE R． High-pressure die-cast（HPDC）aluminium alloys for automotive applications［M］//Advanced materials in automotive engineering． Cambridge：Woodhead Publishing，2012：109-149．

［73］ 段宏强，韩志勇，王斌． 汽车结构件用非热处理压铸铝合金研究进展［J］． 汽车工艺与材料，2022(5)：1-6．

［74］ 史宝良，刘旭亮，孙震，等． 乘用车白车身铝合金压铸结构件及材料应用研究进展［J］． 汽车工艺与材料，2022(12)：1-9．

［75］ 陶永亮，张明怡，向科军，等． 一体化压铸促进铝合金材料创新与发展［J］． 铸造设备与工艺，2022(4)：67-70,76．

［76］ 吴春苗． 压铸技术手册［M］． 广州：广东科技出版社，2007．

［77］ 日本铸造工学会压力铸造研究委员会. 压力铸造缺陷、问题及对策实例集［M］． 尹大伟，王桂芹，译． 北京：机械工业出版社，2019．

［78］ 方坤鹏，翟华，吴玉程，等． 新能源汽车一体化铝合金压铸结构件成形工艺关键技术［J］． 中国铸造装备与技术，2023，58(3)：33-39．

［79］ BUDIARTO B，KURNIAWAN T D． Effect of vacuum system on porous product defects and micro structures on the ADC-12 aluminum material with cold chamber die casting machines［C］//IOP conference series：earth and environmental science． IOP Publishing，2021，878(1)：012072．

［80］ KORU M，SERCE O． The effects of thermal and dynamical parameters and vacuum application on porosity in high-pressure die casting of A383 Al-alloy[J]. International Journal of Metalcasting, 2018, 12(4): 797-813.

[81] 陶永亮,杨建京,刘雪停,等. 大型压铸模是实现一体化压铸的关键技术[J]. 模具制造,2023,23(4):47-52.

[82] FLEMINGS M C. Behavior of metal alloys in the semisolid state[J]. Metall Trans A, 1991, 22(5): 957-981.

[83] 毛卫民. 半固态金属成形技术[M]. 北京:机械工业出版社,2004.

[84] KIRKWOOD D H. Semisolid metal processing[J]. International Materials Reviews, 1994, 39(5): 173-189.

[85] VOGEL A, DOHERTY R, CANTOR B. Stir-cast microstructure and slow crack growth[C]//Solidification and casting of metals: proceedings of an international conference on solidification. Metals Society, 1978: 518.

[86] WU S S, WU X P, XIAO Z H. A model of growth morphology for semi-solid metals [J]. Acta Materialia, 2004, 52(12): 3519-3524.

[87] 康永林,毛卫民,胡壮麒. 金属材料半固态加工理论与技术[M]. 北京:科学出版社,2004.

[88] WU S S, XIE L Z, ZHAO J W. Formation of non-dendritic microstructure of semi-solid aluminum alloy under vibration[J]. Scripta Materialia, 2008, 58(7): 556-559.

[89] 谢礼志,吴树森,赵君文,等. 机械振动法制备铝合金半固态浆料的研究[J]. 铸造技术,2007(11):1482-1485.

[90] 陈颖,安萍,谢礼志,等. ZL101 铝合金机械振动制浆工艺参数的研究[J]. 特种铸造及有色合金,2007(9):695-697,653.

[91] WU S S, ZHAO J W, WAN L. Numerical simulation of mould filling in rheo-diecasting process of semi-solid magnesium alloys[J]. Solid State Phenomena, 2006, 116: 554-557.

[92] WU S S, ZHAO J W, ZHANG L P. Development of non-dendritic microstructure of aluminum alloy in semi-solid state under ultrasonic vibration[J]. Solid State Phenomena, 2008, 141: 451-456.

[93] ZHAO J W, WU S S, XIE L. Effects of vibration and grain refiner on microstructure of semisolid slurry of hypoeutectic Al-Si alloy[J]. Transactions of Nonferrous Metals Society of China, 2008, 18(4): 842-846.

[94] DOBATKIN V I, ESKIN G I, BOROVIKOVA S I. Method for continuous casting of light-alloy ingots: US 4564059[P]. 1986-1-14.

[95] ESKIN G. Principles of ultrasonic treatment: application for light alloys melts[J]. Advanced Performance Materials, 1997, 4(2): 223-232.

[96] 赵君文,吴树森,谢礼志. 超声波振动制备 ZL101 铝合金半固态浆料[J]. 特种铸造及有色合金,2007(11):846-849.

[97] JIAN X G, XU H, MEEK T T. Effect of power ultrasound on solidification of aluminum A356 alloy[J]. Materials Letters, 2005, 59(2): 190-193.

[98] ZHAO J W, WU S S, AN P. Preparation of semi-solid slurry of hypereutectic Al-Si alloy by ultrasonic vibration[J]. Solid State Phenomena, 2008, 141: 767-771.

[99] 赵君文, 吴树森, 毛有武, 等. 超声振动对过共晶 Al-Si 合金半固态浆料凝固组织的影响[J]. 中国有色金属学报, 2008(9): 1628-1633.

[100] 吴树森, 赵君文, 万里, 等. 高能超声波制备铝合金半固态浆料技术的研究[J]. 特种铸造及有色合金, 2009, 29(1): 1-4, 7.

[101] MULLIS A M, BATTERSBY S E, FLETCHER H L. Semi-solid processing of the analogue casting system NH_4Cl-H_2O[J]. Scripta Materialia, 1998, 39(2): 147-152.

[102] KANEKO K, KOYAGUCHI T. Simultaneous crystallization and melting at both the roof and floor of crustal magma chambers: experimental study using NH_4Cl-H_2O binary eutectic system[J]. Journal of Volcanology and Geothermal Research, 2000, 96(3-4): 161-174.

[103] 赵君文, 吴树森, 万里, 等. 超声场中金属半固态浆料组织的演化[J]. 金属学报, 2009, 45(3): 314-319.

[104] VIVES C. Elaboration of semisolid alloys by means of new electromagnetic rheocasting processes[J]. Metallurgical Transactions B, 1992, 23: 189-206.

[105] 吴树森, 李东南, 毛有武, 等. 半固态流变压铸 AZ91D 镁合金的组织与性能[J]. 铸造, 2002(10): 583-587.

[106] 戴圣龙, 中国机械工程学会铸造分会. 铸造手册(第 3 卷): 铸造非铁合金[M]. 3 版. 北京: 机械工业出版社, 2011.

[107] PAN Y, AOYAMA S, LIU C. Spherical structure and formation conditions of semi-solid Al-Si-Mg alloy[C]//Proceedings of the 5th Asian Foundry Congress. Nanjing: Southeastern University Press, 1997.

[108] 毛卫民, 杨继莲, 赵爱民, 等. 浇注温度对 AlSi7Mg 合金显微组织的影响[J]. 北京科技大学学报, 2001(1): 38-42.

[109] 刘丹, 崔建忠. 无搅拌制浆新技术——液相线铸造[J]. 铸造技术, 1998(6): 44-46.

[110] HAGA T, SUZUKI S. Casting of aluminum alloy ingots for thixoforming using a cooling slope[J]. Journal of Materials Processing Technology, 2001, 118(1): 169-172.

[111] 毛卫民, 赵爱民. 球状初晶半固态金属或合金浆料直接成型方法及装置: 02104349. 3 [P]. 2002-09-02.

[112] KIUCHI M, HIRAI M, FUJIKAWA Y. Process and apparatus for the production of semi-solidified metal composition: US 5110547[P]. 1992-5-5.

[113] ANTONA P, MOSCHINI R. New foundry process for the production of light metals in the semi-liquid, doughy state[J]. Metallurgical Science and Technology,

1986，4(2).

[114] 陈振华,陈鼎,严红革,陈吉华. 固液混合铸造的研究[J]. 湖南大学学报(自然科学版)，2002，29(4)：20-26.

[115] FINDON M，DE FIGUEREDO A，APELIAN D. Melt mixing approaches for the formation of thixotropic semisolid metal structure[C]//Proceedings of the 7th International Conference on Semi-Solid Processing of Alloys and Composites，Tsukuba，Japan,2002：25-27.

[116] PAN Q Y，WIESNER S，APELIAN D. Application of the continuous rheoconversion process（CRP）to low temperature HPDC-part I：microstructure[J]. Solid State Phenomena，2006，116：402-405.

[117] 赵君文. 振动制备 Al-Si 合金半固态浆料及其组织与性能的研究[D].武汉:华中科技大学，2009.

[118] 板村正行，洪俊杓，金宰民. 新半凝固ダイカスト技術の開発[J]. Nano Cast Korea Co，2005，77(8)：537-541.

[119] 大野笃美. 金属凝固学[M]. 张正德,等译.北京:机械工业出版社，1983.

[120] BLADH M，WESSEN M，DAHLE A K. Shear band formation in shaped rheocast aluminium component at various plunger velocities[J]. Transactions of Nonferrous Metals Society of China，2010，20(9)：1749-1755.

[121] 罗守靖,陈炳光,齐丕骧. 液态模锻与挤压铸造技术[M]. 北京:化学工业出版社，2007.

[122] 李远才. 金属液态成形工艺[M]. 北京:化学工业出版社，2007.

[123] 万里,罗吉荣,兰国栋,等. 挤压铸造过共晶 A390 合金的组织与力学性能[J]. 华中科技大学学报(自然科学版)，2008(8)：92-95.

[124] 万里,罗吉荣,梁琼华. 汽车空调压缩机用铝合金斜盘的挤压铸造技术[J]. 特种铸造及有色合金，2008(10)：775-778.